煤中瓦斯扩散理论与应用

赵　伟　程远平　王　凯／著

中国矿业大学出版社

·徐州·

内 容 提 要

扩散现象一直是多孔介质气体传质理论研究的重点,其在煤矿瓦斯涌出、煤层瓦斯抽采、煤与瓦斯突出灾害防治等方面有着至关重要的作用。近几十年,科研工作者对自由状态下多孔介质扩散形式、扩散的影响因素、扩散系数的表征方法等进行了深入的实验研究,并提出了大量关于多孔介质气体扩散的模型,如经过推导的经典数学解析模型和经过总结的经验模型,都在工程领域取得了很好的应用。但这些模型拥有不同的假设、边界条件及简化过程,故而有不同的应用范围。亟须对煤中瓦斯扩散从理论到应用角度做出详尽的总结和归纳。全书共分为7章,第1章到第3章主要对扩散的本质、分类及测量方法进行阐述;第4章主要对扩散的基本数学模型进行归纳、总结和比较;第5章到第7章主要对扩散理论和扩散模型在温室气体减排、煤层瓦斯抽采及突出动力灾害防治领域的应用做出阐述。

本书可供从事安全科学与工程、采矿工程等领域研究和学习的科研工作者、研究生和本科生参考。

图书在版编目(C I P)数据

煤中瓦斯扩散理论与应用/赵伟,程远平,王凯著

. —徐州:中国矿业大学出版社,2020.6

ISBN 978 - 7 - 5646 - 4701 - 8

Ⅰ. ①煤… Ⅱ. ①赵… ②程… ③王… Ⅲ. ①煤层瓦斯—瓦斯渗透 Ⅳ. ①TD712

中国版本图书馆 CIP 数据核字(2020)第 101651 号

书　　名	煤中瓦斯扩散理论与应用
著　　者	赵　伟　程远平　王　凯
责任编辑	黄本斌
出版发行	中国矿业大学出版社有限责任公司
	(江苏省徐州市解放南路　邮编221008)
营销热线	(0516)83884103　83885105
出版服务	(0516)83995789　83884920
网　　址	http://www.cumtp.com　**E-mail**:cumtpvip@cumtp.com
印　　刷	江苏凤凰数码印务有限公司
开　　本	787 mm×1092 mm　1/16　**印张** 14.25　**字数** 279 千字
版次印次	2020 年 6 月第 1 版　2020 年 6 月第 1 次印刷
定　　价	48.00 元

(图书出现印装质量问题,本社负责调换)

前　　言

扩散是一种由微观粒子随机运动而引起的传质现象，一直是多孔介质气体传质理论研究的重点，是矿井瓦斯涌出量计算、温室效应评价、瓦斯灾害防治以及煤层气资源开采的理论基础。自 1951 年英国剑桥大学科学家巴勒（R. M. Barrer）首次将扩散理论运用于研究天然沸石的气体吸附解吸过程之后，科研工作者对多孔介质中气体扩散形式、扩散的影响因素及扩散系数的表征方法等方面进行了深入广泛的实验研究，并提出了大量关于多孔介质气体扩散的模型，包括经过推导的数学解析模型以及经过总结的经验模型等，均在工程领域取得了很好的应用。然而这些模型拥有不同的假设条件、不同的边界条件和不同的简化过程，故而有不同的应用范围，亟须一本全面系统地介绍煤中瓦斯扩散的相关理论以及应用的参考书。另外，考虑到近年来，国内外对能源开发、节能减排以及人员安全的要求不断提升，煤中瓦斯扩散理论研究越来越受到科研工作者的重视，有必要对以往的研究成果进行系统的总结和介绍，为后续的扩散研究积累经验并指明方向。因此，我们编写了《煤中瓦斯扩散理论与应用》一书。

本书是在中国矿业大学煤矿瓦斯防治研究所以及中国矿业大学（北京）工业安全与职业危害研究所多年的理论研究和科研实践成果上总结凝练而成的。全书共有 7 章，可分为 3 个部分：第 1 章和第 2 章为扩散的相关概念；第 3 章和第 4 章为扩散的实验表征和数学表征；第 5 章到第 7 章为扩散的应用。具体内容如下：第 1 章介绍了扩散的宏观表象及热力学本质；第 2 章着重介绍了煤中瓦斯扩散的几种形式，分别从空间、时间以及边界效应对扩散行为进行了分类；第 3 章介绍了扩散系数的测定方法，包括体积法和重量法所用到的实验流程以及后期拟合扩散系数所用到的软件使用方法等；第 4 章主要对扩散的基本数学模型进行归纳、总结和比较，给出了各种模型的局限性和在不同领域的适用性；第 5 章介绍了扩散理论在温室气体减排中的应用；第 6 章介绍了扩散理论在煤层瓦斯抽采中的应用；第 7 章介绍了扩散理论在突出动力灾害防治中的应用。全书力图搭建从扩散理论模型到扩散工程应用的桥梁，避免读者在推导数学模型时忽略应用目的，或在直接使用相关扩散模型时产生理论错误的问题。本书主要为高等院校煤炭资源与安全开采相关专业师生使用，也可供煤炭企业技术人员和科研院所研究人员等参考。

本书在编写过程中得到美国宾夕法尼亚州立大学刘世民教授和澳大利亚联邦科学与工业研究组织(CSIRO)潘哲君研究员的大力支持和帮助。课题组成员郭品坤、安丰华、姜海纳、刘清泉、金侃、王振洋和涂庆毅等人也对书稿的编辑给予了巨大帮助。此外,国家科学技术部和国家自然科学基金委员会也对我们科学研究工作给予了资助和鼓励。在此一并表示由衷感谢!

由于作者水平所限,且时间仓促,书中难免存在疏漏之处,恳请广大读者批评指正(联系方式:381zhao@cumtb.edu.cn)。

作　者

2019 年 10 月

目　　录

第 1 章　扩散的本质

本章要点

1. 分子无规则的运动与自扩散行为的关系,扩散距离与扩散时间的关系;

2. 菲克扩散定律的推导过程、假设条件及局限性;

3. 扩散现象的热力学本质,传质、传热之间的联系。

　　扩散可以看作是一种宏观的传质现象,可以由浓度梯度来控制整体的流动;也可以看成是微观粒子的无规则运动,在宏观没有浓度差的状态下,也能完成动态的随机行走。那么扩散的本质到底是什么? 它与浓度的关系又是怎样的? 它与传热的内在关系又是什么呢? 这些问题,本章将详细给予解答。

1.1　分子热运动描述

1.1.1　分子的无规则运动

　　在中学物理课本中,我们曾经学过这样一句话:一切分子总在永不停息地做无规则的运动。扩散的统计学描述,就是基于分子或者原子的无规则运动或者随机行走而作出的。早在 1827 年,英国科学家罗伯特·布朗就在著名的花粉实验中得出,承载花粉的液体分子处于不停顿的无规则热运动状态中,使得花粉粒子受力不均衡,产生了无规则的运动,这种运动后来又被称为布朗运动,如图 1-1 所示。但当时的罗伯特·布朗并没有搞清楚分子无规则运动的内在数学机制。

罗伯特·布朗
(1773—1858)

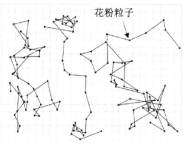

花粉粒子

图 1-1　罗伯特·布朗与著名的花粉实验

1905 年,著名的科学家阿尔伯特·爱因斯坦[1]在斯托克斯定律的基础上推导出了斯托克斯-爱因斯坦公式(Stokes-Einstein equation),用数学的方式说明了在花粉运动中,中性球形粒子的扩散系数(D_{par})与热运动的关系,即:

$$D_{par} = \frac{k_B T}{6\pi\mu r_s} \tag{1-1}$$

式中　k_B——玻尔兹曼常数,1.38×10^{-23} J/K;

　　　r_s——斯托克斯半径,m;

　　　T——温度,K;

　　　μ——动力黏度,Pa·s。

上述公式将扩散系数定义为一个受动力黏度、流体温度和粒子几何特性影响的参数。而在现代的多孔介质流动研究建模中,常常将黏度看作是牛顿流体或者渗流的一个特征量。除此之外,包括早期著名的萨瑟兰(Sutherland)公式(1905 年提出)[2]、格莱斯顿(Glasstone)公式(1941 年提出)[3]均采用了类似的扩散系数的定义方法。故而可以得出,在初期的传质研究中,并没有将扩散与渗流现象严格地分离开来。扩散的描述范围要比现在狭义的描述范围更广一些。

粒子的扩散系数在热力学上,可以仿照阿伦尼乌斯公式定义其为与压力和温度相关的变量。温度升高,分子获得的动能增加,热运动越剧烈,扩散系数越大;而随着压力的升高,粒子扩散系数的变化则可大可小(取决于 ΔV 的正负),其变化满足[4]:

$$D_{par} = A_0 \exp[-(E + p\Delta V)/RT] \tag{1-2}$$

式中　A_0——指前因子,m^2/s;

　　　E——活化能,J;

　　　ΔV——活化络合物与扩散组分的体积差,mL;

　　　T——温度,K;

　　　R——理想气体常数,8.314 J/(mol·K);

　　　p——压力,Pa。

爱因斯坦在公式(1-1)的基础上,同时给出了基于热运动的分子自扩散系数的统计学描述,即:

$$D_{self} = \frac{1}{6N_m} \lim_{t\to\infty} \frac{d}{dt} \left\langle \sum_{i=1}^{N_m} [r_i(t) - r_i(0)]^2 \right\rangle \tag{1-3}$$

式中　$\langle [r(t) - r(0)]^2 \rangle$——第 r 个分子在时间 t 内的平均平方位移;

　　　N_m——扩散分子的数目。

基于统计学描述的公式为分子扩散系数的模拟提供了理论基础。

1.1.2 分子的扩散跃迁

类似地,在统计学中用跃迁频率和分子跃迁距离同样可以定义随机行走的自扩散系数[4]。在分子扩散跃迁过程中,可以产生上下、左右和前后六个方向的扩散通量。假设初始位置单位面积的扩散分子数量为 n_0,扩散终止位置处单位面积的扩散分子数量为 n_1,分子跃迁的频率为 Ω,跃迁距离为 l_i,则一个方向的扩散通量 J 为:

$$J = \frac{1}{6}(n_0 - n_1)\Omega \tag{1-4}$$

因为分子数量和分子浓度及跃迁距离有如下关系:

$$n_0 = c_0 l_i, n_1 = c_1 l_i \tag{1-5}$$

则有:

$$J = \frac{1}{6} l_i (c_0 - c_1)\Omega \tag{1-6}$$

又因为:

$$c_0 - c_1 = -l_i \frac{\partial c}{\partial x} \tag{1-7}$$

则最终可以得出:

$$J = -\frac{1}{6} l_i^2 \Omega \frac{\partial c}{\partial x} \tag{1-8}$$

对比菲克扩散中的一维扩散公式:

$$J = -D_s \frac{\partial c}{\partial x} \tag{1-9}$$

则最终有:

$$D_s = \frac{1}{6} l_i^2 \Omega \tag{1-10}$$

式中　　J——扩散通量,mol;

c——分子浓度,mol/mL;

D_s——分子自扩散系数,m^2/s;

l_i——分子跃迁距离,m;

x——沿扩散方向的位置,m;

Ω——跃迁频率,s^{-1}。

将式(1-10)放大到宏观尺度,则可以得出一维线性条件下分子自扩散距离和扩散时间的关系:

$$D_s = \frac{l_i^2}{6t} \tag{1-11}$$

上式中描述的关系同样适用于多孔介质毛细管中一维线性扩散的描述。另外还可以发现,分子扩散距离 l 与扩散系数和扩散时间乘积的平方根 $\sqrt{D_s t}$ 成正比。对于不规则的扩散方式此种关系依然存在，所以文献中有些学者将 $\sqrt{D_s t}$ 定义为特征扩散距离[4]，即：

$$l_c = \sqrt{D_s t} \tag{1-12}$$

对于理想的一维扩散而言，扩散距离的平方与扩散时间成正比例关系。而两者比例关系的比例系数 α 则与介质本身的特性及扩散方式的差异性有关，故扩散距离与扩散时间常常又被写为：

$$l^2 = \alpha \cdot D_s t \tag{1-13}$$

式(1-13)常用来估计元素的扩散距离，或者结合式(1-2)来估算地质领域岩石的冷却速率。分子的无规则运动行为是核磁共振测试孔隙特征、统计学、概率学研究的基础理论，一直是数学界及物理学界的前沿科学问题。

1.2 浓度驱动描述

在能源领域应用最广的扩散定义就是 1855 年由德国科学家菲克(图 1-2)做出的经典的菲克定义，即扩散是在浓度差驱动下的传质现象[5-6]。菲克给出的数学描述主要有两种：菲克第一定律和菲克第二定律。前者适用于稳态扩散(即扩散浓度不随时间变化)，后者适用于非稳态扩散(即扩散浓度随时间变化)。

图 1-2 菲克画像

1.2.1 菲克第一定律

菲克第一定律的描述为：在单位时间内通过垂直于扩散方向的单位截面积的扩散物质通量与该截面处的浓度梯度成正比，即：

$$\boldsymbol{J} = - D_F \frac{\partial c}{\partial x} \tag{1-14}$$

式中　D_F——菲克扩散系数，$\mathrm{m^2/s}$。

上式适用于一维稳态扩散，且适用于均质体，是一种简化的理想状态。负号表示扩散方向为浓度梯度的反方向，即扩散是由高浓度向低浓度扩散。而在二维或者三维状态下，引入梯度因子，又可以写为：

$$\boldsymbol{J} = - D_F \nabla c \tag{1-15}$$

1.2.2 菲克第二定律

现实中存在的扩散常常是扩散通量随位置和时间变化的非稳态扩散。菲克第二定律可以由菲克第一定律得出。假设一个边长为 $2\mathrm{d}x, 2\mathrm{d}y, 2\mathrm{d}z$ 的长方体 $ABCDA'B'C'D'$，其中心点为 $P(x, y, z)$，中心点浓度为 c，如图 1-3 所示[7]。

以 x 方向的扩散过程为例，假设一扩散物质穿过微元左平面 $ABCD$，其扩

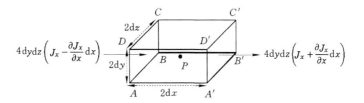

图 1-3 扩散微元

散速度为：

$$4\mathrm{d}y\mathrm{d}z\left(\boldsymbol{J}_x - \frac{\partial \boldsymbol{J}_x}{\partial x}\mathrm{d}x\right) \tag{1-16}$$

类似地，穿过右平面 $A'B'C'D'$ 的扩散速度为：

$$4\mathrm{d}y\mathrm{d}z\left(\boldsymbol{J}_x + \frac{\partial \boldsymbol{J}_x}{\partial x}\mathrm{d}x\right) \tag{1-17}$$

则扩散微元的速度增量为两平面的扩散速度之差，即：

$$-8\mathrm{d}x\mathrm{d}y\mathrm{d}z\frac{\partial \boldsymbol{J}_x}{\partial x} \tag{1-18}$$

相似地，可以得到 y 方向和 z 方向的扩散速度增量分别为：

$$-8\mathrm{d}x\mathrm{d}y\mathrm{d}z\frac{\partial \boldsymbol{J}_y}{\partial y} \tag{1-19}$$

$$-8\mathrm{d}x\mathrm{d}y\mathrm{d}z\frac{\partial \boldsymbol{J}_z}{\partial z} \tag{1-20}$$

该微元浓度随时间的变化率等于该处的扩散速度的负值，即：

$$\frac{\partial c}{\partial t} = -\frac{\partial \boldsymbol{J}_x}{\partial x} - \frac{\partial \boldsymbol{J}_y}{\partial y} - \frac{\partial \boldsymbol{J}_z}{\partial z} \tag{1-21}$$

根据式(1-14)可知，如果扩散系数为恒定值，则有：

$$\frac{\partial c}{\partial t} = D_{\mathrm{F}}\left(\frac{\partial^2 c}{\partial x^2} + \frac{\partial^2 c}{\partial y^2} + \frac{\partial^2 c}{\partial z^2}\right) = D_{\mathrm{F}}\,\nabla^2 c \tag{1-22}$$

对于一维扩散有：

$$\frac{\partial c}{\partial t} = D_{\mathrm{F}}\frac{\partial^2 c}{\partial x^2} \tag{1-23}$$

上式将扩散系数看作了介质本身的一种性质，即扩散系数不随浓度、时间、位置变化。现阶段的研究发现，扩散系数不仅与扩散介质性质有关，还与扩散粒子本身的特性有关，故在实际扩散过程中，扩散系数是随时间变化的非恒定量。基于此，更为合理的三维菲克扩散方程为：

$$\frac{\partial c}{\partial t} = \nabla \cdot (D_{\mathrm{F}}\,\nabla c) \tag{1-24}$$

英国牛津大学科学家约翰·克兰克(John Crank)基于傅立叶热传播公式的

解算方法,对菲克第二定律进行了详细剖析,给出了不同边界条件、不同初始条件、不同扩散形状的各种解析解及数值解,对菲克第二定律的工程应用起到了很大的推动作用[7]。对于菲克定律中的浓度来说,其可以是体积浓度(mL/mL)、质量浓度(g/g 或 g/mL)或者摩尔浓度(mol/mol 或 mol/mL)。从单位上的量纲对比可以看出,对于更为宏观的密度驱动或者压力驱动扩散,本质上还是适合用浓度驱动方程(即菲克扩散方程)进行描述。

对于煤粒这种近似球体的研究对象,我们也经常用到极坐标。此时,菲克第二定律可写为[7]:

$$\frac{\partial c}{\partial t} = \frac{1}{r}\left\{\frac{\partial}{\partial r}\left(rD_F\frac{\partial c}{\partial r}\right) + \frac{\partial}{\partial \theta}\left(\frac{D_F}{r}\frac{\partial c}{\partial \theta}\right) + \frac{\partial}{\partial z}\left(rD_F\frac{\partial c}{\partial z}\right)\right\} \text{(柱形)} \quad (1-25)$$

$$\frac{\partial c}{\partial t} = \frac{1}{r^2}\left\{\frac{\partial}{\partial r}\left(D_F r^2\frac{\partial c}{\partial r}\right) + \frac{1}{\sin\theta}\frac{\partial}{\partial \theta}\left(D_F\sin\theta\frac{\partial c}{\partial \theta}\right) + \frac{D_F}{\sin^2\theta}\frac{\partial^2 c}{\partial \phi^2}\right\} \text{(球形)} (1-26)$$

式中,r,θ,ϕ 分别为球坐标系的三个坐标。其中,$x = r\cdot\sin\theta\cdot\cos\phi$;$y = r\cdot\sin\theta\cdot\sin\phi$;$z = r\cdot\cos\theta$。

1.3 化学势驱动描述

1.3.1 扩散的内在驱动力

根据原始的菲克扩散定义,扩散应该沿着浓度降低的方向进行。然而,现实中有些扩散传质现象却呈现相反的规律,即沿着浓度升高的方向进行,这种扩散又被称为"上坡"扩散[8]。"上坡"扩散常见于第二相的析出、晶界溶质偏聚、过饱和固溶体中溶质的偏聚等溶质原子运动过程。当晶体处于电磁场、温度场、应力场中时,也会因为场的作用产生逆浓度差的扩散[9]。此外,对于单一组分的气体,虽然宏观上不存在浓度差,但其内分子总在做着无规则的运动,自扩散现象一直在发生着,浓度和扩散的关联就不大了。这些扩散形式的出现则揭示出扩散的内在驱动力并非浓度差,而应该是更为微观本质的东西。

热力学的产生给了我们一种新方式重新思考扩散现象。热力学认为,在定温、定压状态下,多元系统各相达到平衡时,其中每一组分的化学势都相等。对于给定的初始状态,热力学可以用来预测化学反应的方向和反应进行的最大程度。传质现象的本质是系统中能量趋于稳定的过程。故而扩散也能看成是一种能量差驱动的过程,即化学势驱动的过程。扩散是粒子从高化学位区域向低化学位区域迁移而使系统自由能降低的自发过程,即[10]:

$$\boldsymbol{J} = -D_c\frac{c}{k_B T}\nabla\mu \quad (1-27)$$

式中 μ——化学势,J/mol;

D_c——修正扩散系数，m^2/s；

k_B——玻尔兹曼常数，1.38×10^{-23} J/k；

T——温度，K。

一般情况下，化学势梯度方向和浓度梯度方向一致，故而造成扩散是由于浓度驱动的"假象"。对于气体来讲，浓度是相对容易观测到的宏观物理量，由浓度驱动扩散更容易被人们所接受。所以在实验或者数学建模中，常常监测浓度百分比变化或直接采用菲克扩散定律对扩散进行描述。采用"浓度"的概念必然要求所研究的主体必须是非个体的、连续的、大量的，在宏观上有明显浓度差异的物质。因此，菲克定律有一定的局限性，对于不能形成宏观浓度的扩散现象则不适合，例如对于多孔介质中孔径较小的通道中的努森扩散则不适合进行描述。普遍存在的扩散一定是从"高浓度"向"低浓度"进行的看法应该被摒弃。

1.3.2　昂萨格倒易关系

菲克扩散定律是基于傅立叶热传导方程的数学基础得到的。对比热传导的动力学方程和扩散动力学方程，我们会发现，两者的方程形式和求解过程是基本一致的。傅立叶热传导第二定律形式为[9]：

$$\frac{\partial T}{\partial t} = D_{热} \nabla^2 T \tag{1-28}$$

式中　$D_{热}$——热扩散系数，m^2/s。

对比式(1-22)，可以发现除了数学符号和物理意义不同之外，两者的数学关系是一致的。1931年，昂萨格(图1-4)提出了著名的昂萨格倒易关系，提出一切不可逆过程都是在某种广义热力学力推动下产生广义热力学流的结果，将传热和传质统一在一起。昂萨格将各种不可逆过程的熵产率用过程中各独立的广义流和广义力的标性积之和来表示。"流"代表一种研究对象，例如扩散中扩散流，热传导中的热流。而"力"则可看成引起这些"流"变化的内在驱动力，例如扩散流中

图1-4　昂萨格画像

的浓度梯度，热传导中的温度梯度。在线性区它们的关系唯象地可以写成如下形式[11]：

$$\sigma = \sum_i X_i J_i \tag{1-29}$$

式中　σ——单位体积介质的熵产率；

X_i——不可逆过程中第i种广义热力学力；

J_i——不可逆过程中第i种广义热力学流。

在实际的研究工作中，我们不可避免地要涉及各种场耦合的问题，例如研究自由状态的吸附过程要涉及扩散场和温度场，如果赋予受限条件，可能还要涉及

应力场。昂萨格倒易关系给出了物质更为本质的动力学规律,在数值模拟及数学分析上用途广泛。

参考文献

[1] EINSTEIN A. On the movement of small particles suspended in a stationary liquid demanded by the molecular-kinetic theory of heart[J]. Annalen der physik,1905(17):549-560.

[2] SUTHERLAND W. LXXV. A dynamical theory of diffusion for non-electrolytes and the molecular mass of albumin[J]. The London,Edinburgh, and Dublin philosophical magazine and journal of science,1905,9(54):781-785.

[3] GLASSTONE S,EYRING H,LAIDLER K J. The theory of rate processes[M]. New York:McGraw-Hill,1941.

[4] ZHANG Y. Geochemical kinetics[M]. Princeton:Princeton University Press,2008.

[5] FICK A. On liquid diffusion[J]. Journal of membrane science,1995,100(1):33-38.

[6] FICK A. V. On liquid diffusion[J]. The London,Edinburgh,and Dublin philosophical magazine and journal of science,1855,10(63):30-39.

[7] CRANK J. The mathematics of diffusion[M]. Oxford:Oxford University Press,1956.

[8] LESHER C E. Kinetics of Sr and Nd exchange in silicate liquids:Theory, experiments,and applications to uphill diffusion,isotopic equilibration,and irreversible mixing of magmas[J]. Journal of geophysical research solid earth,1994,99(B5):9585-9604.

[9] WICKS C E,WILSON R E. Fundamentals of momentum,heat,and mass transfer[M]. 3th ed. Hoboken:Wiley,1976.

[10] KÄRGER J,RUTHVEN D M,THEODOROU D N. Diffusion in nanoporous materials[M]. Hoboken:John Wiley & Sons,2012.

[11] 李如生.非平衡态热力学和耗散结构[M].北京:清华大学出版社,1986.

第 2 章　瓦斯在煤中的扩散

本章要点

1. 煤吸附瓦斯的基本过程及内在驱动力；
2. 孔隙的基本分类和测定方法；
3. 多孔介质中气体扩散的几种类型；
4. 扩散与渗流的区别及联系，有效扩散系数与表观扩散系数的定义。

扩散是控制气体在多孔介质吸附和解吸速率快慢的重要因素之一。如何加快甲烷在煤中的扩散速率，是天然气排采领域的研究重点；相反地，怎样防止瓦斯在煤中瞬间解吸，也是煤矿安全最为关心的问题之一。那么扩散在煤中有哪些形式，扩散与孔隙空间有哪些联系，扩散与渗流的主要区别是什么？这些问题都将在本章进行解答。

2.1　煤吸附瓦斯的基本过程

2.1.1　多孔介质吸附的基本原理

固体表面的气体与液体具有在固体表面自动聚集以求降低表面能的趋势。这种固体表面的气体或液体的浓度高于其本体浓度的现象，称为固体的表面吸附。多孔介质对气体的吸附是一种物理吸附现象。与化学吸附不同的是，物理吸附主要是通过孔壁吸附势对气体分子施加引力进行吸附的，这是一种可逆的动态平衡现象。物理吸附所放出的热量与气体液化、水蒸气凝结相似，每吸附 1 mol 介质放出 0~40 kJ 的热量。而化学吸附的作用力常常是化学键作用力，其释放吸附热近似于化学反应的热效应，一般比物理吸附热大几倍甚至几十倍，每吸附 1 mol 介质约放出 80 kJ 的热量。

固体多孔介质对气体吸附质分子的引力通常是色散力，属于范德瓦尔斯力，其大小与固体分子和气体分子之间距离的 6 次方成反比。所有物质之间都存在色散力的相互作用。而在固体分子与气体分子靠近到一定距离时，同时会产生斥力，斥力的大小与固体分子和气体分子之间距离的 12 次方成反比。通常情况下，色散力和斥力的共同叠加作用造成了孔壁吸附势的出现，其大小可以由经典

的莱纳德-琼斯(Lenard-Jones)公式表示,即:

$$U(r) = -\tilde{a} r_{atom}^{-6} + \tilde{b} r_{atom}^{-12} \tag{2-1}$$

式中　$\tilde{a}, \tilde{b}$——色散力系数和斥力系数;

　　　r_{atom}——原子(分子)之间的距离。

上式又被称为 12-6 或者 6-12 势能公式,适用于两个分子之间的吸附势计算,是最简单的吸附情况。后续学者们基于此关系,通过改变多项式的指数大小,相继给出了适用于平板、圆柱孔的吸附势分布公式(表 2-1),使得孔隙吸附势的计算更加精准科学。

表 2-1　吸附势的常用计算公式[1]

序号	名称	公式	适用情况	备注
1	6-12	$U(r) = -\tilde{a} r_{atom}^{-6} + \tilde{b} r_{atom}^{-12}$		两个单分子吸附
2	4-10	$U(r) = -\tilde{a} r_{atom}^{-4} + \tilde{b} r_{atom}^{-10}$		无限大单一平面对单分子吸附
3	9-3	$U(r) = -\tilde{a} r_{atom}^{-9} + \tilde{b} r_{atom}^{-3}$		半无限大单一平面对单分子吸附
4	4-4-10-10	$U(r) = -\tilde{a}\left[(d+z)^{-4} + (d-z)^{-4}\right] + \tilde{b}\left[(d+z)^{-10} + (d-z)^{-10}\right]$		双平行平面对单分子吸附
5	3-3-9-9	$U(r) = -\tilde{a}\left[(d+z)^{-3} + (d-z)^{-3}\right] + \tilde{b}\left[(d+z)^{-9} + (d-z)^{-9}\right]$		双半无限大平面对单分子吸附
6	2k-2k	$U(r) = -\sum_{k=0}^{\infty} \tilde{a}_k r_{atom}^{2k} + \sum_{k=0}^{\infty} \tilde{b}_k r_{atom}^{2k}$		圆柱形孔

吸附势相当于一个巨大的黑洞,运动着的分子一旦被吸附势捕捉到之后,会丧失一部分动能,转化为吸附热逸散出去,之后动能降低的吸附质分子会吸附于吸附位上。如果此时剩余的动能足够大,或者又获得了新的动能,例如温度升高(温度决定着气体分子的动能),吸附质分子就会重新冲破吸附势的壁垒,回到自由空间中,形成脱附现象。由于物理吸附所放出的吸附热与气体液化所放出的液化热相似,气体被吸附于煤孔壁之后,其物理状态接近于液态。对于二氧化碳等常温下可以达到临界点状态的气体,分析其在微孔中的扩散行为时,可以类似认为其是液态。但对于甲烷这种常温下达不到临界点的气体来说,分析其扩散行为时,要综合考虑孔径与气体密度的关系。另外,对于吸附剂来讲,由于气体分子吸附时使得固体壁面的吸附势降低,其固体分子之间的距离也会被相应地拉大,宏观上形成膨胀的效果。

　　图 2-1 给出了孔径与吸附势的关系。吸附势会随着多孔介质孔径的减小而显著重合加大,此时色散力起到了主要作用。但到一定孔径后,由于斥力显著增加,大于了色散力,故而吸附势成了正值,孔隙对吸附质分子起到了排斥作用。所以并不是孔径越小,吸附势越大。壁面的吸附势一方面对甲烷的运移产生拉扯的牵制作用,使分子向孔隙内部的驱动合力减弱;另一方面又会对甲烷气体的性质进行改变,使其密度逐渐变大,扩散阻力逐渐加强,扩散消耗时间也显著增加。引力向斥力转换的孔径临界点不仅与多孔介质有关,还与吸附的气体有关。例如,二氧化碳的分子动力学直径要小于甲烷,且吸附势更大,故而煤中产生排斥的孔径要小于吸附甲烷时的排斥孔径。

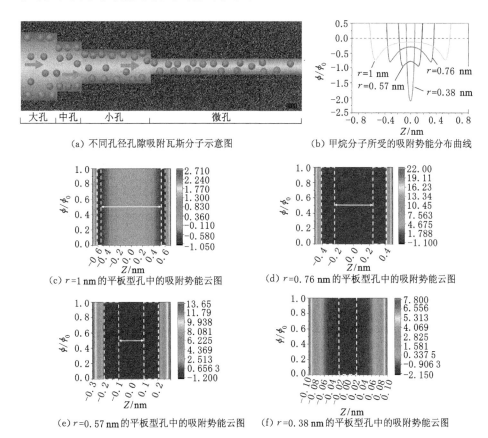

图 2-1　多孔介质孔径与吸附势的关系

　　还需注意的是,吸附层的密度并不是始终大于游离层的密度,在高压段有时会形成负吸附的现象,如图 2-2 所示。特别是二氧化碳,其高压段吸附量随压力增大会呈降低的规律。这是因为,吸附层密度与压力往往被认为符合朗缪尔的关系,其特征是在低压段呈直线增长,但在高压段趋于平衡,而对于游离气体来讲,其密度与压力一直处于由一般的气体状态方程得出的线性关系。吸附层密度随压力增长的斜率终会小于游离态气体密度随压力增长的斜率,故而一定存在某一压力使得吸附层密度和游离层密度相等,形成分界点。

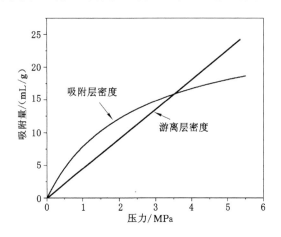

图 2-2　吸附层密度与游离层密度关系

2.1.2　瓦斯吸附的动力学过程

研究气体吸附、脱附速度控制机制的学科称为吸附动力学。气体分子和煤体表面接触时,并不能立即与煤体内部所有的孔隙表面接触,而是会在煤体内外形成甲烷(煤矿瓦斯中绝大部分为甲烷气体,下面以甲烷来具体说明)压力梯度和浓度梯度。甲烷压力梯度引起渗透,遵循达西定理。这种过程在大的裂隙、孔隙系统面割理和端割理内占优势。相对地,甲烷气体分子在其浓度梯度的作用下由高浓度向低浓度扩散,这种过程在小孔与微孔系统内占优势。甲烷气体在向煤体深部进行渗透—扩散运移的同时,与接触到的煤体孔隙、裂隙表面发生吸附和解吸。等温条件下,多孔介质对气体分子的吸附主要由 3 个过程组成[2],如图 2-3 所示。

① 气体分子在粒子表面的薄液层中(流体界面膜,fluid film)扩散。气体分子在煤基质外表面会因渗透流动形成气体膜,此时基质外围空间的气体分子会沿图中符号"1"穿过气膜,扩散到煤基质表面。

② 气体分子在孔隙内的扩散。此过程包括沿孔隙的空间扩散和沿孔壁的表面扩散。气体分子会沿着符号"2"进入煤基质微孔穴中,扩散到煤基质内表面。

③ 吸附质分子吸附于微孔表面的吸附位上。吸附到煤壁的分子并不是完全静止的,它们可能再次跃迁到自由空间内,或者沿着煤壁进行扩散之后再次跃迁到孔隙空间内。直至吸附平衡时,吸附分子和脱附分子的数量才会相等,形成

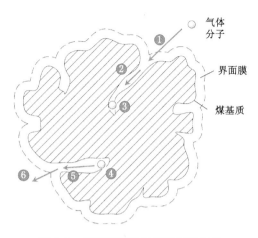

图 2-3 煤基质吸附甲烷过程示意图

一种动态平衡。

对于煤这种多孔介质来讲,决定其吸附速度快慢的主要是过程②和过程③,即内扩散的过程。解吸的过程与吸附的过程正好相反,按照图中"4—5—6"的顺序依次进行。

2.2 煤孔隙的基本特征

2.2.1 孔隙分类

煤是一种非均质的多孔介质,在煤的表面和内部遍布着由有机质、矿物质形成的各类孔隙。按照孔隙的功能种类及尺度大小,煤中孔隙可以从数学上分为基质孔隙和裂隙。前者拥有较大的比表面积,是吸附瓦斯赋存的主要场所;后者则连通了其他基质孔隙,是游离瓦斯形成渗流的主要场所。将煤看作由孔隙和裂隙独立组成的双重孔隙结构,是人们为了研究方便而进行的假设。实际上煤中孔隙和裂隙呈非均质分布,其大小、规模、连通性等极其复杂,很难对孔隙和裂隙进行明显且有效的界限划分,在进行表征时往往也可统称为孔隙系统。而通过实验手段获得的孔径大小分布,则较数学上的分类更为科学,国内外通用的分类方法如表 2-2 所列。在国际上,采用国际纯粹与应用化学联合会(IUPAC)的分类方法更为普遍。在应用压汞、液氮吸附等测孔手段获得孔隙分布时也多以此标准进行分析。而我国在进行瓦斯相关研究时,多采用苏联科学家霍多特的分类方法,即认为小于 10 nm 的微孔构成了煤中的吸附容积;10~100 nm 的小孔构成了毛细管凝结和瓦斯扩散的空间;100~1 000 nm 的中孔构成了瓦斯缓慢层流渗透的区域;1 000 nm 至不可见孔的大孔则构成了强烈的层流渗透区间。在大孔之上其实还有可见孔及裂隙存在,其构成层流及紊流混合渗透的区间,并决定了煤的宏观(硬和中硬煤)破坏面。

表 2-2 煤孔隙分类方法统计表(直径)[3-6]

分类方式	微孔/nm	小孔/nm	中孔/nm	大孔/nm
霍多特(1961)	<10	10～100	100～1 000	>1 000
杜比宁(Dubinin,1963)	<2	2～20(过渡孔)	—	>20
Gan 等(1972)	<1.2	1.2～30(过渡孔)	—	30～2 960
IUPAC(1978)	<2	2～50(介孔)	—	>50
格里什(Grish)等(1987)	<0.8	0.8～2	2～50	>50
朱之培(1982)	<12	12～30	—	>30
煤炭科学研究总院抚顺分院(1985)	<8	8～100	—	>100
杨思敏(1991)	<10	10～50	50～750	>1 000
吴俊(1991)	<10	10～100	100～1 000	1 000～15 000
秦勇(1994)	<10	10～50	50～450	>450

此外,按照孔的开放程度,还可以分为一端开放孔、两端开放孔和封闭孔3 种类型。根据孔的形成成分,还可以分为有机质孔和无机质孔。根据孔的成因,又可分为变质气孔、组织残留孔、颗粒间孔和矿物溶蚀孔。在研究孔隙系统特征时,我们需要根据研究问题的侧重点选择合适的分类方法。

2.2.2 孔隙测定的基本方法

关于孔隙的测试分析方法主要有两类:一类为光电辐射法,一类为流体侵入法。光电辐射法主要有光学显微镜法(OM)、扫描电子显微镜法(SEM)、透射电子显微镜法(TEM)、核磁共振法(NMR)、显微 CT 法(Micro-CT)和小角散射法(SAXS/SANS)等。流体侵入法主要有压汞法(MIP)、低温液氮吸附法(LT-NA)、二氧化碳吸附法(CDA)等。各种方法测试的孔隙范围如图 2-4 所示,由于不同仪器制造的型号及标准不尽相同,所以孔径测试的上下限也没有固定数值。

在上述方法中,常用于测定煤炭孔隙的方法一般为压汞法、低温液氮吸附法和二氧化碳吸附法。

(1) 压汞法

国际标准《压汞法和气体吸附法测定固体材料的孔径分布和孔隙度 第 1 部分:压汞法》(ISO 15901-1:2005)详细给出了压汞法的流程。通常对样品进行压汞分析,需要完成低压压汞和高压压汞两个步骤。通过监测进汞的压力,就能实时得到孔径的分布情况,进而可以得到煤样的孔容、孔比表面积及孔长等分布特性,同时还能获得孔隙率、曲折度等反映孔隙结构特征的参数。压汞法主要应用

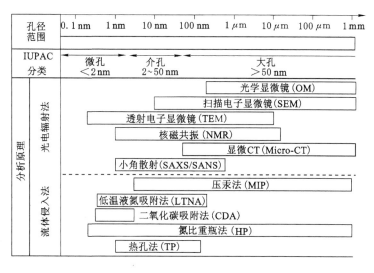

图 2-4　常用孔径测试方法[7-8]

了表面张力与孔径的关系,其理论基础是著名的沃什伯恩(Washburn)公式,即:

$$p_{m} = \frac{-2\pi \cos\theta}{r} \tag{2-2}$$

式中　p_{m}——进汞压力;

　　　r——孔径;

　　　θ——接触角。

　　目前压汞法已经形成了比较成熟的流程,也有精度较高、操作较为简单的压汞仪。例如美国康塔公司设计制造的 Pore Master-33 型号自动压汞仪,该仪器低压站的测试范围可达 $1.5 \sim 350$ kPa,高压站测试范围可达 140 kPa $\sim$ 231 MPa,可测量孔径的范围在 $7 \sim 10\ 000$ nm 内,如图 2-5(a)所示。由于高压段压汞压力会对孔基质进行压缩,形成更大的孔容,进而对实验结果造成影响,所以压汞实验多用来获取大中孔的结构及分布特性[9]。

　　通常由压入汞生成的累积体积曲线不会随着压力的降低而按原轨迹返回,即压入孔道内的汞不会完全挤出,便会形成滞后环,如图 2-5(b)所示。降压曲线位于升压曲线的上方而且通常滞后环根本不能闭合,这意味着即使当压力返回到大气压时,孔道内仍残留部分汞。从进退汞滞后环(迟滞现象)可以大致获得煤体孔隙的一些结构特征。但目前对压汞滞后环的解释存在争议:一种解释认为汞注入细孔的接触角(前进接触角)和从细孔流出来的接触角(后退接触角)不同,在最初注汞时汞不受孔壁面作用的支配,但在退汞时在一定程度上与壁面作用有关,需要更大的压力使之退出[2,10];第二种解释为存在墨水瓶状的瓶颈

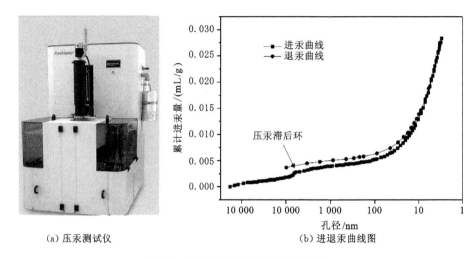

(a) 压汞测试仪　　　　　　　　　　(b) 进退汞曲线图

图 2-5　压汞测试仪器与进退汞曲线

孔,汞进入细瓶颈孔会使注汞压力显著提高,从而造成计算的孔径小于未有瓶颈孔存在的开口孔孔径[11]。此外,还有解释认为注汞压力对孔隙结构造成破坏,使得孔结构产生不可逆变化,形成了滞后环差异[2]。需要注意的是,虽然上述解释中出现了墨水瓶状的细瓶颈孔的解释,但压汞曲线依然是在圆柱形孔的假设上得出的,相当于小半径圆柱孔与大半径圆柱孔相串联的墨水瓶状孔。而其他从压汞滞后环得出平板形孔、锥形孔等形状的结论是值得商榷的,不宜与液氮实验的孔形分析原理相混淆。

　　(2) 低温液氮吸附法

　　用于测试多孔介质孔隙特征的气体主要有氮气、氩气、二氧化碳、氦气、氢气和氙气等,不同气体适用的孔径范围及测试材料不同。氮气为惰性气体,难以与多孔介质反应,且容易提取、经济实惠,故而最为常用。但与压汞实验孔径测量范围不同,液氮实验通常用来分析煤样微孔和小孔的孔隙特征。低温液氮吸附法也形成了国际标准《压汞法和气体吸附法测定固体材料的孔径分布和孔隙度第 3 部分:气体吸附法分析微孔》(ISO 15901-3:2007)。与压汞法相似,低温液氮吸附法也形成了较为成熟的工业仪器。如美国康塔公司设计制造的Autosorb iQ2 型号全自动气体吸附分析仪[图 2-6(a)],其孔径测量范围可在0.35~500 nm 内,测试时液氮温度保持在 77 K。液氮实验以测得的等温吸脱附曲线为基础,基于不同的理论可得出煤样的孔容分布特征、BET 比表面积大小及孔形特征等。图 2-6(b)给出了一条典型的煤吸脱附液氮的曲线,煤作为多孔介质,在吸脱附液氮时会形成不同形状的滞后环,依照滞后环的几何特性可以初步判断煤孔隙的基本形状。

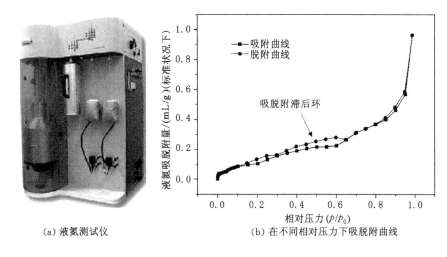

（a）液氮测试仪　　　　　　　　（b）在不同相对压力下吸脱附曲线

图 2-6　液氮测试仪与吸脱附曲线

目前,液氮等温吸附曲线共分为 6 种,先由布鲁诺尔(Brunauer)等通过统计大量液氮吸附曲线特征得出 Ⅰ～Ⅴ 类液氮曲线,后由辛格(Sing)增加多层吸附阶梯状分布为 Ⅵ 类(图 2-7),并形成了 IUPAC 国际标准 *Physisorption of gases, with special reference to the evaluation of surface area and pore size distribution*[12-13]。液氮低压段主要体现了微孔的填充作用大小,低压段偏 Y 轴则说明材料与氮有较强作用力,低压段偏 X 轴说明与材料作用力弱[2]。中压段主要是氮气的冷凝阶段,是介孔分析数据的重要来源。高压段可以用来分析粒子的堆积程度。不同形状的特征曲线,代表了不同的吸附特征:

① Ⅰ(a)型主要是单分子化学吸附,其表面吸附位的活性较高,低压段作用力很强。

② Ⅰ(b)型主要是活性炭及沸石的物理吸附,其低压段的强作用力主要来源于微孔强大的吸附势。

③ Ⅱ型主要是非多孔性固体表面的多分子层吸附,如金属氧化物对氮气或水蒸气的吸附。

④ Ⅲ型曲线主要是发生在憎液性表面的多层吸附,或者固体和吸附质之间作用力小于吸附质之间的相互作用的吸附类型,如水蒸气在石墨表面的吸附。

⑤ Ⅳ型曲线与 Ⅱ、Ⅲ型曲线不同,其在相对压力约为 0.4 时,出现了毛细管凝聚,等温线迅速上升;但在高压段,吸附只在远小于内表面积的外表面发生,故而曲线趋于平坦,如氮气、有机蒸气和水蒸气在硅胶上的吸附。

⑥ Ⅴ型曲线常见于物理、化学性质均匀的非多孔固体的吸附。

⑦ Ⅵ型曲线则多是多层吸附的等温吸附曲线。

实际的各种等温吸附曲线多是这六种等温线的不同组合。曲线的形状未必如图 2-7 所示的分类一样清晰明显,需要综合判断。

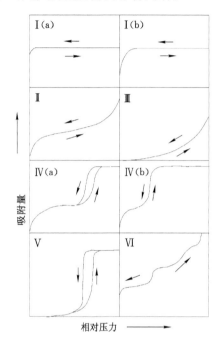

图 2-7 等温吸附曲线分类

此外,液氮吸脱附曲线形状还可以反映出样品的孔隙形状结构。与压汞不同,吸附滞后环有国际上公认的分类方法及解释。目前,常出现的液氮吸脱附滞后环可以分为 H1~H5 五种类型,如图 2-8 所示[14]。H1 型曲线适合描述含有规则、均匀中孔的材料。H2 型曲线适合描述网格作用较强烈的孔形,一般认为存在一系列"墨水瓶"状狭小孔径的孔,小孔径瓶颈中的液氮脱附后,束缚于瓶中的液氮气体会骤然逸出。H2(a)型曲线与 H2(b)型曲线的区别是,前者描述的"墨水瓶"孔孔脖处的孔径更小。H3 型曲线常代表片状粒子堆积形成的狭缝孔。H4 型曲线与 H3 型曲线相似,但其微孔段的吸附作用更加强烈。H5 型曲线较为罕见,表示同时包含两端开口的和一端堵塞的孔,例如 PHTS(plugged hexagonal templated silicas)材料。

常用于多孔介质孔径分析的理论模型主要有 BJH、BET、DA、DR、DFT 等模型,其适用条件可参见表 2-3。在选择分析模型时,要结合实验目的、研究对象综合分析。近藤精一等所作的《吸附科学》[12]一书中详细地解释了各模型的假设及推导过程,本书不再赘述。

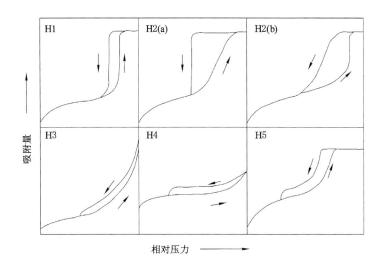

图 2-8　液氮吸脱附滞后环类型[16]

表 2-3　常用气体吸附法模型

方法	适用范围	孔形假设	p/p_0 区间	备注
BET	微孔、介孔	—	0.05~0.3	适用于测定比表面积
BJH	介孔	圆柱孔	>0.35	H2 型滞后环需要选择吸附分支计算孔径分布
DH	介孔	圆柱孔	>0.35	BJH 简化版,H2 型曲线选择吸附分支计算
DA	微孔	—	0.000 1~0.1	适用于微孔呈非均匀分布或多峰分布的材料
DR	微孔	—	0.0001~0.1	适用于大部分微孔材料,但对孔隙非均匀程度较大的材料无法取得较好的拟合结果
HK	微孔	狭缝形孔	—	适用于裂缝状微孔(活性炭、柱撑层状黏土等)
密度泛函理论	微孔、介孔	—	—	适用于具有单峰、多峰或多级孔分布的微介孔材料
蒙哥卡罗法	微孔、介孔	—	—	仅适用于 CO_2 吸附测微孔
t 图法	微孔	—	0.4~0.6	t 为孔壁上吸附层的统计厚度,吸附量被定义为 t 的函数

（3）二氧化碳吸附法

二氧化碳吸附法与液氮吸附法的原理类似,其所采用的仪器和操作流程基本相同。不同的是二氧化碳测试时的温度为 273 K 或 195 K,而液氮为 77 K。由于二氧化碳的动力学直径较氮气小,扩散速度也较快,能进入煤中更小的孔隙,故而常用来测试微孔的孔径分布。

2.2.3　孔隙特征基本参数

常用的孔隙特征参数主要有孔容、孔比表面积、孔长、曲折度、孔隙率等。

（1）孔容

孔容指孔隙的体积。表征孔容随孔半径分布的曲线称为孔容分布曲线（图 2-9）,又称为孔径分布曲线。孔容分布曲线是最常用直观的孔隙分析数据,一般满足以下方程:

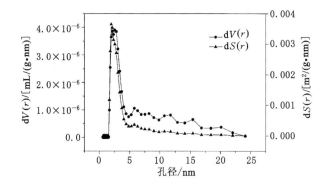

图 2-9　典型孔容及孔比表面积分布曲线

$$dV = dV(r)dr \qquad (2\text{-}3)$$

式中　$dV(r)$——孔容分布函数,定义为每单位孔半径的孔体积,mL/(g·nm)。

压汞实验中,孔容主要通过压力和进汞量的关系而得出,而吸附法则通过吸附量与相对压力的关系得出。在进行颗粒煤测试时,孔容又分为粒间孔容和粒内孔容,粒内孔容根据孔径尺度大小又可分为微孔孔容、介孔孔容和大孔孔容。研究显示,煤孔隙体积从低阶煤到中阶煤呈减少趋势,而从中阶煤到高阶煤呈增大趋势;对于煤中的微孔,其容积随着煤的变质程度增大而增大。根据苏联马克耶夫煤矿安全科学研究院给出的不同变质程度煤孔隙分布结果（表 2-4）,总孔容从长焰煤的 0.084 m³/t 减小到 0.045 m³/t,然后增加到无烟煤的 0.084 m³/t;而微孔平均孔容则先从长焰煤的 0.023 m³/t 缓慢增至贫煤的 0.033 m³/t,之后由贫煤到无烟煤时,微孔孔容增加更加明显,达到 0.055 m³/t。

表 2-4　不同煤种的孔隙分布[6]

煤种	挥发分含量/%	小孔、中孔、大孔孔容 /(m³/t)			微孔孔容 /(m³/t)			总孔容 /(m³/t)
		最大	最小	平均	最大	最小	平均	平均
长焰煤	43～46	0.07	0.045	0.061	0.028	0.021	0.023	0.084
气煤	35～40	0.058	>0.001	0.03	0.034	0.015	0.026	0.056
肥煤	28～34	0.05	>0.001	0.025	0.033	0.019	0.026	0.051
焦煤	22～27	0.039	>0.001	0.019	0.038	0.021	0.026	0.045
瘦煤	18～21	0.036	>0.001	0.016	0.033	0.022	0.029	0.045
贫煤	10～17	0.052	>0.001	0.022	0.052	0.027	0.033	0.055
半无烟煤	6～9	0.054	>0.001	0.023	0.056	0.033	0.044	0.067
无烟煤	2～5	0.076	>0.001	0.029	0.062	0.049	0.055	0.084

注:大孔、中孔、小孔和微孔的划分参考霍多特的分类方法。

（2）孔比表面积

孔比表面积是指单位质量煤体孔隙系统的总表面积。表征孔比表面积随孔半径分布的曲线称为孔比表面积分布曲线（图 2-9）。孔比表面积分布曲线多是基于孔容分布曲线推导出来的,其与孔容分布的关系为：

$$dS(r) = \frac{dV(r)}{r} \tag{2-4}$$

式中　$dS(r)$——孔比表面积分布函数,定义为每单位孔半径的比表面积, $m^2/(g \cdot nm)$。

比表面积中常用的参数还有 BET 比表面积,主要在吸附法中涉及。BET理论用来描述多层吸附,比朗缪尔理论适用范围更广泛,是表面吸附科学的基础理论。BET 理论是由布鲁诺尔（Brunauer）、埃米特（Emmett）和特勒（Teller）三位科学家所提出的,故而取三人的首字母组合定义。

（3）孔长

孔长是指孔隙的长度。描述孔长随孔半径分布的曲线称为孔长分布曲线,其形状与前两者类似。对于孔隙复杂的多孔介质,常常将孔形假设为圆柱形,故而孔长分布函数也多从圆柱形孔的几何特点进行分析。对于圆柱形孔而言,孔长分布函数与孔容分布函数有关：

$$dL(r) = \frac{dV(r)}{\pi r^2} \tag{2-5}$$

式中　$dL(r)$——孔长分布函数,定义为每单位孔半径的孔长, $m/(g \cdot nm)$。

（4）曲折度

曲折度是描述孔隙弯曲程度的一个物理量,又称为曲折因子(图 2-10)。其定义与孔长有关,类似于路径和位移的概念。多孔介质的孔隙并不是理想直线存在的,期间存在"盘山公路"般复杂的孔隙路径。假设对于某一特定孔隙,从孔一端 A 到另一端 B 的直线距离为 L_0,而实际的长度为 L,则曲折度 τ 为:

$$\tau = \frac{L}{L_0} \tag{2-6}$$

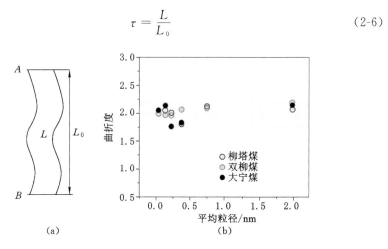

图 2-10 曲折度的定义

曲折度有时也可定义为 L 与 L_0 比值的平方,在使用时应注意其定义。一般来说,煤的曲折度可以类似于活性炭,曲折度在 2 左右,所以在公式推导及数值模拟时可以取平均值 2 作为参考值。研究表明:控制煤粒曲折度的孔隙系统是微孔系统,而微孔在普通粒径损伤过程中并未受到大的破坏,所以煤样的曲折度与粒径的依赖度不高。图 2-10 还给出了煤矿瓦斯治理国家工程研究中心测定的柳塔、双柳及大宁 3 个矿区煤样的曲折度随粒径变化情况,3 种煤样随粒径变化均不明显。

(5) 孔隙率

孔隙总体积所占煤体总体积的比值为孔隙率,即:

$$\varepsilon = \frac{V_s - V_d}{V_s} \times 100\% = \left(1 - \frac{V_d}{V_s}\right) \times 100\% \tag{2-7}$$

$$V_d = \frac{m_c}{\gamma'} \tag{2-8}$$

$$V_s = \frac{m_c}{\gamma''} \tag{2-9}$$

式中　ε ——煤的孔隙率,%;

　　　V_s ——煤的总体积,包括其中孔隙体积,cm^3;

　　　V_d ——煤的骨架体积,不包括其中孔隙体积,cm^3;

　　　m_c ——煤的质量,g;

γ' ——煤的真密度，g/cm^3；

γ'' ——煤的视密度，g/cm^3。

将式(2-8)、式(2-9)代入式(2-7)，则有：

$$\varepsilon = \left(1 - \frac{m_c}{\gamma'} \cdot \frac{\gamma''}{m_c}\right) \times 100\% = \left(1 - \frac{\gamma''}{\gamma'}\right) \times 100\% \qquad (2\text{-}10)$$

孔隙率是决定煤的吸附、渗透和强度性能的重要因素。通过孔隙率和瓦斯压力的测定，可以计算出煤层中的游离瓦斯量。此外，孔隙率的大小与煤中瓦斯流动情况也有密切关系。研究表明：煤的孔隙率会随着变质程度呈"山谷"形分布，在褐煤和无烟煤等煤种处孔隙率较大，而在焦煤、瘦煤等煤种处孔隙率较小[16]。

2.3　多孔介质气体扩散的空间尺度效应

多孔介质中的扩散与纯气体的扩散不同，它是气固两相相互作用的结果。气体分子除了受到气体分子间的作用力外，还会受到来自孔壁的碰撞作用。通常来说，孔隙的空间尺度决定着气体分子在孔隙内受到的力大小，进而改变气体分子的运动状态。在煤中，根据扩散在空间上的特征，可分为表面扩散、努森扩散、过渡扩散和分子扩散。表面扩散是一种二维扩散，而后三者为三维扩散，与分子自由程 l 和孔径 d_{pore} 有关，如图 2-11 所示。

图 2-11　扩散形式与空间尺度特征

2.3.1　表面扩散

当瓦斯分子在孔道空间中运移时，会不时地被孔壁产生的吸附势"捕捉"到。此时，瓦斯分子有一定概率沿表面运移，从一个吸附位运移到另一个吸附位，形成二维状态的表面扩散。之后，分子会继续运移或者返回孔隙空间中。瓦斯分子在表面运移时所持续的时间，通常称为滞留时间，其与气体分子的动能和分子与孔壁之间的作用力有关。由于气体分子动能是由温度决定的，故而滞留时间与温度有关[15]。弗伦克尔(Frenkel)认为滞留时间是吸附热和温度的函数，即[15]：

$$t_r = t_{r0} \, e^{Q/RT} \qquad (2\text{-}11)$$

式中　t_r ——滞留时间，s；

t_{r0} ——吸附分子的震荡时间，s；

Q——吸附热,J/mol。

二维扩散的速度要小于三维扩散的速度。因此,表面扩散系数要远小于空间扩散系数[16-17]。卡拉坎(C. Ö. Karacan)等[17]通过实验得出二氧化碳的表面扩散系数大约是其空间扩散系数的十分之一,并且两者的差异决定于煤的组分。对于富含碳质泥岩矿物、黄铁矿的区域,这种差异更加明显。另外,对于煤炭这种多孔介质来说,微孔中巨大的比表面积和强烈的吸附势使得表面扩散更为常见[18-22]。B. Yang 等[19]认为宏观上吸附速度的慢速阶段是由表面扩散来控制的。因此将吸附过程分为慢速和快速两部分,从而根据后期的吸附速度数据得出了表面扩散系数。然而,也有部分学者认为在扩散初期,由于并没有大量吸附分子被孔隙吸附势捕捉到,故而吸附势较大,对气体分子的作用力也较大,使得先期捕捉到的分子容易形成二维状态的表面扩散,这与前者吸附后期表面扩散主控的结论相反[17,23-24]。

2.3.2 努森扩散

努森扩散英文名称为 Knudsen diffusion,也有译为克努森扩散或者诺森扩散。在表面扩散中,如果滞留时间为零,即气体分子被孔壁捕捉后,气体分子会像光反射一样,沿余弦定律的路径立刻反射回三维空间中,此时形成的扩散就是努森扩散。努森扩散常常发生在孔径小于气体分子运动的平均自由程的情况下[2,19,25]。努森扩散的扩散系数可以用下式来计算[26]:

$$D_{KA} = \frac{d_{pore}}{3}\sqrt{\frac{8RT}{\pi M_A}} \tag{2-12}$$

式中　d_{pore}——孔直径,m;

　　　D_{KA}——努森扩散系数,m²/s;

　　　M_A——分子摩尔质量,g/mol。

式(2-12)说明,努森扩散系数与气体压力无关,而与温度有关。努森扩散系数也常常用在描述理想多组分气体扩散行为的斯蒂芬-麦克斯韦方程或者尘气(dusty-gas)方程中[27-28]。对于多孔介质来说,固体组分可被当作是"尘"部分,而孔空间可被假设为"气"系统。相比于经典的菲克扩散模型而言,这种模型是基于质量和动量传递的方程,在解算时多采用数值方法,故而更加准确。特别是对于化学吸附反应而言,这种优势显得尤为明显[29-30]。尘气方程可写为:

$$\frac{N_i}{D_{e,iKA}} + \sum_{j=1}^{n}\frac{x_j N_i - x_i N_j}{D_{e,ij}} = -\frac{1}{RT}\left(p\,\nabla x_i + x_i\,\nabla p + x_i\,\nabla p\,\frac{kp}{D_{e,iKA}\mu}\right)$$

$$\tag{2-13}$$

式中　N_i——物质 i 的扩散通量;

　　　x_i, x_j——物质 i 和 j 的摩尔分数;

　　　$D_{e,iKA}, D_{e,ij}$——努森扩散系数和二相互扩散系数的有效值。

2.3.3　分子扩散

当孔径大于分子平均自由程时,气体分子之间的膨胀多为自身分子之间的碰撞,而非与孔壁之间的碰撞,此时的扩散行为称为分子扩散。分子扩散有时与菲克扩散作为同一种扩散过程进行分析。根据查普曼-恩斯克(Chapman-Enskog)理论[2],双组分气体分子扩散系数的计算方程为:

$$D_{MAB} = \frac{1.858\,3 \times 10^{-7}\,T^{3/2}\,(1/M_A + 1/M_B)^{1/2}}{p\sigma_{AB}^2\Omega} \qquad (2\text{-}14)$$

式中　D_{MAB}——两种气体的分子扩散系数,m^2/s;

　　　　Ω——两个分子间相互作用能的函数,与温度有关;

　　　　σ_{AB}——两个分子的碰撞直径,Å;

　　　　M_A,M_B——两种气体分子的摩尔质量,g/mol;

　　　　p——总压力,atm(1 atm=10^5 Pa)。

对于单组分气体而言,上式可化为:

$$D_{MA} = \frac{1.858\,3 \times 10^{-7}\,T^{3/2}\,(2/M_A)^{1/2}}{p\sigma^2\Omega} \qquad (2\text{-}15)$$

式中　D_{MA}——单组分气体分子的分子扩散系数,m^2/s。

2.3.4　过渡扩散

过渡扩散是处于努森扩散和分子扩散之间的扩散方式。其计算公式可以由博赞基特(Bosanquet)公式推出[2]:

$$\frac{1}{D_N} = \frac{1}{D_{KA}} + \frac{1}{D_{MA}} \qquad (2\text{-}16)$$

式中　D_N——分子的过渡扩散系数,m^2/s。

上式隐含着,通过 3 种扩散方式的扩散通量是一致的,即 3 种扩散方式"串联"在一起。该式不仅可以用来描述过渡区,还可作为计算所有区域总体扩散系数的通式[2]。

2.3.5　有效扩散系数

尽管在多孔介质中存在诸如表面扩散、努森扩散、分子扩散、过渡扩散等一系列不同的扩散方式,我们也需要找到一种合适的方法去总体评价气体在多孔介质中总的扩散行为。在上文中介绍的扩散模型,均是在理想的圆柱形孔中推导出的扩散模型。实际的多孔介质由于孔隙率 ε 及曲折度 τ 的存在,影响了扩散的难易程度。有效扩散指通过单位开孔面积的扩散,这种定义排除了多孔介质中固体部分的影响。一般来讲,有效扩散系数可以定义为:

$$D_{有效} = \frac{\varepsilon}{\tau^2}D_{总} \qquad (2\text{-}17)$$

式中　$D_{有效}$——有效扩散系数,m^2/s;

　　　　$D_{总}$——总体扩散系数,m^2/s,可由式(2-16)计算。

为了方便描述多孔介质的扩散行为,在计算有效扩散系数时,通常将多孔介质看作是平行孔模型和随机孔模型。顾名思义,平行孔模型假设各孔隙是平行分布排列,对于活性炭等商品吸附剂较为适合;而随机孔模型则是随机排列,包括大孔和大孔串联、微孔和微孔串联、大孔和微孔串联这几种排列方式。排列方式不同,所用的公式也不同。对于简单的只存在大孔和微孔的平行孔系统来讲,其有效扩散系数为:

$$D_{有效} = \frac{\varepsilon_a}{\tau^2} D_{总} \left[1 / \left(\frac{1}{D_{KAa}} + \frac{1}{D_{MA}} \right) \right] + \frac{\varepsilon_i}{\tau^2} D_{总} \left[1 / \left(\frac{1}{D_{KAi}} + \frac{1}{D_{MA}} \right) \right] \quad (2\text{-}18)$$

式中,下标 a 和 i 分别表示大孔和小孔。

应指出的是,式(2-17)定义的有效扩散系数实际上是排除了表面扩散的空间有效扩散系数。如考虑表面扩散,式(2-18)又可变为:

$$D'_{有效} = D_{有效} + D_{sur} \rho_s (\mathrm{d}V/\mathrm{d}c) \quad (2\text{-}19)$$

式中 V——吸附量,g/g;

c——吸附浓度,g/mL;

D_{sur}——表面扩散系数,m^2/s;

ρ_s——气体密度,g/mL;

$D'_{有效}$——考虑表面扩散的有效扩散系数,m^2/s。

对于多孔介质气体扩散而言,粒子内的扩散系数主要受微孔扩散控制,即使存在表面扩散也可以用空间扩散系数来表示。一般而言,我们所指的有效扩散系数为式(2-17)定义的物理量。在一些文献中,参数 D/r_0^2 也被称为有效扩散系数。之所以采用这个定义是因为扩散距离 r 是很难获得的,将 D 和 r_0 看作一个整体去计算更为便捷[31-32]。一些学者假设煤粒的半径为 r_0 来获得准确的扩散系数大小[20,33-34],也有少部分学者尝试建立数学模型来推算 r_0 的大小,但都无法进行实验上的验证[22]。从量纲上来说,D/r_0^2 更像是一种扩散系数相关的有效值,并非实际的扩散系数。事实上,在最初使用这个参数时,南迪(Nandi)等给出的定义是扩散参数,而非有效扩散系数[35-36]。因此在使用时,我们应注意两者的区别。在后文中,如不特别指出,均把 D/r_0^2 看作有效扩散参数。

2.4 多孔介质气体扩散的时间衰减效应

气体分子在多孔介质中,会与孔壁发生碰撞,从自由的自扩散行为转变为受限扩散行为,扩散系数也会随着碰撞时间的延长而逐渐降低。在研究扩散系数随时间衰减的规律时,常常涉及三个扩散系数,分别是自扩散系数、修正扩散系数和菲克扩散系数。在非受限空间中,流体的自扩散系数不会随着时间而变化,其菲克扩散系数与初始时刻的自扩散系数相等,主要受分子本身及分子在流体中的相互作用控制;而在受限空间中,微观粒子常常受到空间壁面的碰撞,损失一定的能量,丧失原本的"扩散记忆",所以初始的自扩散系数会随时间产生衰减。自扩散系数是基于热力学做出的定义,而菲克扩散系数是基于浓度做出的定义,修正扩散系数则是为了联系两种扩散系数而基于化学势做出的定义。菲克扩散和菲克扩散系数已在第 1 章中进行了介绍,这里不再赘述。

2.4.1　自扩散

自扩散指扩散物质不依赖本身浓度梯度,而依赖分子热运动产生的传质现象。在第 1 章中,曾给出了热运动定义下的自扩散系数的统计数学方程。如果用跃迁频率定义随机行走的自扩散系数,则有[37-38]:

$$D_s = \frac{1}{6} l_j^2 \Omega \tag{2-20}$$

式中　D_s——自扩散系数,m^2/s;

　　　l_j——分子跃迁距离,m;

　　　Ω——跃迁频率,s^{-1}。

将式(2-20)放大到宏观尺度,则可以得出一维线性条件下分子自扩散距离和扩散时间的关系:

$$D_s = \frac{l_j^2}{6t} \tag{2-21}$$

从上式可以发现,分子扩散距离 l_j 与扩散系数和扩散时间乘积的平方根 $\sqrt{D_s t}$ 成正比。所以在特定时间 t 内,分子扩散的长度是一定的。类似地,如果限定扩散距离,则随着时间的增大,分子自扩散系数便会逐渐减小。对于完全封闭的有限空间,扩散时间趋于无穷大时,分子自扩散系数也存在减小为零的可能[39]。在多孔介质中,虽然孔道的直径是有限的,但由于孔隙系统为不封闭的且可连通的空间,所以分子自扩散系数衰减到反映孔隙曲折度和孔隙的定值后,便不再衰减。在扩散时间较短的情况下,微观粒子还未碰撞到孔道壁面时,其扩散系数还等于初始时刻的自扩散系数;而当扩散距离时间足够长,扩散距离大于孔道几何直径时,扩散的分子会逐渐丧失其初始位置 $r(0)$ 的记忆,最终实现随机的均匀分布。此时的自扩散系数便会减小,发生的扩散行为便是受限自扩散行为。假设煤粒的比表面积为 S_{pore},则 t 时间内流体受到壁面影响的区域体积占比为:

$$\frac{V_t}{V_{pore}} = \frac{S_{pore}}{V_{pore}} \sqrt{2D_{s0} t} \tag{2-22}$$

式中　V_t——边界感受层的体积,mL;

　　　D_{s0}——初始时刻的自扩散系数,m^2/s。

在直径较大的孔隙中,当孔隙体积 V_{pore} 远远大于 V_t 时,在极短时间内或孔隙尺寸过大时,扩散分子并不能感受到所在媒介边界的限制,卡克(Kac)将这种情况称之为未"感受"到边界原理[39-40]。此时流体的自扩散系数就是流体本身固有的初始自扩散系数。而在小直径的孔隙或较长时间的条件下，V_{pore} 和 V_t 相差不大时，扩散长度受到孔径的限制，与壁面产生碰撞，丢失"初始记忆"的分子大比重存在且逐步增加，因此总体的自扩散系数也会随着时间的增加而减小，如图 2-12 所示。对于所有的粒子，其在与边界垂直的方向上，总体的平均平方位移为感受到边界效应的分子与未感受到边界效应的分子两者对应的位移贡献值，即：

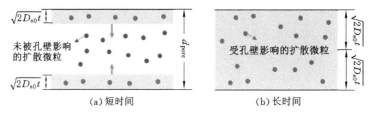

$$(a)\text{短时间} \qquad (b)\text{长时间}$$

图 2-12　扩散粒子与孔壁的碰撞及其对扩散系数的影响

$$\left\langle \left[r_x(t) - r_x(0) \right]^2 \right\rangle = \left(1 - \frac{S_{pore}}{V_{pore}} \sqrt{2D_{s0}t} \right) \cdot 2D_{s0}t + \overline{\phi} \frac{S_{pore}}{V_{pore}} \sqrt{2D_{s0}t} \cdot 2D_{s0}t$$

$$(2\text{-}23)$$

式中　$\overline{\phi}$——常数。

而在与边界平行的其他两个方向上，由于不存在边界限制，则有：

$$\left\langle \left[r_y(t) - r_y(0) \right]^2 \right\rangle = \left\langle \left[r_z(t) - r_z(0) \right]^2 \right\rangle = 2D_{s0}t \qquad (2\text{-}24)$$

将三个方向上的平均平方位移叠加，得到自扩散系数的衰减规律为：

$$D_s(t) = \frac{1}{6t} \left[\left\langle \left[r_x(t) - r_x(0) \right]^2 \right\rangle + \left\langle \left[r_y(t) - r_y(0) \right]^2 \right\rangle + \left\langle \left[r_z(t) - r_z(0) \right]^2 \right\rangle \right]$$

$$= D_{s0} \left(1 - \frac{4}{9\sqrt{\pi}} \frac{S_{pore}}{V_{pore}} \sqrt{D_{s0}t} \right) + O(D_{s0}t) \qquad (2\text{-}25)$$

$O(D_{s0}t)$ 为高阶项，在 t 极小时可忽略，则上式可化为：

$$\frac{D_s(t)}{D_{s0}} = 1 - \frac{4}{9\sqrt{\pi}} \frac{S_{pore}}{V_{pore}} \sqrt{D_{s0}t} = 1 - B' \sqrt{D_{s0}t} \qquad (2\text{-}26)$$

式中　B'——短时间自扩散衰减系数，m^{-1}。

对于长时间的扩散，在非完全封闭的体系中，自扩散系数会衰减至某一常数，这一常数与多孔介质的曲折度有关（图 2-13）：

$$\frac{D_s(t)}{D_{s0}} = \frac{1}{\tau} \qquad (2\text{-}27)$$

在长时间和短时间扩散之间的区域，则数学公式较为复杂，通常认为其与扩散时间 t 成指数关系[41]，即：

$$D_s(t) \propto t^{(2-d_w)/d_w} \qquad (2\text{-}28)$$

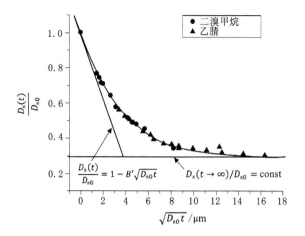

图 2-13　洛斯库托夫(V. V. Loskutov)和塞维京(V. A. Sevriugin)

给出的自扩散系数衰减模型[42]

式中　d_w——较长时间自扩散衰减系数,与孔隙体积和比表面的分形维数、扩

散分子和孔半径的比值等有关。

因此,我们可以总结得出在全时间段内,自扩散系数的变化可以用以下数学

关系进行描述:

$$\begin{cases} D_s(t) \propto \dfrac{S_{pore}}{V_{pore}} & \text{(短时间)} \\ D_s(t) \propto t^{(2-d_w)/d_w} & \text{(过渡区)} \\ D_s(t) \propto \dfrac{1}{\tau} & \text{(长时间)} \end{cases} \tag{2-29}$$

事实上,自扩散系数与努森扩散系数也有一定的联系,同是与压力或者浓度

无关的扩散系数。在计算时,只需将努森扩散系数中的孔直径换成扩散跃迁长

度即可。

$$D_s = \frac{\lambda_0}{3}\sqrt{\frac{8RT}{\pi M_A}} \tag{2-30}$$

式中　λ_0——扩散跃迁长度,m。

2.4.2　修正扩散

修正扩散是化学势梯度为内在驱动力的扩散行为。由于化学势与浓度存在

如下关系:

$$\nabla \mu = \Gamma \nabla c \frac{k_B T}{c} \tag{2-31}$$

式中　Γ——热力学系数。

结合式(1-15)和式(1-27),可得修正扩散系数和菲克扩散系数两者关系为:

$$D_\mathrm{F} = D_c \varGamma \tag{2-32}$$

另外,修正扩散系数与自扩散系数也存在一定的数学关系:

$$\frac{1}{D_\mathrm{s}(\theta)} = \frac{1}{D_c(\theta)} + \frac{\theta}{D_{11}(\theta)} \tag{2-33}$$

式中　θ——表面覆盖度,其与浓度有关;

　　　$D_\mathrm{s}(\theta)$,$D_c(\theta)$——在 θ 时浓度下的自扩散系数和修正扩散系数,m²/s;

　　　$D_{11}(\theta)$——修正因子。

由上式可以发现,包括自扩散系数、修正扩散系数和菲克扩散系数在内的 3 种扩散系数均是表面覆盖度的函数(也就是与浓度 c 有关),其随时间衰变关系的准确解是很复杂的,如图 2-14 所示。所以多数学者在应用该公式时,常常采用一些假设条件来简化其复杂度,从而适应实验的实际条件。经典的达肯(Darken)模型认为修正扩散系数与浓度无关[43]。卡尔格(J. Kärger)等[44]认为在亨利(Henry)压力区域内,即平衡压力与吸附量成正比的区域,自扩散系数、修正扩散系数和菲克扩散系数可以假设为相等。而张有学[16]通过数值模拟方法研究三者关系时得出,对于理想或近理想体系,此 3 种扩散系数可近似为等价。修正扩散系数的提出,有益于理解扩散的本质,搭建菲克扩散系数和自扩散系数的桥梁。同时,在与扩散行为相似的传热和动量等传递过程的研究中,能够将菲克方程(扩散)、傅立叶方程(传热)和牛顿定律(动量)形成数学上的联系,将三者统一在一个宏观唯相的框架中进行讨论。

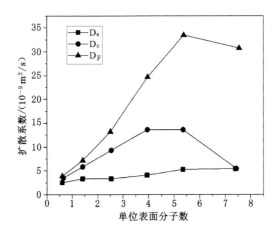

图 2-14　自扩散系数、修正扩散系数与菲克扩散系数的区别和联系[45]

2.5　气体扩散的边界效应

对于流体扩散来讲,不可回避的是,在实验时往往排除不了流动对扩散的影响。对于物质传递,一般有扩散和渗流两种形式。大尺度上的物质传递常常通过渗流完成,而小尺度上的物质传递则常常通过扩散完成。在多孔介质中,流体流动又被称为渗流。故而通常认为裂缝中的大尺度传质是渗流,而基质中小尺度的传质是扩散。渗流的产生可以加快物质迁移,使得扩散加快,故而实验测出的扩散系数均为数值偏大的表观值。

2.5.1　扩散与渗流的关系

对流扩散方程可以写成如下形式:

$$\frac{\partial c}{\partial t} = D\left(\frac{\partial^2 c}{\partial x^2} + \frac{\partial^2 c}{\partial y^2} + \frac{\partial^2 c}{\partial z^2}\right) - u_x\frac{\partial c}{\partial x} - u_y\frac{\partial c}{\partial y} - u_z\frac{\partial c}{\partial z} \qquad (2\text{-}34)$$

式中　u——流动速率,m/s。

从上式可以看出,扩散和渗流的区别并不在于是否以浓度和压力为内在驱动力。事实上,对于气体来说,根据气体状态方程,两者是可以相互转换的。以压力为变量的渗流方程,可以统一为上式中的对流扩散方程。比较可以发现,式(2-34)的形式与移动边界下的扩散方程相似,因此在数学上可以认为渗流对扩散施加了一个移动的"边界"。但实际上此时的传质参照系并没有发生移动,与实际的移动"边界"略有区别。举个例子,在溶解药剂时,在非搅拌的情况下,药剂的溶解过程就可以看作是一个低速的扩散过程,而如果加入搅拌,使得水形成涡流,此时溶解的过程就会大大加速。此时的涡流相当于给静水扩散施加了一个移动边界。

事实上,在对扩散形式进行分类时,认为毛细管直径在大于扩散分子平均自由程时属于分子扩散,若按此理解在大直径管道中的渗透现象即多个分子的分子扩散现象的集合表现(此处忽略随流项的叠加作用)。此外,爱因斯坦在1902年研究扩散问题时,也曾基于斯托克斯方程推导出了层流运动中分子的扩散系数,建立了著名的斯托克斯-爱因斯坦方程,在方程中也引入了黏度等属于渗流范畴的参数[46]。相反地,Y. Wang 等[47]也曾运用实验测得扩散系数去估算煤体表观渗透率的值。因此,在压力和浓度两者可以通过气体状态方程互相进行转化的情况下,表观扩散和渗透的界限是很难评定的。

2.5.2　表观扩散系数

表观扩散系数实际上是考虑了渗流效应的扩散系数。对于多孔介质而言,表观扩散系数可用下式表示:

$$D_{表观} = D_{有效} + \frac{k}{\mu}p \qquad (2\text{-}35)$$

式中　k——渗透率,m²;

　　　μ——动力黏度,Pa·s;

　　　p——瓦斯压力,Pa;

　　　$D_{表观}$——表观扩散系数,m²/s。

类似地,对于表观渗透率来讲,也有如下关系:

$$k_{表观} = k\left(1 + \frac{b'}{p}\right) \tag{2-36}$$

式中　　$k_{表观}$——表观渗透率，m^2；

b'——克林肯伯格（Klinkenberg）效应因子。

上式又被称为 Klinkenberg 效应。应该指出的是，纯扩散行为和纯渗流行为是有区别的。但在通常的实验条件下，以测得的瓦斯解吸曲线推导出扩散系数或者以瞬态法测出渗透率这两种方法推出的值均是表观值，即表观扩散系数或者表观渗透率（下文中如不特殊说明，扩散系数均指表观值，包括测得的有效扩散系数以及有效扩散参数）。这两种表观物理量综合表现了扩散和渗流两种传质行为（扩散项和随流项，表观扩散系数要大于实际的分子扩散系数就来源于随流项的叠加作用），在描述某一流体在多孔介质传播过程中并没有很明显的差异。因此对于煤中同一连续气态介质的解吸问题，既可以用扩散方程描述，也可以用渗流方程进行描述。差异在于使用哪一种方程更易符合实验条件，更能得出易于理解和应用的结论。所以对于瓦斯解吸过程，基质和裂隙系统的流动便可以统一化用基质渗透率和裂隙渗透率来表征，反之也可以统一用扩散方程来描述。文献[38]中，多数科学家都采用过后者的关系，利用双孔扩散模型去拟合大尺度煤体（此时裂隙系统并未完全被损坏）解吸或吸附过程中的扩散—渗流过程，取得了很好的拟合效果。而运用双渗模型去描述瓦斯流动的研究则较少。因为通常情况下，煤体基质的渗透率要远小于煤体裂隙的渗透率，所以以往的大多数渗透率模型都只考虑了煤体裂隙的渗透率，以裂隙率的变化或者裂隙应变的变化为基准，推导出符合各种加载条件的渗透率变化公式。但也有部分学者认为基质流动可以用渗透行为来表征。莫拉（C. A. Mora）和瓦滕伯格（R. A. Wattenbarger）[48]曾将基质扩散过程转换为压力驱动的渗流过程进行基质形状与瓦斯抽采的关系研究。高尔夫·拉赫特（T. D. V. Golf-Racht）[49]在 1982 年提出基质渗透率与裂隙渗透率之和等于煤体总的渗透率，J. Liu 等[50-51]在 2010 年将其引入渗透率模型中，取得了很好的拟合效果。

表观扩散系数与实际有效扩散系数的差距与流体的压力、黏度及多孔介质的渗透率大小有关。如若压力越大，两者差距越大；黏度越小，流速越大，两者差距越大；煤体的裂隙越大，即渗透率越大，两者的差距越大。研究显示，表观扩散系数有时要比实际的有效扩散系数大若干个数量级[16]。

2.6　多孔介质气体扩散的影响因素

根据第 1 章所述，扩散现象本质是分子的化学势不均而引起的，因此引起化学势分布不均的因素均可以引起扩散行为的变化。一般而言，引起煤中瓦斯扩散行为变化的影响因素可分为两类:一类决定了瓦斯的赋存状态,即扩散源的大小,如压力、含量、温度和水分等因素;另一类则决定了瓦斯扩散路径的难易程度,如煤的孔隙结构、粒径和变质程度等因素,如图 2-15 所示。研究不同因素对煤中瓦斯扩散的影响机制时,常常通过改变常规解吸实验的某一自变量,得到扩散系数与其的关系曲线,进而进行分析,具体的测试方法将在下一章详细阐述。

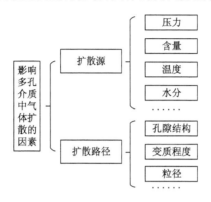

图 2-15 影响多孔介质气体扩散的因素

2.6.1 瓦斯压力和含量

瓦斯含量是赋存在煤孔隙中及煤表面的瓦斯总体积,包括吸附态含量和游离态含量。而瓦斯压力则是游离态瓦斯碰撞煤壁表面产生的单位面积的压力。由于瓦斯压力和瓦斯含量符合朗缪尔方程,故而将这两种因素结合分析。

以瓦斯压力为例,扩散系数随瓦斯压力的变化关系由扩散方式决定。由 2.3 小节可知,对于努森扩散而言[式(2-12)],扩散系数与瓦斯压力无关;而对于分子扩散而言[式(2-15)],扩散系数与瓦斯压力呈负相关的关系,即扩散系数随着压力的升高而降低。由于测出的扩散系数实验值为表观值,考虑了多种扩散形式,在不同环境条件下对于不同的煤样,其扩散形式很难确定下来,故而产生的扩散系数随压力变化的实验规律不一。图 2-16 为有效扩散参数(表观值)随瓦斯压力变化的实验结果。图 2-16(a)中实验煤样取自我国辽宁省大隆煤矿,图 2-16(b)中实验煤样取自美国伊利诺伊盆地。可以推测出这两种扩散曲线分别为努森扩散主控和分子扩散主控。

2.6.2 温度

根据阿伦尼乌斯公式,升温促进了瓦斯气体分子的热运动,故而其能更轻易地挣脱吸附势的束缚,加速扩散。相反地,降温减弱了瓦斯气体分子的热运动,故而扩散速度减慢。另外,根据努森扩散系数计算公式[式(2-12)]和分子扩散系数计算公式[式(2-15)]可知,两种扩散系数均与温度的幂函数呈正相关,其中努森扩散系数与 $T^{1/2}$ 成正比,而分子扩散系数与 $T^{3/2}$ 成正比。图 2-17 给出了文

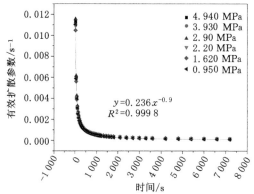

（a）不同瓦斯压力条件下有效扩散参数随时间变化曲线[52]

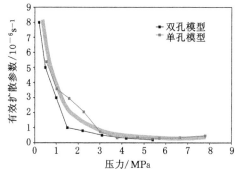

（b）有效扩散参数随瓦斯压力变化曲线[34]

图 2-16　有效扩散参数（表观值）随瓦斯压力的变化关系

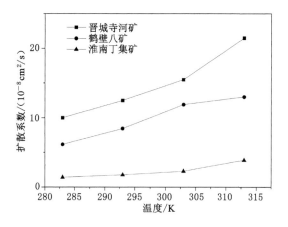

图 2-17　扩散系数随温度的变化关系

献中利用单孔模型计算的一组不同温度下扩散系数的实验结果[53]。由图可以看出,随着温度的升高,扩散系数呈逐渐增大趋势。

2.6.3　水分

煤对水和甲烷的吸附是水分子、甲烷分子与煤基分子的相互作用结果,由于水分子与煤表面的作用力比较强,煤中水的存在对甲烷吸附量影响较大,水分的存在主要通过 3 个方面影响煤对气体的吸附解吸以及扩散性能:一是部分自由水通过润湿作用和煤表面相结合,占据了一定的煤表面空间,从而减少了甲烷分子的吸附空间,降低了甲烷在煤表面的吸附量;二是水未湿润的煤表面和自由水不能到达的微孔隙内,因水具有一定的蒸汽压,少量的水分子以气态形式游离于煤的孔隙中,游离的气态水分子和甲烷分子在煤基表面展开竞争吸附,但煤基对水分子的吸附势阱远大于对甲烷分子的吸附势阱,水分子在竞争吸附中具有明显的优势,所以受水分子的影响,使得煤吸附的甲烷量降低;三是水的存在阻塞了甲烷分子进入微孔隙的通道,而微孔隙的内比表面积是煤吸附瓦斯的主要载体,水的存在会在煤体孔隙内产生毛细现象,进而形成毛细管阻力,当孔隙内部与外部环境之间的压力差不足以克服该毛细阻力时,便阻碍了甲烷分子进入孔隙内部。陈向军[54]曾利用单孔模型对相同压力下不同含水率的 4 种煤样进行了扩散系数测定,结果如表 2-5 所列。由表 2-5 可以发现,随着水分的增加,扩散系数呈逐渐减小的趋势。

表 2-5　扩散系数随水分的变化关系

压力 /MPa	永红煤样		高家庄煤样		祁南煤样		大隆煤样	
	含水率 /%	D /(10^{-11} m²/s)	含水率 /%	D /(10^{-11} m²/s)	含水率 /%	D /(10^{-11} m²/s)	含水率 /%	D /(10^{-11} m²/s)
0.5	0	1.696 8	0	1.489 7	0	1.143 8	0	2.113 2
	0.96	1.121 8	1.28	1.438 5	2.15	1.007 6	0.61	1.479 0
	3.13	1.214 6	3.46	1.396 1	5.30	0.934 3	4.69	1.565 4
	7.06	0.832 7	7.61	1.226 0	7.10	0.861 0	9.85	1.340 8
	12.04	0.761 1	10.21	1.170 6	9.14	0.730 8	10.94	1.175 2
0.84	0	1.474 3	0	2.039 7	0	2.030 9	0	0.578 9
	0.65	1.362 3	1.42	1.934 7	2.12	1.587 1	1.47	0.470 6
	2.81	1.345 7	3.95	1.656 6	5.75	1.289 2	2.24	0.433 3
	5.10	1.152 2	4.17	1.391 4	6.71	1.177 0	4.77	0.369 5
	8.39	1.134 8	9.81	1.229 2	10.54	1.012 0	10.07	0.258 6

表 2-5（续）

压力 /MPa	永红煤样		高家庄煤样		祁南煤样		大隆煤样	
	含水率 /%	D /(10^{-11} m^2/s)	含水率 /%	D /(10^{-11} m^2/s)	含水率 /%	D /(10^{-11} m^2/s)	含水率 /%	D /(10^{-11} m^2/s)
1.5	0	1.927 4	0	2.004 0	0	1.451 7	0	0.708 8
	2.78	1.522 3	2.17	1.668 6	2.28	1.177 4	1.63	0.609 3
	3.77	1.296 8	3.44	1.002 1	5.35	1.190 3	4.76	0.559 9
	6.09	1.135 5	5.21	0.936 9	7.51	1.085 5	8.70	0.342 5
	15.78	1.120 7	9.43	0.783 7	10.97	1.056 5	11.61	0.314 8
2.5	0	1.238 4	0	2.109 1	0	0.962 3	0	1.544 0
	1.37	1.219 1	2.29	1.363 9	1.66	0.750 2	0.96	1.459 7
	4.33	1.143 0	6.01	1.058 6	4.86	0.449 9	2.81	0.725 0
	5.91	1.039 9	8.72	0.856 2	8.89	0.396 3	9.58	0.474 7
	10.03	1.015 5	10.47	0.730 8	21.49	0.536 2	11.94	0.344 0

2.6.4 其他因素

除瓦斯压力、含量、温度及水分等影响瓦斯赋存状态的因素外，影响扩散路径的因素还有孔隙结构、粒径和变质程度等。这些因素使扩散路径变得复杂，扩散变得困难，扩散系数减小。具体实验结果以及模型表征将在第4章到第7章详细论述。

参 考 文 献

[1] EVERETT D H，POWL J C. Adsorption in slit-like and cylindrical micropores in the henry's law region. A model for the microporosity of carbons [J]. Journal of the chemical society，faraday transactions 1：physical chemistry in condensed phases，1976，72：619.

[2] 近藤精一，石川达雄，安部郁夫. 吸附科学[M]. 李国希，译. 北京：化学工业出版社，2006.

[3] 霍多特 B B. 煤与瓦斯突出[M]. 宋士钊，王佑安，译. 北京：中国工业出版社，1966.

[4] 琚宜文. 构造煤结构演化与储层物性特征及其作用机理[D]. 徐州：中国矿业大学，2003.

[5] 程远平，等. 煤矿瓦斯防治理论与工程应用[M]. 徐州：中国矿业大学出版社，2010.

[6] 于兴河. 油气储层地质学基础[M]. 北京: 石油工业出版社, 2009.

[7] SCHWEINAR K, BUSCH A, BERTIER P, et al. Pore space characteristics of Opalinus Clay-Insights from small angle and ultra-small angle neutron scattering experiments[C]//Geomechanical and petrophysical properties of mudrocks. London: The Gedogical Society, 2015.

[8] JIN K, CHENG Y, LIU Q, et al. Experimental investigation of pore structure damage in pulverized coal: implications for methane adsorption and diffusion characteristics[J]. Energy & fuels, 2016, 30(12): 10383-10395.

[9] CAI Y, LIU D, PAN Z, et al. Pore structure and its impact on CH_4 adsorption capacity and flow capability of bituminous and subbituminous coals from Northeast China[J]. Fuel, 2013, 103: 258-268.

[10] MCBAIN J W. An explanation of hysteresis in the hydration and dehydration of gels[J]. Journal of the American chemical society, 1935, 57(4): 699-700.

[11] LOWELL S, SHIELDS J E, THOMAS M A, et al. Characterization of porous solids and powders: surface area, pore size and density[M]. Dordrecht: Springer, 2005.

[12] BRUNAUER S, EMMETT P H, TELLER E. Adsorption of gases in multimolecular layers[J]. Journal of the American chemical society, 1938, 60 (2): 309-319.

[13] SING K S W. Reporting physisorption data for gas/solid systems with special reference to the determination of surface area and porosity (Recommendations 1984)[J]. Pure & applied chemistry, 1985, 57(4): 603-619.

[14] THOMMES M, KANEKO K, NEIMARK A V, et al. Physisorption of gases, with special reference to the evaluation of surface area and pore size distribution (IUPAC Technical Report)[J]. Pure & applied chemistry, 2015, 87(1): 1051-1069.

[15] BOER J H D. The dynamical character of adsorption[M]. Oxford: Oxford University Press, 1953.

[16] ZHANG Y. Geochemical kinetics[M]. Princeton: Princeton University Press, 2008.

[17] KARACAN C Ö, MITCHELL G D. Behavior and effect of different coal microlithotypes during gas transport for carbon dioxide sequestration into coal seams[J]. International journal of coal geology, 2003, 53(4): 201-217.

[18] AKKUTLU I Y, FATHI E. Multiscale gas transport in shales with local

kerogen heterogeneities[J]. SPE journal,2012,17(4):1002-1011.

[19] YANG B,KANG Y,YOU L,et al. Measurement of the surface diffusion coefficient for adsorbed gas in the fine mesopores and micropores of shale organic matter[J]. Fuel,2016,181:793-804.

[20] ZHAO W,CHENG Y,YUAN M,et al. Effect of adsorption contact time on coking coal particle desorption characteristics[J]. Energy & Fuels, 2014,28(4):2287-2296.

[21] WU K,LI X,WANG C,et al. Model for surface diffusion of adsorbed gas in nanopores of shale gas reservoirs[J]. Industrial & engineering chemistry research,2015,54(12):3225-3236.

[22] CUI X,BUSTIN R M,DIPPLE G. Selective transport of CO_2,CH_4,and N_2 in coals: insights from modeling of experimental gas adsorption data [J]. Fuel,2004,83(3):293-303.

[23] KAPOOR A,YANG R T. Surface diffusion on energetically heterogeneous surfaces[J]. AIChE Journal,1989,35(10):1735-1738.

[24] DO D D,RICE R G. A simple method of determining pore and surface diffusivities in adsorption studies[J]. Chemical engineering communications, 1991,107(1):151-161.

[25] BILOÉ S,MAURAN S. Gas flow through highly porous graphite matrices [J]. Carbon,2003,41(3):525-537.

[26] WELTY J R,WICKS C E,WILSON R E. Fundamentals of momentum, heat,and mass transfer[M]. 3th ed. Hoboken:Wiley,1976.

[27] HAMDAN M H,BARRON R M. A dusty gas flow model in porous media [J]. Journal of computational and applied mathematics, 1990, 30 (1): 21-37.

[28] TAYLOR R,KRISHNA R. Multicomponent mass transfer[M]. Hoboken:Wiley,1993.

[29] VELDSINK J W,DAMME R M J V,VERSTEEG G F,et al. The use of the dusty-gas model for the description of mass transport with chemical reaction in porous media[J]. The chemical engineering journal & the biochemical engineering journal,1995,57(2):115-125.

[30] BLIEK A,POELJE W M V,SWAAIJ W P M V,et al. Effects of intraparticle heat and mass transfer during devolatilization of a single coal particle [J]. AIChE journal,1985,31(10):1666-1681.

[31] CLARKSON C R,BUSTIN R M. The effect of pore structure and gas

pressure upon the transport properties of coal: a laboratory and modeling study. 2. Adsorption rate modeling[J]. Fuel,1999,78(11):1345-1362.

[32] PAN Z,CONNELL L D,CAMILLERI M,et al. Effects of matrix moisture on gas diffusion and flow in coal[J]. Fuel,2010,89(11):3207-3217.

[33] MAVOR M J,OWEN L B,PRATT T J. Measurement and evaluation of coal sorption isotherm data[C]//SPE annual technical conference and exhibition. New Orleans:[s. n.],1990.

[34] PILLALAMARRY M,HARPALANI S,LIU S. Gas diffusion behavior of coal and its impact on production from coalbed methane reservoirs[J]. International journal of coal geology,2011,86(4):342-348.

[35] NANDI S P,WALKER JR P L. Activated diffusion of methane from coals at elevated pressures[J]. Fuel,1975,54(2):81-86.

[36] SMITH D M,WILLIAMS F L. Diffusion models for gas production from coal: determination of diffusion parameters [J]. Fuel, 1984, 63 (2): 256-261.

[37] 陈美娟. 基于重量法和核磁共振法的聚乙烯中溶解扩散行为研究及其应用[D]. 杭州:浙江大学,2014.

[38] 郑绍宽. 分子间多量子相干横向弛豫时间和自扩散系数的研究[D]. 厦门:厦门大学,2001.

[39] 陈巧龙. 多孔介质中液体受限扩散的 Monte Carlo 计算机模拟[D]. 厦门:厦门大学,2007.

[40] 查传钰,吕钢. 多孔介质中流体的扩散系数及其测量方法[J]. 地球物理学进展,1998,13(2):60-72.

[41] VALIULLIN R,SKIRDA V D. Time dependent self-diffusion coefficient of molecules in porous media[J]. The journal of chemical physics,2001,114(1):452-458.

[42] LOSKUTOV V V,SEVRIUGIN V A. A novel approach to interpretation of the time-dependent self-diffusion coefficient as a probe of porous media geometry[J]. Journal of magnetic resonance,2013,230:1-9.

[43] SKOULIDAS A I,SHOLL D S. Molecular dynamics simulations of self-diffusivities,corrected diffusivities,and transport diffusivities of light gases in four silica zeolites to assess influences of pore shape and connectivity[J]. The journal of physical chemistry A,2003,107(47):10132-10141.

[44] KÄRGER J,RUTHVEN D M,THEODOROU D. Diffusion in nanoporous materials [J]. Angewandte chemie international edition, 2012, 51

(48):11939-11940.

[45] SMIT B, MAESEN T L M. Molecular simulations of zeolites: adsorption, diffusion, and shape selectivity[J]. Chemical reviews, 2008, 108(10):4125-4184.

[46] SUTHERLAND W. LXXV. A dynamical theory of diffusion for non-electrolytes and the molecular mass of albumin[J]. The London, Edinburgh, and Dublin philosophical magazine and journal of science, 1905, 9(54): 781-785.

[47] WANG Y, LIU S. Estimation of pressure-dependent diffusive permeability of coal using methane diffusion coefficient: laboratory measurements and modeling[J]. Energy & fuels, 2016, 30(11):8968-8976.

[48] MORA C A, WATTENBARGER R A. Analysis and verification of dual porosity and CBM shape factors[J]. Journal of Canada petroleum society, 2009, 48(2):17-21.

[49] GOLF-RACHT T D V. Fundamentals of fractured reservoir engineering [M]. Amsterdam: Elsevier, 1982.

[50] LIU J, CHEN Z, ELSWORTH D, et al. Evaluation of stress-controlled coal swelling processes[J]. International journal of coal geology, 2010, 83(4):446-455.

[51] LIU J, CHEN Z, ELSWORTH D, et al. Linking gas-sorption induced changes in coal permeability to directional strains through a modulus reduction ratio[J]. International journal of coal geology, 2010, 83(1): 21-30.

[52] 牟俊惠. 大隆煤矿长焰煤瓦斯动力学特性的研究[D]. 徐州:中国矿业大学, 2013.

[53] 刘彦伟, 魏建平, 何志刚, 等. 温度对煤粒瓦斯扩散动态过程的影响规律与机理[J]. 煤炭学报, 2013(增刊):100-105.

[54] 陈向军. 外加水分对煤的瓦斯解吸动力学特性影响研究[D]. 徐州:中国矿业大学, 2013.

第 3 章　扩散系数的测定

本章要点

1. 扩散系数测定的基本流程;

2. 测量扩散系数的 3 种方法:压降法、体积法和重量法;

3. 使用拟合模型得到煤中瓦斯的扩散系数。

前面对扩散现象的本质及多孔介质扩散的分类做了叙述,相比于扩散是怎样形成的问题,人们对怎样改变扩散的快慢更感兴趣。而扩散系数则是表征物质扩散快慢的物理量。那么煤中瓦斯的扩散系数大致是在什么范围内,如何获得,涉及哪些重要的仪器,怎样利用拟合模型得到瓦斯的扩散系数? 本章将围绕上述问题进行细致的讲解。

3.1　扩散系数获得的基本流程

根据前两章的介绍,我们知道多孔介质涉及的扩散系数一般有以下三大类(表 3-1):第一类是以内在驱动力为分类标准的自扩散系数、修正扩散系数和菲克(流动)扩散系数;第二类是以空间运移特性为分类标准的表面扩散系数、努森扩散系数、过渡扩散系数和菲克(分子)扩散系数;第三类是以多孔介质实验观测与真实值差异为分类标准的自由扩散系数、有效扩散系数和表观扩散系数。

煤中瓦斯扩散系数的测量主要采取吸附或脱附法,通过观察扩散组分总的增加或减少状况来反演出扩散系数的大小,即通常意义上的总体法。在上一章提到过,总体法由于不能排除流体本身参与扩散的问题,因此很难获得准确的扩散系数。故而实验中得到的扩散系数均是表观值,而又由于扩散距离未知,实际能得到的是表观扩散参数。前文已经提到,虽然部分学者将有效扩散参数看作有效扩散系数来直接使用,但两者单位不同,因而含义有所差异。一般而言,表观扩散系数的主要测试步骤如下:

(1) 通过等温吸附实验得到吸附常数 a 值和 b 值,结合工业分析中水分、灰分、挥发分等数据,得出实验压力下的极限吸附或解吸量 M_∞。

(2) 进行吸附或解吸实验,记录 t 时刻的吸附量或者解吸量 M_t,绘制吸附或

解吸分数 M_t/M_∞ 与时间 t 的实验图；或首先绘制 M_t 关于 t 的实验图，根据吸附或解吸曲线的形状，推算出极限吸附或解吸量 M_∞，再绘制 M_t/M_∞ 关于 t 的实验图。

（3）选择合适的数学拟合模型进行拟合，得到有效扩散参数 D/r_0^2。这里可假设煤粒半径为扩散距离，则可最终得到表观扩散系数。

表 3-1 常见煤中瓦斯扩散系数的分类[1-5]

分类方法	扩散系数种类		公式	意义	提出者及时间
内在驱动力	自扩散系数		$D_{self}=\dfrac{1}{6N_m}\lim\limits_{t\to\infty}$ $\dfrac{d}{dt}\left\langle\sum\limits_{i=1}^{N_m}[r_i(t)-r_i(0)]^2\right\rangle$	自由行走	卡尔格(J. Kärger)等，2012
	修正扩散系数		$\boldsymbol{J}=-D_c\Gamma\nabla c$	ΔU	卡尔格(J. Kärger)等，2012
	流动扩散系数		$\boldsymbol{J}=-D_T\nabla c$	Δc	约翰·克兰克(John Crank)，1956
空间运移特性	表面扩散系数		$\boldsymbol{J}=-D_s\nabla c$	滞留时间 t	近藤(Kondo)等，1991
	空间扩散系数	努森扩散系数	$D_{KA}=\dfrac{d_{pore}}{3}\sqrt{\dfrac{8RT}{\pi M_A}}$	$l>d_{pore}$	近藤(Kondo)等，1991
		过渡扩散系数	$\dfrac{1}{D_N}=\dfrac{1}{D_{KA}}+\dfrac{1}{D_{AB}}$	$l\approx d_{pore}$	近藤(Kondo)等，1991
		分子扩散系数	$D_{MAB}=\dfrac{1.858\,3\times10^{-5}\,T^{3/2}(1/M_A+1/M_B)^{1/2}}{p\sigma_{AB}^2\Omega}$	$l<d_{pore}$	近藤(Kondo)等，1991
多孔介质气体扩散的实验值和真实值差异	自由扩散系数		D_g	自由边界	比洛(S. Biloé)和毛兰(S. Mauran)，2003
	有效扩散系数		$D_e=\dfrac{\varepsilon}{\tau^2}D_g$	c_1 c_2 浓度边界	比洛(S. Biloé)和毛兰(S. Mauran)，2003
	表观扩散系数		$D_a=kp/\mu+D_e$	p_1 p_2 压力边界	比洛(S. Biloé)和毛兰(S. Mauran)，2003

3.2 扩散系数的常用测量方法

扩散系数的常用测量方法主要有压降法、体积法和重量法三类。各方法涉及的实验仪器如图 3-1 所示。表 3-2 给出了文献中采用不同方法测出的有效扩散参数。甲烷和二氧化碳的有效扩散参数均在 $10^{-3}\sim10^{-9}$ s^{-1} 的范围内，但多数情况下二氧化碳的有效扩散参数比甲烷的有效扩散参数略大。

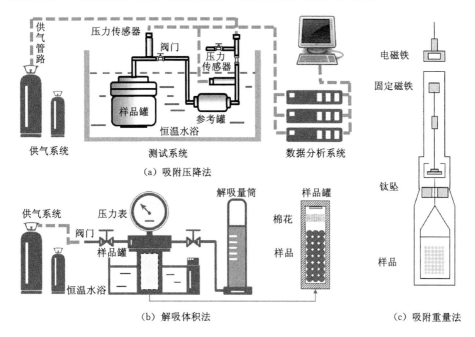

图 3-1　扩散系数测定仪器

3.2.1　压降法

压降法常用来测定吸附过程中的气体扩散系数[7,9,11,19-20,25]。图 3-1(a)列出了该方法涉及的仪器。一般来讲,压降法的测试仪器由三部分组成:① 供气系统;② 测试系统;③ 数据分析系统。与体积法不同,压降法需要添加一个体积已知的参考罐,从而根据压力降低的数值计算进入样品罐的吸附量。在放入样品前,需要采用体积法测定样品罐和参考罐的体积。之后,将样品放入样品罐中,使用非吸附性气体再次测定样品罐的死空间(装入样品后罐内未被样品占据的空余空间)。然后,打开参考罐和样品罐之间的阀门,记录两者的压力变化数据,直到两者压力在一定的时间内保持平衡不变。实验涉及的所有流程必须在恒温的条件下进行,一般附加一台恒温水浴箱进行温度控制。最后,根据记录参考罐的压降数据可以得出吸附的瓦斯体积,其计算公式如下:

$$\Delta m = \frac{Mp_1(V_S + V_R - V_{coal})}{Z_1RT} - \frac{Mp_2(V_S + V_R - V_{coal})}{Z_2RT} \tag{3-1}$$

式中　p_1,p_2——某一时间段内的初始压力和终止压力,MPa;

　　　Z_1,Z_2——p_1 和 p_2 压力下对应的气体压缩系数;

　　　M——分子摩尔质量,g/mol;

　　　V_S,V_R,V_{coal}——样品罐体积、参考罐体积和样品体积,mL。

表 3-2 文献中的有效扩散参数测定结果[6-24]

作者	年份	地点	气体	煤阶	方法	粒径/mm	温度/℃	压力/MPa	模型	有效扩散参数/s⁻¹
南迪 (S. P. Nandi)	1975	美国	CH_4	无烟煤 中、高度挥发烟煤	体积法 恒压	0.315~4.330	0,25,50	1.14~2.52	$\sqrt{t}$	$10^{-4}\sim10^{-3}$
史密斯 (D. M. Smith)	1984	San Juan 盆地, 美国	CH_4	次烟煤	压降法 恒压, 互扩散	1.4~2.4	30	<5.7	$\sqrt{t}$、单、双孔	$10^{-7}\sim10^{-5}$
克罗斯代尔 (P. J. Crosdale)	1998	Bowen 盆地, 澳大利亚	CH_4	中阶烟煤	重量法 恒压	0.8	—	—	单、双孔	$10^{-7}\sim10^{-4}$
克拉克森 (C. R. Clarkson)	1999	British Columbia, 加拿大	CH_4 CO_2	中挥发烟煤	压降法 恒容	<0.25; <4.75	30	CH_4:<8 CO_2:<5	单孔, 双孔 (Langmuir)	$CH_4:10^{-8}\sim10^{-4}$ $CO_2:10^{-5}\sim10^{-3}$
布施 (A. Busch)	2004	Upper Silesian 盆地, 波兰	CH_4 CO_2	高挥发烟煤	压降法 恒体积	<3	32,45	CH_4:<10 CO_2:<6	单孔 (定容)	$CO_2:10^{-5}$ $CH_4:10^{-6}\sim10^{-4}$
X. Cui	2007	—	CH_4 CO_2	高挥发烟煤	压降法 恒容	<0.25	30	<5.7	双孔	$CH_4:10^{-7}\sim10^{-6}$ $CO_2:10^{-6}\sim10^{-3}$
西蒙斯 (N. Siemons)	2007	South Wales, 英国	CO_2	半无烟煤 高挥发烟煤	压降法 恒容	<2.0	45	<18	双孔	$10^{-6}\sim10^{-2}$
波恩 (J. D. N. Pone)	2009	Western Kentucky 煤田, 美国	CH_4 CO_2	高挥发烟煤	压降法 恒容	圆柱体 (φ25×63) 颗粒 (<0.25)	20	3.1	单孔 (定容)	$CH_4:10^{-9}\sim10^{-3}$ $CO_2:10^{-9}\sim10^{-3}$
凯勒姆 (S. R. Kelemen)	2009	Argonne premium 煤田, 美国	CH_4 CO_2	高、低挥发烟煤	重量法 恒压	—	30,75	1.8	$\sqrt{t}$	$CH_4:10^{-7}\sim10^{-6}$ $CO_2:10^{-8}\sim10^{-5}$

表 3-2（续）

作者	年份	地点	气体	煤阶	方法	粒径/mm	温度/℃	压力/MPa	模型	有效扩散参数/s⁻¹
Z. Pan	2010	Sydney 盆地，澳大利亚	CH_4 CO_2	烟煤	压降法 恒容	圆柱体（ϕ25.4×82.6）	26	<4	双孔	CH_4：$10^{-7} \sim 10^{-5}$ CO_2：$10^{-6} \sim 10^{-5}$
沙尔里埃 (D. Charrière)	2010	Lorraine 盆地，法国	CH_4 CO_2	高挥发烟煤	重量法 恒压	0.5~1.0	10~60	<15	$\sqrt{}$	CH_4：$10^{-7} \sim 10^{-6}$ CO_2：10^{-6}
皮拉马里 (M. Pillalamarry)	2011	Illinois 盆地，美国	CH_4	—	压降法 恒容	0.149~0.425	23	<7	单孔	$10^{-7} \sim 10^{-6}$
施泰布 (G. Staib)	2013	澳大利亚	CO_2	烟煤	压降法 恒容	0.6~1.0	45	<4.5	单、双孔	$10^{-5} \sim 10^{-4}$
F. Han	2013	沁水盆地，中国	CH_4 CO_2	无烟煤	压降法 恒容	<10	45	2~3	单孔 （定容）	CH_4：$10^{-6} \sim 10^{-4}$ CO_2：$10^{-6} \sim 10^{-3}$
J. Guo	2014	沁水盆地，中国	CH_4	无烟煤	体积法 恒容	<140	25	<3	双孔	$10^{-6} \sim 10^{-3}$
J. Zhang	2016	沁水、鄂尔多斯、云南盆地，中国	CO_2	无烟煤、烟煤、褐煤	压降法 恒容	圆柱体（<ϕ14.5×27）颗粒（<10）	40	0.5	单孔、单孔（定容）、双孔	$10^{-9} \sim 10^{-3}$
Y. Wang	2016	Appalachian 盆地，San Juan 盆地，美国	CH_4	次烟煤	压降法 恒容	0.5	—	<9	单孔	$10^{-7} \sim 10^{-5}$
潘迪 (R. Pandey)	2016	Illinois 盆地，美国	CH_4 CO_2	—	压降法 恒容	0.149~0.425	31	CH_4：<8.3 CO_2：<6.2	$\sqrt{}$	CH_4：$10^{-4} \sim 10^{-3}$ CO_2：10^{-4}
W. Zhao	2017	山西省，中国	CH_4	烟煤	体积法 恒压	1~3	30	<4.56	单孔	$10^{-6} \sim 10^{-5}$
M. Y. Chen	2017	淮北煤田，中国	CH_4	中阶烟煤、高阶无烟煤	体积法 恒压	0.5~1;1~3	30	2	单孔	$10^{-6} \sim 10^{-5}$

3.2.2 体积法

体积法常用来测量解吸过程中的气体扩散系数,测试仪器如图 3-1(b)所示[15,24,26]。实验室中煤的解吸性能测试是通过一定质量的煤样吸附甲烷气体,待煤样吸附甲烷达平衡后,瞬间释放压力,从而测定煤样的甲烷解吸体积。与压降法不同的是,测试过程中需要一个样品罐和一个测量解吸体积的量筒。在解吸开始之前,需要用非吸附性气体测定样品罐的死空间,之后放入样品,并对样品进行抽真空处理。然后注入测试气体,如甲烷或者二氧化碳,将样品罐放入恒温水浴中,待压力表示数稳定,即吸附平衡后,进行解吸实验。解吸时,打开阀门,迅速连接解吸量筒,记录解吸体积随时间的变化。解吸的质量可以通过下式来计算:

$$\Delta m = \frac{MpV_1}{ZRT} - \frac{MpV_2}{ZRT} \tag{3-2}$$

式中 V_1,V_2——某一时间段内的初始解吸体积和终止解吸体积,mL。

3.2.3 重量法

重量法也常用来测试吸附过程中的气体扩散系数,测试仪器如图 3-1(c)所示[8,10,27]。该种方法采用一个磁力悬浮天平来测量样品吸附过程中的质量变化。在测试前,要对天平进行清零,然后利用气体浓度 ρ 和系统内的体积 V 对系统进行浮力修正[8,28]。吸附时,需要测试系统中固定磁铁的质量、样品盘的质量以及钛坠的质量。但是有研究指出由于吸附态气体的密度和体积不能被测出,故而会影响到吸附质量最终的测试结果[28]。在恒定气压和气温下,吸附质量随时间的变化规律为:

$$M_t = m_t - \rho V - M_0 \tag{3-3}$$

式中 m_t ——t 时间的样品质量,g;

M_0 ——真空状态下样品的质量,g。

3.3 获取极限吸附或解吸量的方法

当实验完成后,需要计算吸附或者解吸分数 M_t/M_∞,此时需要获得极限吸附或解吸量 M_∞。在文献中,主要有朗缪尔计算法和渐近推断法两种方法,如图 3-2所示。

3.3.1 朗缪尔计算法

朗缪尔计算法是基于朗缪尔等温吸附曲线得到极限吸附量或解吸量的一种方法。当吸附时间或解吸时间达到无穷大时,其极限状态的吸附量或解吸量应等于此平衡压力下的吸附量或解吸量。其计算公式为[11,26,28]:

$$X_a = \frac{abp}{1+bp} \cdot \frac{1}{1+0.31W} \cdot \frac{100-A-W}{100} \tag{3-4}$$

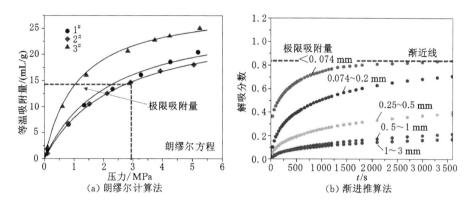

（a）朗缪尔计算法　　　　　　（b）渐进推算法

图 3-2　求极限吸附量或极限解吸量的两种常用方法

式中　X_a——压力 p 下的吸附量，mL/g；

　　　a,b——朗缪尔吸附常数；

　　　A,W——煤中的水分和灰分，%。

对于平衡压力 p 来说，如果是在常压下进行的解吸实验，其应变为 $p-0.1$ MPa，因为解吸终止时气压为大气压力。

煤对瓦斯的吸附等温线实验测试可参照《煤的甲烷吸附量测定方法（高压容量法）》（MT/T 752—1997）。吸附实验测试系统如图 3-3 所示。测试时和解吸实验一样，需要对煤样进行抽真空处理，之后打开高压充气罐控制阀和参考罐控制阀，使高压钢瓶瓦斯进入参考罐及连通管，关闭高压充气罐控制阀，读出参考罐压力值 p_{1i}；然后缓慢打开参考罐与吸附罐中间的阀门，使参考罐中瓦斯进入吸附罐，待罐内压力达到设定压力时，立即关闭罐阀门，读出充气罐压力 p_{2i}、室

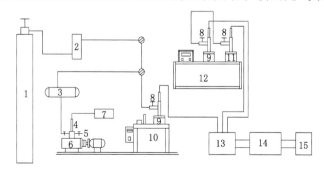

1—高压瓦斯瓶；2—减压罐；3—真空管路系统；4—真空规管；5—真空隔膜阀；
6—真空机组；7—真空计；8—高压阀门；9—吸附罐；10—超级恒温器；11—参考罐；
12—恒温水槽；13—数据采样器；14—微机处理；15—打印结果。

图 3-3　吸附实验测试系统

温 t_1。按下式计算充入吸附罐内的瓦斯量 Q_{ci}：

$$Q_{ci} = \left(\frac{p_{1i}}{Z_{1i}} - \frac{p_{2i}}{Z_{2i}}\right) \frac{273.2 \times V_0}{(273.2 + t_1) \times 0.101\,325} \tag{3-5}$$

式中　Q_{ci}——充入吸附罐的瓦斯标准体积，cm^3；

　　　　p_{1i}, p_{2i}——充气前、后充气罐内绝对压力，MPa；

　　　　Z_{1i}, Z_{2i}——p_{1i}、p_{2i} 压力下 t_1 时瓦斯的压缩系数；

　　　　t_1——室内温度，℃；

　　　　V_0——参考罐及连通管标准体积，cm^3。

当吸附压力达到平衡，读出此时的平衡压力 p_i，并计算出吸附罐内剩余体积的游离瓦斯量 Q_{di}，煤样吸附甲烷量 Q_i 以及每克煤可燃基吸附瓦斯量 X_i：

$$Q_{di} = \frac{273.2 \times V_d \times p_i}{Z_i \times (273.2 + t_3) \times 0.101\,325} \tag{3-6}$$

$$\Delta Q_i = Q_{ci} - Q_{di} \tag{3-7}$$

$$X_i = \frac{\Delta Q_i}{G_r} \tag{3-8}$$

式中　V_d——吸附罐内除实体煤外的全部剩余体积，cm^3；

　　　　Z_i——在压力 p_i 及温度 t_3 时瓦斯的压缩系数；

　　　　t_3——实验温度，℃；

　　　　G_r——煤样品可燃物质量，g。

然后逐次增高实验压力，可测得 n 个 Q_{ci}、Q_{di}、Q_i 及 X_i 值。由于充气罐向吸附罐充气为逐次充入的单值量，而充入吸附罐的总气量是各单值量的累计量，故逐次按式(3-5)计算充入吸附罐的总气量 Q_c 应为：

$$Q_c = \sum_{i=1}^{n} Q_{ci} \tag{3-9}$$

按逐次得到的 p_i 及 X_i 作图，即可得朗缪尔吸附等温线。之后结合工业分析结果，采用式(3-4)进行拟合，便可以得出吸附常数 a 值和 b 值，进而可得到每个平衡压力下的极限吸附量。

3.3.2　渐进推算法

顾名思义，渐进推算法要求首先绘制出 M_t 和 t 的关系图，采用极限近似的思想找到 M_t 的趋近直线，最终得到 M_∞ 的大小。这种方法要求解吸曲线已经趋于平衡，即解吸量变化不大，此时推断的极限吸附量或解吸量才能较为精确。

3.4　拟合模型选择

拟合模型有很多种，在本节我们仅以单孔扩散模型和双孔扩散模型为例，探讨如何选择拟合模型。

3.4.1　简单拟合法

简单拟合法是直接利用常规函数进行拟合的方法,一般软件如 Excel、Origin 均能操作。

相比于双孔扩散模型,单孔扩散模型形式更为简单,拟合过程也更为方便。但是,由于单孔扩散模型是以无穷级数形式写出的,故而其比一般的经验模型要复杂。所以,有很多学者尝试去精简单孔扩散模型。其中,一种常用的简化模型为 $\sqrt{t}$ 模型[15,21]。该模型是单孔扩散模型在短时间($t<600$ s)且吸附或解吸分数小于 0.5($M_t/M_\infty<0.5$)的简化模型,在上述简化条件下原单孔扩散模型中的误差项和高阶项被省去,变为:

$$\frac{M_t}{M_\infty}=\frac{6}{\sqrt{\pi}}\sqrt{\frac{Dt}{r_0^2}} \tag{3-10}$$

另一种比较常用的方法是杨其銮和王佑安提出的指数函数[29]。他们认为当无穷级数的项数大于 10 时,其描绘的曲线和原模型曲线相差不大,进而将原单孔扩散模型的前 10 项进行近似,找到了一条经验曲线,即:

$$\frac{M_t}{M_\infty}=\sqrt{1-\mathrm{e}^{-B_1 t}} \tag{3-11}$$

式中,B_1 为拟合参数,$B_1=K\dfrac{4\pi^2 D}{d^2}$。其中,$K$ 为修正系数,d 为煤粒直径(m)。

除了上述模型,马雷卡(A. Marecka)和米诺夫斯基(A. Mianowski)等[30-32]还提到了另一种方法,该方法在国内应用也较为普遍。其公式为:

$$\ln\left(1-\frac{M_t}{M_\infty}\right)=-\lambda_\mathrm{m} t+C_\mathrm{m} \tag{3-12}$$

式中,λ_m 和 C_m 为拟合参数。

3.4.2　无穷级数拟合法

虽然单孔扩散模型和双孔扩散模型均是以无穷级数形式存在的,但仍可以使用计算能力较强的拟合软件来进行拟合,如 Matlab、Fortran 语言编程等[16,18]。拟合过程相对于简单拟合法而言,难度要显著提高。另外,对于最初提出的双孔模型而言,其只适合描述亨利(Henry)区的吸附或解吸曲线,即吸附量与平衡压力成正比的区域(详见第 4 章的分析)。克拉克森(C. R. Clarkson)和巴斯廷(R. M. Bustin)[9] 在此基础上,将更符合多孔介质吸附规律的朗缪尔方程引入了双孔扩散模型,但是需要使用单纯型下降法和最小二乘法,利用 Fortran 编程才能找到其拟合结果,故而难度更大[9,11]。相比于其他模型,双孔扩散模型是最为精确的模型[9,21,26]。通常情况下,如精度要求不高或者不用体现煤体的双孔特性,采用简单拟合法便可以达到得到扩散系数的目的。图 3-4 给出了采用单孔短时间简化模型($\sqrt{t}$)、单孔模型和双孔模型对于解吸扩散曲线的拟合度对比,其拟合度依次增加,难度也依次增加。选择模型时,应考虑各模型优缺点,酌情使用。

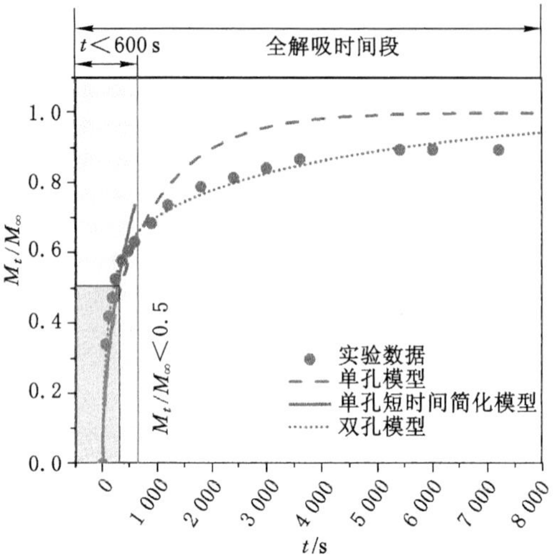

图 3-4   常用拟合方法对比

3.5   拟合过程示例

本节基于 Matlab 软件,对拟合的基本过程进行阐述。在 Matlab 中,我们主要用到的模块是"App"选项卡中的"Curve Fitting"子程序,它是面向对象的拟合模块,操作简单。实验数据如表 3-3 所列。

表 3-3   实验数据

t/min	M_t/M_∞	t/min	M_t/M_∞	t/min	M_t/M_∞
0	0.00	7.0	0.43	18	0.57
0.5	0.13	7.5	0.44	19	0.58
1.0	0.16	8.0	0.45	20	0.59
1.5	0.22	8.5	0.45	22	0.61
2.0	0.26	9.0	0.46	24	0.62
2.5	0.29	9.5	0.47	26	0.63
3.0	0.31	10	0.48	28	0.65
3.5	0.33	11	0.49	30	0.66
4.0	0.35	12	0.51	35	0.69
4.5	0.36	13	0.52	40	0.71
5.0	0.38	14	0.53	45	0.73

表 3-3(续)

$t/\min$	M_t/M_∞	$t/\min$	M_t/M_∞	$t/\min$	M_t/M_∞
5.5	0.39	15	0.54	50	0.74
6.0	0.40	16	0.55	55	0.76
6.5	0.42	17	0.56	60	0.77

软件操作步骤如下：

① 首先打开 Matlab 软件，本次示例采用的是 R2016 版本。打开"App"选项卡，如图 3-5 所示。

图 3-5　步骤一

② 在命令行输入代码(图 3-6)：

$\gg$x＝[0　0.5　1　1.5　2　2.5　3　3.5　4　4.5　5　5.5　6　6.5　7　7.5　8　8.5　9　9.5　10　11　12　13　14　15　16　17　18　19　20　22　24　26　28　30　35　40　45　50　55　60];

$\gg$y＝[0.00　0.13　0.16　0.22　0.26　0.29　0.31　0.33　0.35　0.36　0.38　0.39　0.40　0.42　0.43　0.44　0.45　0.45　0.46　0.47　0.48　0.49　0.51　0.52　0.53　0.54　0.55　0.56　0.57　0.58　0.59　0.61　0.62　0.63　0.65　0.66　0.69　0.71　0.73　0.74　0.76　0.77];

③ 打开"Curve Fitting"App，在 X data 一栏选择"x"，类似的在 Y data 一栏选择"y"。在拟合方法一栏选择"Custom Equation"。在公式栏中输入想要使用的公式，这里我们输入单孔扩散模型的前 30 项，用未知变量 d 代表需要拟合的有效扩散系数 D/r_0^2，即：

y＝1－6/(3.1415^2) * (exp(－d * 3.1415^2 * x)＋exp(－4 * d * 3.1415^2 * x)/4＋

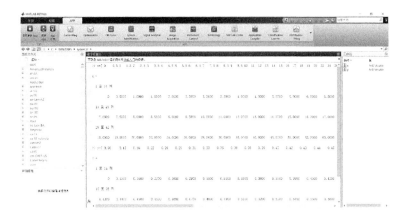

图 3-6　步骤二

exp($-9*d*3.1415\hat{\,}2*x$)/9＋exp($-16*d*3.1415\hat{\,}2*x$)/16＋exp($-25*d*3.1415\hat{\,}2*x$)/25＋exp($-36*d*3.1415\hat{\,}2*x$)/36＋exp($-49*d*3.1415\hat{\,}2*x$)/49＋exp($-64*d*3.1415\hat{\,}2*x$)/64＋exp($-81*d*3.1415\hat{\,}2*x$)/81＋exp($-100*d*3.1415\hat{\,}2*x$)/100＋exp($-121*d*3.1415\hat{\,}2*x$)/121＋exp($-144*d*3.1415\hat{\,}2*x$)/144＋exp($-169*d*3.1415\hat{\,}2*x$)/169＋exp($-196*d*3.1415\hat{\,}2*x$)/196＋exp($-225*d*3.1415\hat{\,}2*x$)/225＋exp($-256*d*3.1415\hat{\,}2*x$)/256＋exp($-289*d*3.1415\hat{\,}2*x$)/289＋exp($-324*d*3.1415\hat{\,}2*x$)/324＋exp($-361*d*3.1415\hat{\,}2*x$)/361＋exp($-400*d*3.1415\hat{\,}2*x$)/400＋exp($-441*d*3.1415\hat{\,}2*x$)/441＋exp($-484*d*3.1415\hat{\,}2*x$)/484＋exp($-529*d*3.1415\hat{\,}2*x$)/529＋exp($-576*d*3.1415\hat{\,}2*x$)/576＋exp($-625*d*3.1415\hat{\,}2*x$)/625＋exp($-676*d*3.1415\hat{\,}2*x$)/676＋exp($-729*d*3.1415\hat{\,}2*x$)/729＋exp($-784*d*3.1415\hat{\,}2*x$)/784＋exp($-841*d*3.1415\hat{\,}2*x$)/841＋exp($-900*d*3.1415\hat{\,}2*x$)/900)

输入方程后,软件会自动进行拟合。但有时出现拟合错误,可能是因为拟合参数 d 的取值有问题,这里我们点开公式拟合选项"Fit Options",将"Lower"改为 0(图 3-7),意思是拟合参数选择时,d 是永远大于 0 的,这样减少了拟合试算的过程。类似地,"Upper"表示拟合参数的上限,"Starting point"则限定了拟合参数的初始值。

完成方程设定后,Matlab 会自动计算拟合值,屏幕上便会出现拟合的曲线及拟合结果,如图 3-8 所示。D/r_0^2 的值为 0.002 404 s^{-1},而相关性系数 $R^2 = 0.955\ 4$。此时,需要注意的是:拟合过程中的横坐标 x 单位为分钟(min),而不是国际单位制中的秒(s),需将拟合出的 D/r_0^2 除以 60,并代入煤粒半径值,得到

图 3-7　拟合参数选择

最终的有效扩散系数(单位为 $\mathrm{m^2/s}$)。也可在初始建立 x 矩阵时,就完成单位的转换,两者的结果是一致的。

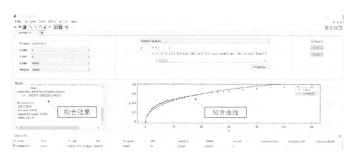

图 3-8　拟合结果

参 考 文 献

[1] KÄRGER J,RUTHVEN D M,THEODOROU D. Diffusion in nanoporous materials[J]. Angewandte chemie international edition,2012,51(48):11939-11940.

[2] CRANK J. The mathematics of diffusion[M]. Oxford: Oxford University Press,1956.

[3] BILOÉ S,MAURAN S. Gas flow through highly porous graphite matrices [J]. Carbon,2003,41(3):525-537.

[4] ZHAO W,CHENG Y,PAN Z,et al. Gas diffusion in coal particles: a review of mathematical models and their applications[J]. Fuel, 2019, 252: 77-100.

[5] 近藤精一,石川达雄,安部郁夫. 吸附科学[M]. 李国希,译. 北京:化学工业出版社,2006.

[6] WANG Y,LIU S. Estimation of Pressure-dependent diffusive permeability of coal using methane diffusion coefficient: laboratory measurements and modeling[J]. Energy & fuels,2016,30(11):8968-8976.

[7] BUSCH A,GENSTERBLUM Y,KROOSS B M,et al. Methane and carbon dioxide adsorption-diffusion experiments on coal: upscaling and modeling [J]. International journal of coal geology,2004,60(2):151-168.

[8] CHARRIÈRE D,POKRYSZKA Z,BEHRA P. Effect of pressure and temperature on diffusion of CO_2 and CH_4 into coal from the Lorraine basin (France)[J]. International journal of coal geology,2010,81(4):373-380.

[9] CLARKSON C R,BUSTIN R M. The effect of pore structure and gas pressure upon the transport properties of coal: a laboratory and modeling study. 2. Adsorption rate modeling[J]. Fuel,1999,78(11):1345-1362.

[10] CROSDALE P J,BEAMISH B B,VALIX M. Coalbed methane sorption related to coal composition[J]. International journal of coal geology, 1998,35(1-4):147-158.

[11] CUI X,BUSTIN R M,DIPPLE G. Selective transport of CO_2,CH_4,and N_2 in coals: insights from modeling of experimental gas adsorption data [J]. Fuel,2004,83(3):293-303.

[12] GUO J,KANG T,KANG J,et al. Effect of the lump size on methane desorption from anthracite[J]. Journal of natural gas science and engineering,2014,20:337-346.

[13] HAN F,BUSCH A,KROOSS B M,et al. CH_4 and CO_2 sorption isotherms and kinetics for different size fractions of two coals[J]. Fuel,2013,108: 137-142.

[14] KELEMEN S R,KWIATEK L M. Physical properties of selected block Argonne premium bituminous coal related to CO_2,CH_4,and N_2 adsorp-

tion[J]. International journal of coal geology,2009,77(1-2):2-9.

[15] NANDI S P,WALKER JR P L. Activated diffusion of methane from coals at elevated pressures[J]. Fuel,1975,54(2):81-86.

[16] PAN Z,CONNELL L D,CAMILLERI M,et al. Effects of matrix moisture on gas diffusion and flow in coal[J]. Fuel,2010,89(11):3207-3217.

[17] PANDEY R,HARPALANI S,FENG R,et al. Changes in gas storage and transport properties of coal as a result of enhanced microbial methane generation[J]. Fuel,2016,179:114-123.

[18] PILLALAMARRY M,HARPALANI S,LIU S. Gas diffusion behavior of coal and its impact on production from coalbed methane reservoirs[J]. International journal of coal geology,2011,86(4):342-348.

[19] PONE J D N,HALLECK P M,MATHEWS J P. Sorption capacity and sorption kinetic measurements of CO_2 and CH_4 in confined and unconfined bituminous coal[J]. Energy & fuels,2009,23(9):4688-4695.

[20] SIEMONS N,WOLF K A A,BRUINING J. Interpretation of carbon dioxide diffusion behavior in coals[J]. International journal of coal geology,2007,72(3/4):315-324.

[21] SMITH D M,WILLIAMS F L. Diffusion models for gas production from coal: determination of diffusion parameters [J]. Fuel, 1984, 63 (2): 256-261.

[22] STAIB G,SAKUROVS R,GRAY E M A. A pressure and concentration dependence of CO_2 diffusion in two Australian bituminous coals[J]. International journal of coal geology,2013,116-117:106-116.

[23] ZHANG J. Experimental study and modeling for CO_2 diffusion in coals with different particle sizes: based on gas absorption (imbibition) and pore structure[J]. Energy & fuels,2016,30(1):531-543.

[24] CHEN M Y,CHENG Y P,ZHOU H X,et al. Effects of igneous intrusions on coal pore structure, methane desorption and diffusion within coal, and gas occurrence[J]. Environmental & engineering geoscience, 2017,23(3):191-207.

[25] CLARKSON C R,BUSTIN R M. The effect of pore structure and gas pressure upon the transport properties of coal: a laboratory and modeling study. 1. Isotherms and pore volume distributions[J]. Fuel,1999,78(11): 1333-1344.

[26] ZHAO W,CHENG Y,JIANG H,et al. Modeling and experiments for

transient diffusion coefficients in the desorption of methane through coal powders[J]. International journal of heat and mass transfer,2017,110: 845-854.

[27] SAGHAFI A,FAIZ M,ROBERTS D. CO_2 storage and gas diffusivity properties of coals from Sydney Basin,Australia[J]. International Journal of coal geology,2007,70(1):240-254.

[28] BUSCH A,GENSTERBLUM Y. CBM and CO_2-ECBM related sorption processes in coal:a review[J]. International journal of coal geology, 2011,87(2):49-71.

[29] 杨其銮,王佑安.煤屑瓦斯扩散理论及其应用[J].煤炭学报,1986(3): 87-94.

[30] MARECKA A,MIANOWSKI A. Kinetics of CO_2 and CH_4 sorption on high rank coal at ambient temperatures [J]. Fuel, 1998, 77 (14): 1691-1696.

[31] RUTHVEN D M. Diffusion in type A zeolites: new insights from old data [J]. Microporous & mesoporous materials,2012,162:69-79.

[32] NIE B,GUO Y,WU S,et al. Theoretical model of gas diffusion through coal particles and its analytical solution[J]. Journal of china university of mining & technology,2001,30(1):19-22.

第 4 章　煤粒瓦斯吸附扩散动力学模型

本章要点

1. 煤粒瓦斯吸附扩散动力学模型的分类；

2. 反应动力学方程的分类及应用；

3. 单孔模型和双孔模型的推导过程；

4. $\sqrt{t}$ 模型的推导过程及应用条件；

5. 吸附扩散动力学模型之间的联系。

用数学方法描述现实中的物理问题，是发现和总结物理规律的重要步骤之一。建立合适的扩散数学模型，能够帮助我们了解如何改变扩散的动力学过程，实现对我们有益的用途。本章主要对文献中出现的吸附动力学模型进行总结和归纳，阐述各个模型的适用条件及推导过程。

在第 2 章中，我们介绍了瓦斯吸附的动力学过程，主要包括气体分子突破颗粒表面膜、气体分子在孔道中运移以及气体分子吸附于孔壁上这 3 个过程。对于多孔介质来说，控制其宏观吸附或者解吸速度的主要是第 2 个过程，即在孔道中运移的过程。描述吸附速度或解吸速度的模型也多从扩散动力学或者类扩散的反应动力学角度出发，数学模型主要有以下 3 类(图 4-1)：① 反应动力学模型，包括零级动力学模型、伪一级动力学模型、伪二级动力学模型和双伪一级动力学模型等；② 扩散动力学模型，包括单孔扩散模型、双孔扩散模型、多孔扩散模型和扩散及伪一级动力学组合模型等；③ 经验模型，包括类反应动力学经验模型、类扩散动力学经验模型和其他经验模型。

4.1　反应动力学模型

反应动力学模型一开始是用来描述化学反应的反应速率的。由于该模型是基于表面的物质交换得出的，与吸附过程中游离态气体和吸附态气体的动态平衡相关，故而也常被用来描述表面吸附等行为，特别是用来描述化学吸附这种表面作用强烈的吸附过程。但是，有部分学者认为，这种模型也可以用来描述物理吸附，对于某些多孔介质材料的吸附数据来说也获得了较高的拟合度[1-9]。用来

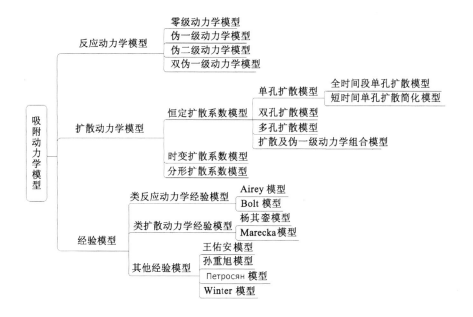

图 4-1 瓦斯吸附动力学模型的分类

描述煤中瓦斯的反应动力学模型主要有零级、伪一级、伪二级 3 种模型。这 3 种模型所描述的吸附动力学过程不同,分别为线性、曲线型(增长率较缓)、类朗缪尔曲线型(初期增长率较大),如图 4-2 所示。动力学的基本方程为:

$$\frac{\mathrm{d}M_t}{\mathrm{d}t} = k_n \left(M_\infty - M_t\right)^n \tag{4-1}$$

式中　k_n——动力系数;

　　　n——动力学级别,当 $n=0,1,2$ 时,分别代表零级、伪一级和伪二级动力学方程。

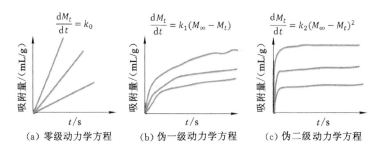

图 4-2 不同吸附数据与适配的反应动力学模型

4.1.1　零级动力学方程

符合零级动力学方程的吸附过程,吸附速率与吸附物质的浓度无关。因此,吸附量和时间呈正比例关系,即:

$$\frac{\mathrm{d}M_t}{\mathrm{d}t} = k_0 \tag{4-2}$$

式中　k_0——零级动力系数。

对上式进行积分,可得:

$$M_t = k_0 t \tag{4-3}$$

符合上式的吸附曲线或者解吸曲线较为少见,其所描绘的直线分布较为理想,一般适合某一时间段内某一稳定流体的传质过程。里特格(P. L. Ritger)和佩帕斯(N. A. Peppas)[10]曾使用上式来描述板状裂隙中的瓦斯流动过程。

4.1.2　伪一级动力学方程

伪一级动力学方程又称为拉格尔格伦(Lagergren)方程,指吸附速率与吸附物质本身的浓度成一次方关系,即:

$$\frac{\mathrm{d}M_t}{\mathrm{d}t} = k_1(M_\infty - M_t) \tag{4-4}$$

式中　k_1——伪一级动力系数。

对上式进行积分,可得:

$$M_t = M_\infty(1 - \mathrm{e}^{-k_1 t}) \tag{4-5}$$

此模型描述的曲线较零级动力学方程来说,其斜率会随着时间的推移而逐渐减小。伪一级动力学模型适合吸附气体密度变化较小或者表面覆盖度变化小的情况。因此,有学者指出其不适合描述煤中甲烷的吸附解吸过程[8]。但是与经典的朗缪尔方程一样,虽然朗缪尔方程是基于单层吸附假设推导出的,但它可以作为经验模型描述多孔介质的多层吸附曲线,且获得了较好的拟合度。伪一级动力学方程也可作为一种宏观上的经验模型来拟合部分吸附解吸曲线。博尔(J. H. D. Boer)[5]曾使用该模型来描述圆柱形管中分子的扩散行为,认为其动力系数 k_1 与在管中分子扩散的距离成反比,与扩散系数成正比。之后在很多文献中,也提到了伪一级动力学方程在煤中瓦斯扩散的应用,也有很多学者基于此模型提出新的模型[9,11-14]。相对于单孔扩散模型和双孔扩散模型而言,伪一级动力学模型更为简单,应用更加广泛。

4.1.3　伪二级动力学方程

伪二级动力学方程与伪一级动力学方程不同,吸附速率与吸附态气体浓度的平方成正比,即:

$$\frac{\mathrm{d}M_t}{\mathrm{d}t} = k_2(M_\infty - M_t)^2 \tag{4-6}$$

式中　k_2——伪二级动力系数。

将上式进行积分,可得[8]:

$$\frac{t}{M_t} = \frac{1}{k_2 M_\infty^2} + \frac{t}{M_\infty} \tag{4-7}$$

对上式进行变形,可得:

$$M_t = \frac{k_2 M_\infty^2 t}{1 + k_2 M_\infty t} \tag{4-8}$$

从上式可以看出,伪二级动力学模型其实与朗缪尔方程类似,此时 a 值为 1,b 值为 $k_2 M_\infty$。相比于伪一级动力学方程,伪二级动力学方程描述的曲线在初期便完成了几乎所有的吸附量或解吸量,之后吸附速率迅速降为零,吸附量也逐渐变为恒定值。三宅(Y. Miyake)等[15]认为对于符合单孔扩散模型的曲线,其初期阶段也可以用伪二级动力学模型进行拟合。他还基于二氧化硅对 Ag(I)的吸附数据进行分析,得出了扩散系数与 k_2 之间的数学关系。X. Tang 等[8]将伪二级动力学模型应用在了煤中瓦斯的吸附行为上,也取得了较好的拟合效果。由此可见,对于反应动力学模型来讲,伪二级动力学模型不仅适合于气体吸附,同时对于离子吸附、液体吸附也都有很好的拟合度。另外,文献中出现的形如朗缪尔方程的动力学模型,虽然推导过程可能存在不同,但也可以认为是伪二级动力学模型[16-18]。

双伪一级动力学模型将在本章 4.4.1 小节内介绍。

4.2 扩散模型

扩散方程与反应动力学方程不同,其更关注于孔隙中的传质过程,而不是气体分子与孔壁的物质交换过程。在第 2 章中提到过,在多孔介质中有很多种扩散,众多学者也提出了不同的扩散模型。其中,在天然气领域应用最广泛的就是牛津大学学者克兰克(J. Crank)[19]于 1956 年提出的单孔扩散模型,在本节我们着重介绍单孔扩散模型及它的一些演化模型。此外,克兰克在 *The mathematics of diffusion*[19]一书中,介绍了平板形、圆柱形和球形 3 种扩散在不同初始条件、不同边界条件下的扩散模型(表 4-1),在这里限制于篇幅不做更为深入的讨论。我们仅需知道,对于任意一种形状的扩散,其在短时间内的扩散分数,均与扩散时间的平方根成正比。

单孔模型是将煤中孔隙均一化为单一直径孔隙的一种理想化方法,其假设主要有以下几个方面:

① 煤粒的形状为球形;

② 煤粒为均质且各向同性介质;

③ 甲烷的解吸过程遵循质量守恒和连续性定理;

④ 扩散系数与时间、浓度和坐标无关;

表 4-1　不同空间形状的扩散方程

区域	传质形式	常用边界条件解析解	短时间解
基质孔隙	平板扩散	$\dfrac{M_t}{M_\infty} = 1 - \displaystyle\sum_{n=0}^{\infty} \dfrac{8}{(2n+1)^2 \pi^2} \exp\left[\dfrac{-D(2n+1)^2 \pi^2}{l_c^2} t\right]$ 式中 l_c 可近似等于平板中心到平板表面的距离	$\dfrac{M_t}{M_\infty} = 4 \left(\dfrac{Dt}{\pi l_c^2}\right)^{1/2}$
	柱形扩散	$\dfrac{M_t}{M_\infty} = 1 - \displaystyle\sum_{n=1}^{\infty} \dfrac{4}{r_{0a}^2 \alpha_n^2} \exp(-D\alpha_n^2 t)$ 式中 r_{0a}^2 可近似等于柱体截面半径	$\dfrac{M_t}{M_\infty} = 4 \left(\dfrac{Dt}{\pi r_{0a}^2}\right)^{1/2}$
	球形扩散	$\dfrac{M_t}{M_\infty} = 1 - \dfrac{6}{\pi^2} \displaystyle\sum_{n=1}^{\infty} \dfrac{1}{n^2} \exp\left[\dfrac{-Dn^2 \pi^2}{r_0^2} t\right]$	$\dfrac{M_t}{M_\infty} = 6 \left(\dfrac{Dt}{\pi r_0^2}\right)^{1/2}$

⑤ 解吸过程在恒温条件下进行;

⑥ 球心内部和表面处的浓度(或压力)在整个解吸过程中均保持恒定(与原单孔模型假设相同)。

在上述假设中第④条,如果将扩散系数仅看成与时间有关的函数,那么便形成了时变扩散系数的扩散模型;如果将其看成仅与坐标有关的函数,那么便形成了位变扩散系数的扩散模型,特别地,当扩散系数随坐标呈分形维数分布时,那么就形成了引入分形扩散系数的扩散模型。浓度变化的情况较为复杂,在文献中一般采用数值模拟等手段获得,故而这里不做更深入介绍。

4.2.1　恒定扩散系数

就扩散系数而言,根据菲克建立的扩散方程,可以知道其不仅与孔隙结构本身有关,还与浓度、位置和时间有关[19-21]。在实验中,由于不能保证浓度一直恒定[21],另外也不能消除吸附或者解吸过程中产生的吸附膨胀或者解吸收缩,使得孔隙结构发生变化[22-24],且吸附态与游离态中存在浓度差异[25],因此扩散系数一定是变化的。然而在一开始模型的使用过程中,人们更关注于数学模型在工程中的应用性,即是否能在精度允许的情况下合理地描述物理过程,达到某种足够令人满意的效果。所以恒定扩散系数这种假设得出的简单解就被广泛地应用在了工程中,也被添加到各种行业规程中。例如,美国矿务局(USBM)直接法测瓦斯含量,澳大利亚的 *Determination of gas content of coal and carbonaceous material-Direct desorption method*(AS 3980:2016)标准,我国的《地勘时期煤层瓦斯含量测定方法》(GB/T 23249—2009)、《煤层瓦斯含量井下直接测定方法》(GB/T 23250—2009)标准均对其有涉及。恒定扩散系数下的扩散模型主要有两种,一种为单孔扩散模型,另一种为双孔扩散模型。三孔模型甚至多孔模型在这里不做讨论。下文对前两种模型的推导过程及适用条件做细致地介绍。

4.2.1.1　单孔扩散模型

单孔扩散的极坐标形式为:

$$\frac{\partial c}{\partial t} = D\left(\frac{\partial^2 c}{\partial r^2} + \frac{2}{r}\frac{\partial c}{\partial r}\right) \tag{4-9}$$

单孔扩散模型主要有两种，一种是在恒定压力边界下推导的，也就是最常用的单孔扩散模型。一般不特别指出，单孔扩散模型就是指这种边界条件下的扩散模型。另一种是在限定体积内推导出的扩散模型，虽然有时这种边界条件更符合吸附实验，但其解过于复杂，应用有限。

（1）定压条件

在定压条件下，球心（吸附过程）或球表面浓度（解吸过程）保持为零。除此之外，为了能够得出数学上的解析解，要求球表面（吸附过程）或球心（解吸过程）均保持浓度不变。一般狭义上的单孔扩散模型就是指该条件下的扩散模型，其边界条件和初始条件可写为：

$$\begin{cases} c\,|_{t=0} = c_1 \\ c\,|_{r=0} = 0 \\ c\,|_{r=r_0} = c_0 \end{cases} \tag{4-10}$$

式中　r_0——扩散路径长度；

　　　r——极坐标；

　　　c_0, c_1——煤粒表面浓度和初始浓度。

根据上式可知，在球心和球表面处的浓度被分别限定为 0 和 c_0，这其实是与现实中的物理现象不符的，因为随着吸附或者解吸的进行，圆心浓度会逐渐升高或者趋近于零，而表面浓度则相反。但是只有这种假设可以得到对应的解析解，故而才使用。对式（4-9）进行变量替换，令 $u = cr$，可得：

$$\frac{\partial u}{\partial t} = D\frac{\partial^2 u}{\partial r^2} \tag{4-11}$$

上式便变成了平板形扩散模型，所以球形扩散模型的解法在本质上与平行板状扩散模型的解法是一致的，只是平板边界条件改为初始浓度分布为 rc_1，平板表面和中心线浓度分别变为 0 和 $r_0 c_0$，如图 4-3 所示。此时的边界条件和初始条件变为：

$$\begin{cases} c\,|_{t=0} = c_1 \\ c\,|_{r=0} = 0 \\ c\,|_{r=r_0} = c_0 \end{cases} \xrightarrow{\ u=cr\ } \begin{cases} u\,|_{t=0} = rc_1 \\ u\,|_{r=0} = 0 \\ u\,|_{r=r_0} = r_0 c_0 \end{cases} \tag{4-12}$$

对上述公式求解，需再进行变量替换，令 $u = w + v = w + c_1 r$，则有：

$$\begin{cases} \dfrac{\partial w}{\partial t} = D\dfrac{\partial^2 w}{\partial r^2} \\ w = 0\,(r = 0, t) \\ w = 0\,(r = r_0, t) \\ w = rc_0 - rc_1\,(r, 0) \end{cases} \tag{4-13}$$

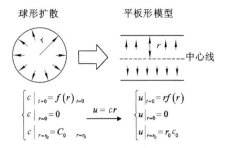

图 4-3　单孔模型的计算简化过程

此时,利用分离变量法,令 $w = \xi(r)\tau(t)$,式(4-13)可变为:

$$\xi \frac{\partial \tau}{\partial t} = D\tau \frac{\partial^2 \xi}{\partial r^2} \qquad (4\text{-}14)$$

上式便可以进行求解,解为:

$$\begin{cases} \tau(t) = \exp(-\lambda^2 Dt) \\ \xi(r) = A\sin(\lambda r) + B\cos(\lambda r) \end{cases} \qquad (4\text{-}15)$$

利用数学叠加原理,函数 w 为:

$$w = \sum_{n=0}^{\infty} \left[A_n \sin(\lambda_n r) + B_n \cos(\lambda_n r) \right] \exp(-\lambda_n^2 Dt) \qquad (4\text{-}16)$$

根据式(4-13)中的边界条件,因为 $w = 0(r = 0, t)$,所以

$$B_n = 0 \qquad (4\text{-}17)$$

又因为 $w = 0(r = r_0, t)$,所以

$$\lambda_n r_0 = n\pi \qquad (4\text{-}18)$$

将式(4-17)和式(4-18)代入式(4-16),可得:

$$w = \sum_{n=0}^{\infty} A_n \sin\left(\frac{n\pi}{r_0} r\right) \exp\left(-\frac{n^2 \pi^2}{r_0^2} Dt\right) \qquad (4\text{-}19)$$

又因为条件 $w = rc_0 - rc_1(r, 0)$,可以得出在 $(r, 0)$ 处有:

$$rc_0 - rc_1 = \sum_{n=0}^{\infty} A_n \sin\left(\frac{n\pi}{r_0} r\right) \qquad (4\text{-}20)$$

根据傅立叶变换,有:

$$A_n = \frac{2}{r_0} \int_0^{r_0} r(c_0 - c_1) \sin\left(\frac{n\pi}{r_0} r\right) \mathrm{d}r = \frac{2r_0}{n^2 \pi^2}(c_0 - c_1)\left[\sin(n\pi) - n\pi\cos(n\pi)\right]$$

$$(4\text{-}21)$$

所以,

$$w = \frac{2r_0}{\pi}(c_0 - c_1) \sum_{n=1}^{\infty} \left[\frac{(-1)^{n+1}}{n} \sin\left(\frac{n\pi r}{r_0}\right) \exp\left(-\frac{n^2 \pi^2}{r_0^2} Dt\right)\right] \qquad (4\text{-}22)$$

因为 $u = cr$ 且 $u = w + v = w + c_1 r$，那么可得出下述关系：

$$\frac{c - c_1}{c_0 - c_1} = \frac{w}{r(c_0 - c_1)} = \frac{2r_0}{r\pi} \sum_{n=1}^{\infty} \left[\frac{(-1)^{n+1}}{n} \sin\left(\frac{n\pi r}{r_0}\right) \exp\left(-\frac{n^2\pi^2}{r_0^2} Dt\right) \right]$$

$$(4\text{-}23)$$

而在圆心处，即当 $r \to 0$，可得：

$$\frac{c - c_1}{c_0 - c_1} = 2 \sum_{n=1}^{\infty} (-1)^{n+1} \exp\left(-\frac{n^2\pi^2}{r_0^2} Dt\right) \tag{4-24}$$

对上式进行积分，我们便可以得到进入圆心处或者离开圆心处的总吸附量变化率为：

$$\frac{M_t}{M_\infty} = 1 - \frac{6}{\pi^2} \sum_{n=1}^{\infty} \frac{1}{n^2} \exp\left(-\frac{n^2\pi^2}{r_0^2} Dt\right) \tag{4-25}$$

上式便是经典的单孔扩散模型。对于参数 r_0，克拉克森（C. R. Clarkson）和巴斯廷（R. M. Bustin）[26]指出它是指扩散距离的大小，但此距离难以用拟合法推断出来，因此多数学者常常使用煤粒粒径去指代它[27-31]。B. Yang 等[32]曾基于多孔介质的立方体模型试着计算页岩的扩散距离长度：

$$a = 3(m_{\text{Org}}/\rho_k)/S_0 \tag{4-26}$$

式中　m_{Org}——单位质量页岩的有机质含量，g/g；

　　　ρ_k——基质密度，g/m³；

　　　S_0——低温液氮实验测出的 BET 比表面积，m²/g。

由于恒定扩散系数的假设，单孔扩散模型不适合描述长时间段的吸附或者解吸曲线[26]，有时的拟合度甚至小于 0.5[21]，所以双孔扩散模型、时变扩散系数扩散模型、分形扩散系数扩散模型纷纷被提出，显著提高了其拟合度[21,33]。式(4-25)在 Dt/r_0^2 较大时收敛很快，而对于 Dt/r_0^2 较小时收敛较慢，为了加快 t 较小时的收敛速度，式(4-25)又可以写为误差函数的形式：

$$\frac{M_t}{M_\infty} = 6\left(\frac{Dt}{r_0^2}\right)^{1/2} \left\{ \pi^{-\frac{1}{2}} + 2\sum_{n=1}^{\infty} \text{ierfc}\frac{nr_0}{\sqrt{Dt}} \right\} - \frac{3Dt}{r_0^2} \tag{4-27}$$

如若只省略误差项，有：

$$\overline{F} = \frac{M_t}{M_\infty} = 6\frac{\sqrt{Dt}}{r_0\sqrt{\pi}} - 3\frac{Dt}{r_0^2} \tag{4-28}$$

进一步地，如若 $M_t/M_\infty < 0.5$ 且 $t < 600\,\text{s}$，则上述方程中的高阶项 $3Dt/r_0^2$ 和误差项 $2\sum_{n=1}^{\infty} \text{ierfc}\frac{nr_0}{\sqrt{Dt}}$ 均可以被省去，简化为[27-28]：

$$\frac{M_t}{M_\infty} = \frac{6}{\sqrt{\pi}} \sqrt{\frac{Dt}{r_0^2}} \tag{4-29}$$

上式便为经典的 $\sqrt{t}$ 模型。事实上，除了球形扩散之外，在平板扩散和柱形扩散中,在短时间内(不同扩散形式所要求的短时间范围不同),吸附或解吸质量分数与 $\sqrt{t}$ 的关系是普遍存在的[20]。而参数 $\sqrt{Dt}$ 也常常被称为特征扩散长度,用来估计在一段时间后物质扩散的距离[20,34]。

(2) 定容条件

定容条件要求吸附的空间是限定的,此时相当于表面浓度是随时间变化的[19]。这种边界条件相对于定压环境来说,更为复杂,所以使用的人较少[4]。克兰克(J. Crank)曾给出定容条件下三维球形扩散的解析解,为[19,26,32,35-36]:

$$\frac{M_t}{M_\infty} = 1 - \sum_{n=1}^{\infty} \frac{6\alpha(\alpha+1)}{9+9\alpha+q_n^2\alpha^2} \exp\left(-\frac{Dq_n^2 t}{r_0^2}\right) \tag{4-30}$$

式中　q_n ——下述方程的非零根:

$$\tan q_n = \frac{3q_n}{3+\alpha q_n^2} \tag{4-31}$$

$$\alpha = \frac{V_{free}}{V_{coal}} \tag{4-32}$$

式中　V_{free} ——没有被煤粒占据的死空间,mL;

　　　V_{coal} ——煤粒的体积,mL。

4.2.1.2　双孔扩散模型

经典的双孔介质理论认为煤是"基质-裂隙"双重介质结构,在煤的基质内部存在大量孔隙,因此在基质内部瓦斯进行以浓度梯度为主导的扩散;而在煤的基质之间则存在着大量的裂隙,因此在基质之间瓦斯进行以压力梯度为主导的渗流。上述的"双孔介质"模型多用于渗流领域,但"双孔扩散模型"中的"双孔"却不是指"基质"和"裂隙"这两种介质,而是大孔套小孔的双重孔结构,这种结构更像是一种相互影响的串联结构[33],流过两系统的流量是相同的且彼此限制的,如图4-4所示。在渗流领域中,裂隙和基质孔隙两种系统是一种相互独立的并联结构。以经典的立方体渗流模型为例,流过基质孔隙和裂隙的流量是彼此不同的,这也是为什么多数学者计算两者总的渗透率时,直接采用孔隙渗透率和裂隙渗透率加和来表征[22,37-40]。双孔扩散模型只适用于某些特定条件下,这里为了区分,可以将渗流领域的"双孔"结构改称为"双介"结构。

(1) 亨利(Henry)关系

双孔扩散模型首次是由巴克斯通(E. Ruckenstein)等[33]提出的,原文是用来描述树脂对离子的吸附速率。在原推导过程中,为了得到解析解,将吸附含量与吸附压力的关系假设为线性的 Henry 关系,即在大孔和小孔系统中有[33]:

$$\begin{cases} c_{s1} = H_1 c_1 \\ c_{s2} = H_2 c_2 \end{cases} \tag{4-33}$$

式中　H_1, H_2 ——大孔和小孔系统对应的 Henry 常数;

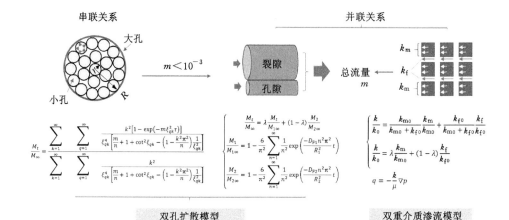

图 4-4　双孔扩散模型与双重介质渗流模型的差别和联系

c_1，c_2——大孔和小孔系统中的游离气体浓度，g/g；

c_{s1}，c_{s2}——大孔和小孔系统中的吸附气体浓度，g/g。

对于双孔扩散模型有：

$$
\begin{cases}
\dfrac{D_{F1}}{r_1^2}\dfrac{\partial}{\partial r_1}\left(r_1^2\dfrac{\partial c_1}{\partial r_1}\right)=\left[1+\dfrac{H_1 S_1}{\varepsilon_1}\right]\dfrac{\partial c_1}{\partial t}+\dfrac{3(1-\varepsilon_1)\varepsilon_2 D_{F2}}{\varepsilon_1 R_2}\dfrac{\partial c_2}{\partial r_2}\Big|_{r_2=R_2} \\[2ex]
\dfrac{D_{F2}}{r_2^2}\dfrac{\partial}{\partial r_2}\left(r_2^2\dfrac{\partial c_2}{\partial r_2}\right)=\left[1+\dfrac{H_2 S_2}{\varepsilon_2}\right]\dfrac{\partial c_2}{\partial t}
\end{cases}
\tag{4-34}
$$

式中　D_{F1}，D_{F2}——大孔和小孔系统的扩散系数，m^2/s；

　　　R_1，R_2——大孔和小孔系统的孔半径或扩散长度，m；

　　　S_1，S_2——大孔和小孔系统的孔比表面积，m^2/g；

　　　ε_1，ε_2——大孔和小孔系统的孔隙率；

　　　r_1，r_2——大孔和小孔系统对应的极坐标，m。

初始条件和边界条件为：

$$
\begin{cases}
c_1(0,r_1)=c_{1,0}=c_{2,0} \\
c_2(0,r_2)=c_{1,0}=c_{2,0} \\
c_1(t,R_1)=c_{1,\infty}=c_{2,\infty} \\
c_2(t,R_2)=c_1(t,r_1) \\
\dfrac{\partial c_1}{\partial r_1}(t,0)=0 \\
\dfrac{\partial c_2}{\partial r_2}(t,0)=0
\end{cases}
\tag{4-35}
$$

对上式进行求解，可得：

$$\frac{M_t}{M_\infty} = \frac{\sum\limits_{k=1}^{\infty}\sum\limits_{q=1}^{\infty}\dfrac{k^2\left[1-\exp\left(-m\xi_{qk}^2\tau\right)\right]}{\xi_{qk}^4\left[\dfrac{m}{n}+1+\cot^2\xi_{qk}-\left(1-\dfrac{k^2\pi^2}{n}\right)\dfrac{1}{\xi_{qk}^2}\right]}}{\sum\limits_{k=1}^{\infty}\sum\limits_{q=1}^{\infty}\dfrac{k^2}{\xi_{qk}^4\left[\dfrac{m}{n}+1+\cot^2\xi_{qk}-\left(1-\dfrac{k^2\pi^2}{n}\right)\dfrac{1}{\xi_{qk}^2}\right]}} \tag{4-36}$$

式中 m——大孔和小孔系统扩散所需时间的比值，$m=\dfrac{D_{F2}/R_2^2}{D_{F1}/R_1^2}$；

n——参数，满足 $n=\dfrac{3(1-\varepsilon_1)\varepsilon_2}{\varepsilon_1}m\dfrac{1+\dfrac{S_2H_2}{\varepsilon_2}}{1+\dfrac{S_1H_1}{\varepsilon_1}}$；

ξ_{qk}——方程 $n(1-\xi_{qk}\cot\xi_{qk})+m\xi_{qk}^2=k^2\pi^2$ $(k=1,2,3,\cdots,\infty)$ 的根。

当 $m<10^{-3}$，即大孔系统扩散的时间远远小于小孔系统扩散所需的时间，那么小孔系统的扩散系数便决定了煤粒整体的扩散速率，这使得宏观上吸附曲线或者解吸曲线呈现明显的快慢两个阶段。此时，我们便可粗略地认为大孔系统和小孔系统成为完全独立的两个系统，两者互不交叉，流量在宏观上形成叠加关系。从这种意义上而言，两个系统又从"串联"的关系变成了"并联"的关系。

大孔系统决定了快速阶段的扩散，存在以下关系：

$$\frac{M_1}{M_{1\infty}} = 1-\frac{6}{\pi^2}\sum_{n=1}^{\infty}\frac{1}{n^2}\exp\left[\frac{-D_{F1}n^2\pi^2}{R_1^2}t\right] \tag{4-37}$$

类似地，对于小孔系统，其决定了慢速阶段的扩散，有：

$$\frac{M_2}{M_{2\infty}} = 1-\frac{6}{\pi^2}\sum_{n=1}^{\infty}\frac{1}{n^2}\exp\left[\frac{-D_{F2}n^2\pi^2}{R_2^2}t\right] \tag{4-38}$$

则经过两个系统总的扩散通量可以写为：

$$\begin{aligned}
\frac{M_t}{M_\infty} &= \frac{M_1+M_2}{M_{1\infty}+M_{2\infty}} \\
&= \frac{M_1/M_{1\infty}}{1+M_{2\infty}/M_{1\infty}}+\frac{M_2/M_{2\infty}}{M_{1\infty}/M_{2\infty}+1} \\
&= \frac{\zeta}{1+\zeta}\frac{M_1}{M_{1\infty}}+\frac{1}{1+\zeta}\frac{M_2}{M_{2\infty}} \\
&= \lambda\frac{M_1}{M_{1\infty}}+(1-\lambda)\frac{M_2}{M_{2\infty}}
\end{aligned} \tag{4-39}$$

式中，$\lambda=\dfrac{\zeta}{1+\zeta}$ 且 $\zeta=\dfrac{M_{1\infty}}{M_{2\infty}}$。

故此时的双孔扩散模型可以由两个单孔扩散模型通过一定的比例关系进行叠加。根据单孔扩散模型的解法，单孔模型是特殊的平板扩散，而对于双孔扩散，从本质上来说，应与一组平板模型扩散累加的扩散相同，如图 4-5 所示。扩散先从小孔中沿中心线向孔壁的方向扩散,然后在大孔系统里,沿中心线从左端向右端进行扩散。这种特性又与渗流模型中的火柴杆模型的简化相似。在双孔扩散模型中,需要拟合的参数共有三个,分别为 D_{F1}、D_{F2} 和 λ。从数学角度来说,更多的拟合参数必然会使拟合度上升,故而双孔扩散模型拟合效果要比单孔扩散模型要好得多(参见图 3-4)。在很多实验性的文章中,许多学者采用双孔扩散模型来分析问题,这就是因为它更准确[11,30,33,35,41-43]。

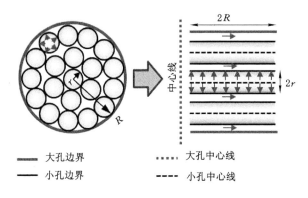

图 4-5 双孔扩散模型的计算简化过程

采用上述简化思想,类似地,如三孔模型甚至多孔模型均可以采用式(4-39)的变化关系,只需将大孔系统或者小孔系统的质量分数再展开即可。下面以三孔系统为例,有:

$$
\begin{aligned}
\frac{M_t}{M_\infty} &= \lambda \frac{M_1}{M_{1\infty}} + (1-\lambda)\frac{M_2}{M_{2\infty}} \\
&= \lambda \frac{M_1}{M_{1\infty}} + (1-\lambda)\left[\lambda' \frac{M_{21}}{M_{21\infty}} + (1-\lambda')\frac{M_{22}}{M_{22\infty}}\right] \\
&= \lambda \frac{M_1}{M_{1\infty}} + \lambda'(1-\lambda)\frac{M_{21}}{M_{21\infty}} + (1-\lambda)(1-\lambda')\frac{M_{22}}{M_{22\infty}}
\end{aligned}
$$

$$(4\text{-}40)$$

式中 λ'——比例系数,存在关系 $\lambda + \lambda'(1-\lambda) + (1-\lambda)(1-\lambda') = 1$。

因此,我们可以拓展该公式为:

$$
\frac{M_t}{M_\infty} = \lambda_1 \frac{M_1}{M_{1\infty}} + \lambda_2 \frac{M_2}{M_{2\infty}} + \cdots + \lambda_n \frac{M_n}{M_{n\infty}} \tag{4-41}
$$

其中,

$$
\lambda_1 + \lambda_2 + \cdots + \lambda_n = 1 \tag{4-42}
$$

式中,下标 n 代表第 n 个孔隙系统。

(2)朗缪尔关系

考虑到煤对甲烷吸附的等温曲线符合朗缪尔模型,而非 Henry 模型描述的直线形状,所以有学者尝试将朗缪尔公式引入原双孔模型中,获得更准确的结果[26]。但是由于改变了原始方程,故而使得难以得到解析解,只能得到数值解。在拟合时,需要采用一定的数学方法和软件进行拟合。克拉克森和巴斯廷曾利用 Fortran 语言进行编程,采用最小二乘法及下降单纯形法,对解吸分数曲线进行了适配[26]。另外,在克拉克森和巴斯廷的模型中,将吸附的含量全部赋予了小孔(微孔)系统,即在大孔中不存在吸附。根据克拉克森和巴斯廷的描述,引入朗缪尔关系的双孔扩散模型为:

$$
\begin{cases}
\dfrac{D_{F1}}{r_1^2}\dfrac{\partial}{\partial r_1}\left(r_1^2\dfrac{\partial}{\partial r_1}(\varepsilon_1\rho_1)\right)=\dfrac{\partial}{\partial t}(\varepsilon_1\rho_1)+\dfrac{3(1-\varepsilon_1)\varepsilon_2 D_{F2}}{\varepsilon_1 R_2}\dfrac{\partial\rho_1}{\partial r_2}\Big|_{r_2=R_2} \\
\dfrac{D_{F2}}{r_2^2}\dfrac{\partial}{\partial r_2}\left(r_2^2\dfrac{\partial}{\partial r_2}(\varepsilon_2\rho_2)\right)=\dfrac{\partial}{\partial t}(\varepsilon_2\rho_2+c_s)
\end{cases}
\tag{4-43}
$$

式中　ρ_1,ρ_2 ——大孔和小孔系统中气体的密度;

$\quad\quad$ c_s ——由朗缪尔方程决定的吸附状态浓度。

其初始条件和边界条件与原始的双孔扩散模型相似,即:

$$
\begin{cases}
\rho_1(0,r_1)=c_{1,0}=c_{2,0} \\
\rho_2(0,r_2)=c_{1,0}=c_{2,0} \\
c_s(0,r_1)=c_{s0} \\
\rho_2(t,R_2)=\rho_1(t,r_1) \\
\dfrac{\partial(\varepsilon_1\rho_1)}{\partial r_1}(t,0)=0 \\
\dfrac{\partial(\varepsilon_1\rho_1)}{\partial r_2}(t,0)=0 \\
V_{\text{free}}\dfrac{\partial\rho_1}{\partial t}(t,R_1)=-4\pi R_1^2 N D_{F1}\varepsilon_1\dfrac{\partial\rho_1}{\partial r_1}\Big|_{r_1=R_1}
\end{cases}
\tag{4-44}
$$

式中　N ——大孔系统中包含的小孔数量。

X. Cui 等[44]也采用了相似的方法对甲烷、二氧化碳和氮气的吸附数据进行了拟合,得到了相应的扩散系数。引入朗缪尔关系的双孔扩散模型更为复杂,目前仅仅存在于少数几篇扩散论文中,但是更为精确。

4.2.2　时变扩散系数

4.2.2.1　单孔扩散模型引入时变扩散系数的基本方法

在上一小节提到过,从数学角度看,扩散系数主要受气体浓度(c)、扩散位置(x)和扩散时间(t)三者影响。在实验中,三者均是会变化的,使得"将扩散系数看成一种煤粒孔隙固有的性质"这种论断难以成立,所以单孔扩散模型和双孔扩散模型均有其局限性。张有学[20]在《地球化学动力学》一书中曾指出,对于浓度和位置影响下的扩散方程,如果不进行相应的边界条件设置或者数学上的近似简化,很难得出合理的解析解。而对于时间影响下的扩散系数,其可以进行很简单的变化得到解析解。

事实上,我们可以用极限的思维看待单孔扩散模型向双孔扩散模型,甚至多孔扩散模型的转变。双孔扩散模型是两个恒定扩散系数,多孔扩散模型是多个恒定的扩散系数,实际上扩散模型已经采用了时变扩散系数的思想,单孔、双孔、多孔模型均是时变扩散系数模型的特例。时变扩散系数的引入可以显著提升扩散方程的拟合度。图 4-6 给出了实验煤样在 1.05 MPa 下的解吸数据。由图可以发现,引入时变扩散系数后,其拟合度由 0.867 1 提升到了 0.992 5,对解吸后半部分也有较好的拟合度。对于吸附解吸扩散,特别是在研究温度影响下的扩散过程,对扩散时间这个因素更为敏感的物理现象,该种方法有着很重要的作用。

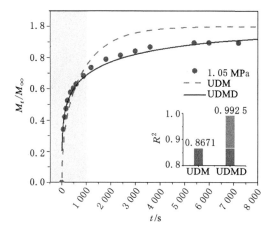

UDM—单孔扩散模型;UDMD—引入时变扩散系数的单孔扩散模型。

图 4-6　引入时变扩散系数后的单孔模型与
原单孔模型拟合度对比示例

时变扩散系数的引入过程很简单,以一维扩散为例,其扩散方程为:

$$\frac{\partial c}{\partial t} = \frac{\partial}{\partial x}\left(D\,\frac{\partial c}{\partial x}\right) \tag{4-45}$$

由于 D 与 x 和 c 无关,则:

$$\frac{\partial c}{D\partial t} = \frac{\partial^2 c}{\partial x^2} \tag{4-46}$$

采用变量替换法,令 $\mathrm{d}\beta = D\mathrm{d}t$,则有

$$\frac{\partial c}{\partial \beta} = \frac{\partial^2 c}{\partial x^2} \tag{4-47}$$

上式则相当于 $D=1,t=\beta$ 的原扩散方程,因此原单孔扩散模型的解就可以直接被用于时变扩散系数的情形。此时,有:

$$\frac{M_t}{M_\infty} = 1 - \frac{6}{\pi^2} \sum_{n=1}^{\infty} \frac{1}{n^2} \exp(-\beta n^2 \pi^2 / r_0^2)$$

$$= 1 - \frac{6}{\pi^2} \sum_{n=1}^{\infty} \frac{1}{n^2} \exp\left[(-n^2 \pi^2 / r_0^2) \cdot \left(\int D \mathrm{d}t \right) \right] \tag{4-48}$$

4.2.2.2　描述时变扩散系数的数学模型

应该指出的是,扩散系数随时间变化有两个基本的原因:一是浓度因素,除了气体浓度会随着时间逐渐变化外,包括吸附膨胀或者解吸收缩等孔隙结构变化,也间接影响到了全体的空间浓度分布[21,45-49];二是自扩散的时间衰减特性,对于单个分子来说,随着分子间或者与壁面的碰撞,它会逐渐失去原有的动能,造成自扩散系数减小,此原因在浓度差为零的情况下依然可以进行,因此与浓度因素无关[50-53]。因此在分析时间对扩散系数影响这个因素时,如果用到了式(4-46)的简化关系,便仅仅只能从第二种原因去进行分析,因为第一种解释和 D 与 x 及 c 无关的假设不符,所以研究引入时变扩散系数的扩散动力学模型的关键是找到 $D(t) = f(t)$ 的函数关系。在文献中,有学者尝试直接用类阿伦尼乌斯公式[47,54]的经验公式来代替,也有学者尝试用类朗缪尔形式[55]的经验公式来描述它。但这两种尝试,均是经验公式上的拟合,很难做到数学上的精确性,如下所示:

$$D_t = D_{F0} \exp(-\gamma_1 t) \tag{4-49}$$

$$D_t = \frac{D_{F0}}{\gamma_2 t + 1} \tag{4-50}$$

式中　D_{F0} ——初始扩散系数;

γ_1, γ_2 ——拟合系数。

之后,赵伟等[21]基于表观渗透率与表观扩散系数之间的关系,将解吸过程假设为单圆柱形孔的流体运移过程,对流体柱进行了受力分析,进而得出了一个时变扩散系数的解析解:

$$D_t = D_{F0} \gamma_3 \frac{1 - \mathrm{e}^{-\omega t}}{\sqrt{t - \frac{1}{\omega}(1 - \mathrm{e}^{-\omega t})}} \tag{4-51}$$

式中　γ_3 ——拟合系数,与极限解吸量有关;

ω ——拟合系数,与孔径、气体密度以及黏度有关。

对于孔径较小的情况,即 ω 会趋近于无限大,上式又可以简化为:

$$D_t = D_{F0} \frac{\gamma_3}{\sqrt{t}}, \ \omega \to \infty \tag{4-52}$$

之后,其又基于自扩散系数的衰减规律给出了另一种推导模型:

$$D_t = (D_{F0} - D_\infty) \exp\left(-F \frac{S_{\mathrm{pore}}}{V_{\mathrm{pore}}} \sqrt{D_{F0} t}\right) + D_\infty \tag{4-53}$$

式中　D_∞——极限扩散系数，m^2/s；

　　　F——拟合系数；

　　　S_{pore}——孔隙系统的总表面积，m^2/g；

　　　V_{pore}——孔隙系统的总体积，mL/g。

4.2.2.3　时变扩散系数的获取方法

时变扩散系数的获取方法主要有两种：一种是双渗模型法[46,48-49]，此种方法是找到一种经验模型去描述时变扩散系数，然后带入单孔模型的简化模型中；另一种是极限近似法[21,47,55]，是将解吸曲线分成无数小段，对每一小段求扩散系数。

（1）双渗模型法

双渗模型法是基于数学模型的间接推导方法。根据上一章的分析可知，瓦斯解吸曲线的形态是由表面扩散、孔隙扩散和裂隙流动三者互相叠加产生的，其可以近似用一个数学模型进行表示，即[56]：

$$\overline{F} = \frac{M_t}{M_\infty} = kt^n \tag{4-54}$$

式中　$\overline{F}$——解吸百分比。

参照式(4-28)的简化关系，将恒定的扩散系数变为仅受时间影响的扩散系数，有：

$$\overline{F} = \frac{M_t}{M_\infty} = 6\frac{\sqrt{\int_0^t D_t \mathrm{d}t}}{r_0\sqrt{\pi}} - 3\frac{\int_0^t D_t \mathrm{d}t}{r_0^2} \tag{4-55}$$

应用变量替换思想，令 $\overline{X} = \dfrac{\sqrt{\int_0^t D_t \mathrm{d}t}}{r_0}$，则上式可以化为：

$$\overline{X} = \frac{1}{\sqrt{\pi}} - \sqrt{\frac{1}{\pi} - \frac{\overline{F}}{3}} \tag{4-56}$$

假设存在函数

$$\overline{Y} = \int_0^t D_t \mathrm{d}t = r_0^2 \overline{X}^2 = r_0^2 \left[\frac{1}{\sqrt{\pi}} - \sqrt{\frac{1}{\pi} - \frac{\overline{F}}{3}}\right]^2 = r_0^2 \left[\frac{1}{\sqrt{\pi}} - \sqrt{\frac{1}{\pi} - \frac{kt^n}{3}}\right]^2$$

$$\tag{4-57}$$

因此：

$$D_t = \frac{\mathrm{d}\overline{Y}}{\mathrm{d}t} = \frac{nkt^{n-1} r_0^2 \left[\dfrac{1}{\sqrt{\pi}} - \sqrt{\dfrac{1}{\pi} - \dfrac{kt^n}{3}}\right]}{\sqrt{\dfrac{9}{\pi} - 3kt^n}} \tag{4-58}$$

需要指出的是,式(4-54)的近似关系仅对于短时间内的解吸数据有着较好的相关性,对于长时间的解吸数据很难保证其准确性。另外在推导模型时,已经采用了菲克均质球体模型的简化式,因此在应用时仅仅能求得菲克扩散系数的变化规律,而不能反推出可以融合时变扩散系数的新模型(A 推出 B,再用 B 去推 A,显得没有意义)。同时,模型本身将两种描述解吸扩散的数学方程进行求导联立,方程之间并没有严格意义上的相互独立性,其合理性值得商榷。

（2）极限近似法

极限近似法是利用解吸实验进行的直接测算法[45]。此方法排除了双渗模型法数学模型建立的种种限制,但其采用了近似替代的思想,本身求得的扩散系数并不是准确意义上的瞬时菲克扩散系数 D_t。该方法的基本思路是,假设在某一极短的时间段内,其平均菲克扩散系数 $\overline{D}$ 近似为瞬时菲克扩散系数 D_t,即:

$$\lim_{\Delta t \to \infty} \overline{D} = D_t \tag{4-59}$$

在进行解吸实验测定时,将得出的解吸百分比随时间的变化曲线分成 n 段,每一小时间段内的扩散系数认为是恒定的。然后,利用单孔模型或在工程中常用的杨其銮公式或聂百胜公式进行拟合,得出该时间段内的平均菲克扩散系数,近似为该时间段中点时刻的瞬时菲克扩散系数。此种方法的使用要求在分段拟合数据时,能够考虑到数据与数据之间的人为读数间隔,使得曲线变化尽量平滑完整。在数据完整性上不如双渗模型法,受区间划分的影响较大。以我国煤矿现场应用较为广泛的杨其銮公式为例,此模型是以单孔模型前 10 项为基础推出的经验公式,则某一时间段（ $t_1 \sim t_1 + \Delta t$ ）内,其中点时刻的扩散系数可以表示为:

$$\frac{Q_{t_1+\Delta t} - Q_{t_1}}{Q_\infty} = \sqrt{1 - e^{-K\pi^2 D/r_0^2 \cdot t_1}} \tag{4-60}$$

式中　Q_{t_1},$Q_{t_1+\Delta t}$,Q_∞——t_1、$t_1 + \Delta t$ 和无穷大时刻的单位质量煤体的解吸体积,mL/g;

　　　K——修正系数。

4.2.3　分形扩散系数

4.2.3.1　分形维数的获取方法

分形维数是用于分析煤孔隙结构或表面粗糙度的重要手段,是定量表示自相似随机形状和现象的最基本的量。自然界中有很多可以用分形维数描述的事物,比较典型的有云、山脉、闪电、海岸线、雪片、植物根、多种蔬菜（如花椰菜和西兰花）和动物的毛皮图案等,如图 4-7 所示。对于分形维数在不同领域有不同的描述方法,包括豪斯多夫（Hausdorff）维数、计盒维数、相似维数、容量维数等多种不同描述[57-59]。对于一个 d_d 维（欧式空间维数）的特定物体来说,其表面特性或者空间特性都会存在分形特征,分别形成表面分形维数

(d_s)和空间分形维数(d_b),其中表面分形维数有范围$d_d-1 \leqslant d_s \leqslant d_d$,空间分形维数有范围$1 \leqslant d_b \leqslant d_d$。

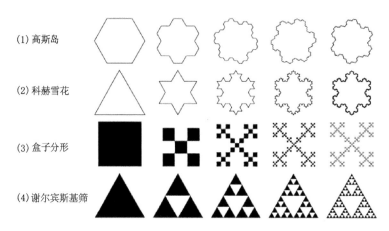

(1) 高斯岛

(2) 科赫雪花

(3) 盒子分形

(4) 谢尔宾斯基筛

图 4-7　几种著名的分形维数案例

目前测定分形维数的方法主要有观察尺度变化,分析分布函数、频谱及相关性函数等。而对于分析煤孔隙分形特征的方法主要是通过压汞或液氮等实验采集孔隙数据,从而得出孔容或孔比表面积分形维数[60-62]。另外,X. Liu 等[63]也曾通过电镜扫描等统计得出孔隙裂隙的数量进而得出分形维数。

(1) 压汞实验测定法

采用压汞实验测出的分形维数为表面分形维数,其表征了固体表面的粗糙程度。用分形模型计算得到的分形维数大小在 2～3 之间,2 表示光滑的二维平面,3 表示极度粗糙的表面。表面越粗糙,意味着提供给甲烷分子的吸附位越多,也意味着吸附能力的大幅度增加[63],吸附常数 a 值的急剧增加。根据门格(Menger)的海绵模型简化思想,可得出多孔介质孔径分布的分形维数计算公式:

$$-\frac{\mathrm{d}V_{\mathrm{pore}}}{\mathrm{d}r_{\mathrm{pore}}} \propto r_{\mathrm{pore}}^{(2-d_s)} \tag{4-61}$$

式中　V_{pore}——孔体积,mL;

　　　r_{pore}——孔隙的半径,nm。

而压汞压力与孔隙半径遵循沃什·伯恩(Wash Burn)方程:

$$p_{\mathrm{mi}} = \frac{-2\sigma\cos\theta}{r_{\mathrm{pore}}} \tag{4-62}$$

式中　p_{mi}——进汞压力,MPa。

将式(4-62)代入式(4-61),可得:

$$\frac{\mathrm{d}V_{\mathrm{pore}}}{\mathrm{d}p_{\mathrm{mi}}} \propto p_{\mathrm{mi}}^{(d_s-4)} \tag{4-63}$$

对上式两边求对数,得:

$$\ln\left(\frac{\mathrm{d}V_{\mathrm{pore}}}{\mathrm{d}p_{\mathrm{mi}}}\right) = C_f + (d_s - 4)\ln p_{\mathrm{mi}} \tag{4-64}$$

式中　C_f——常数。

根据上式,以 $\ln(\mathrm{d}V_{\mathrm{pore}}/\mathrm{d}p_{\mathrm{mi}})$ 对 $\ln(\mathrm{d}p_{\mathrm{mi}})$ 作出的曲线的斜率即可得到 d_s 值。对于比表面积而言,也存在相似的分形维数关系:

$$\frac{\mathrm{d}S_{\mathrm{pore}}}{\mathrm{d}p_{\mathrm{mi}}} \propto r_{\mathrm{pore}}^{1-d_s} \tag{4-65}$$

式中　S_{pore}——孔比表面积,m^2。

由式(4-62)可知:

$$p_{\mathrm{mi}} \cdot r_{\mathrm{pore}} = C \tag{4-66}$$

对上式两边求导,可以得出:

$$p_{\mathrm{mi}}\mathrm{d}r_{\mathrm{pore}} + r_{\mathrm{pore}}\mathrm{d}p_{\mathrm{mi}} = 0 \tag{4-67}$$

$$\mathrm{d}r_{\mathrm{pore}} = -(r_{\mathrm{pore}}/p_{\mathrm{mi}})\mathrm{d}p_{\mathrm{mi}} \tag{4-68}$$

综上可得:

$$\frac{\mathrm{d}S_{\mathrm{pore}}}{\mathrm{d}p_{\mathrm{mi}}} \propto r_{\mathrm{pore}}^{3-d_s} \tag{4-69}$$

对上述方程取对数,有

$$\ln\left(\frac{\mathrm{d}S_{\mathrm{pore}}}{\mathrm{d}p_{\mathrm{mi}}}\right) = (d_s - 3)\ln p_{\mathrm{mi}} + C \tag{4-70}$$

由上式做出 $\ln(\mathrm{d}S_{\mathrm{pore}}/\mathrm{d}p_{\mathrm{mi}})$-$\ln p_{\mathrm{mi}}$ 曲线,拟合出斜率便可以得出分形维数,如图 4-8 所示。进汞过程是汞表面张力作用的结果,而煤中瓦斯的扩散速率较慢,也可以假设其为沿煤基质表面的二维表面扩散控制,且这种扩散行为强烈依赖于基质的表面积大小。所以就扩散系统来说,基于煤中表面积变化的分形维数更能反映该系统中瓦斯运移的特征。相对而言,由于传质空间的变大以及随体流动(渗流边界效应会使扩散速度加快,从而导致传质过程从扩散驱动向流动驱动转换)的存在,渗流行为的流动过程更依靠孔容大小,因此对表面积的变化不敏感,分形维数更易产生波动,线性相关性差。所以裂隙与孔隙系统的表面积分形维数存在线性拟合斜率和拟合系数两点不同,可以据此对两个系统进行划分。

(2)液氮实验测定法

液氮实验单纯考虑了液氮的吸附效应,能够很好地排除压汞高压力对于煤孔隙的破坏。目前液氮分形模型主要有包含大孔分析的 NK 模型和适用于多层吸附的 FHH 模型,国际上常用 FHH 模型对煤体吸附液氮结果进行数据分

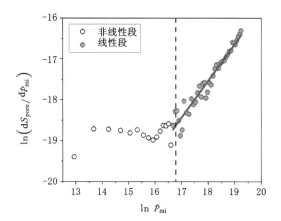

图 4-8　压汞实验测定法求分形维数

析[64]。液氮吸附测得的孔隙体积、吸附相对压力和分形维数有如下关系：

$$\frac{V_a}{V_{mono}} \propto \left[\ln\left(\frac{p_s}{p_a}\right) \right]^{d_s-3} \tag{4-71}$$

式中　V_a——液氮吸附量，mL/g；

　　　V_{mono}——单分子吸附气体的体积，mL/g；

　　　p_s——气体吸附的饱和蒸气压，MPa；

　　　p_a——液氮吸附压力，MPa。

对上式求导，可得

$$\ln\left(\frac{V_a}{V_{mono}}\right) = C + (d_s - 3)\ln\left[\ln\left(\frac{p_s}{p_a}\right)\right] \tag{4-72}$$

由上式作出 $\ln(V_a/V_{mono})$ - $\ln[\ln(p_s/p_a)]$ 曲线（图 4-9），拟合出斜率便可得到分形维数。

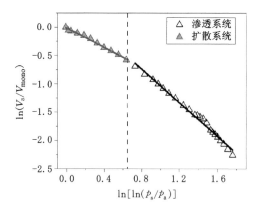

图 4-9　液氮实验测定法求分形维数

（3）图像计盒维数法

该方法先获得样品某一微元表面的平面二维照片，并统计其孔隙裂隙数量，如图 4-10 所示。之后用边长为 δ 的正方形去覆盖，统计该平面内孔隙裂隙所占方格数量 $N(\delta)$，则该表面孔隙裂隙的分形维数 d'_s 为：

$$d'_s = -\lim_{\delta \to \infty} \frac{\ln(N(\delta))}{\ln \delta} \tag{4-73}$$

上式可化为如下形式：

$$\ln(N(\delta)) = -d'_s \ln \delta + C \tag{4-74}$$

根据上式，以 $\ln(N(\delta))$ 对 $\ln \delta$ 作出的曲线斜率即可得到 d'_s 的值。此方法获得的分形维数表征了孔隙分布的特征，与孔结构和孔数量密切相关。与 d_s 不同的是，d'_s 反映了瓦斯运移经过的煤体外表面孔的数量和分布规律，而不能反映孔道表面的特性。需要指出的是，这种方法存在一定的弊端：在将原始扫描电镜图像转换为黑白的二值图像时（步骤 1 到步骤 2），会发现由于软件和转换方法不同，产生的图像黑色深度不同，这就造成运用计盒维数方法去计量"全黑"的孔洞数量或定义"全黑"的孔洞十分困难[65]。

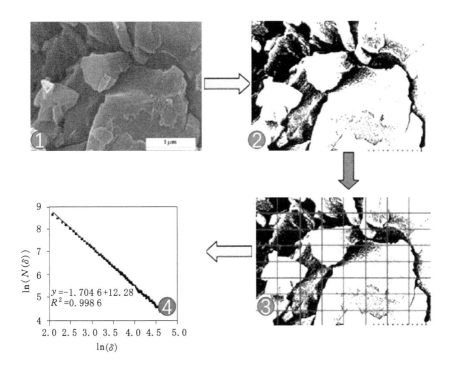

1—原始扫面电镜图；2—黑白二值化；3—方格划分；4—求分形维数。

图 4-10　图像计盒维数法求分形维数[63]

4.2.3.2 引入分形扩散的单孔模型

对于煤这种不均质体来说,分形理论提供了一种方法来描述孔隙复杂度对扩散的影响。普遍的做法是将分形扩散系数引入经典的单孔扩散模型中,然后做一些数学变换,使之能表征扩散的分形特征。例如,引入经典欧式空间分形维数的扩散方程为:

$$\frac{\partial c(r,t)}{\partial t} = \frac{D}{r^{d-1}} \frac{\partial}{\partial r}\left(r^{d-1}\frac{\partial c(r,t)}{\partial r}\right) \tag{4-75}$$

式中 d ——欧式空间分形维数。

姜海纳[66]认为欧式空间中传统数学方法无法对此孔隙结构进行表述,其将描述孔结构表面粗糙度的分形维数 d_f 引入式(4-75)来替代欧式空间维数 d。分形空间中的扩散系数已不再是常数,而是随径向距离 r 的增大呈指数下降,具体形式表现为: $D = D_0 r^{-\theta}$,其中, D_0 为扩散系数的指前系数, θ 为与煤多孔介质有关的结构参数,它表示扩散分子在分形介质中的随机行走路径。分数阶扩散方程为:

$$\frac{\partial^v c(r,t)}{\partial t^v} = \frac{D_0}{r^{d_f-1}} \frac{\partial}{\partial r}\left(r^{d_f-1-\theta}\frac{\partial c(r,t)}{\partial r}\right), 0 < v < 2 \tag{4-76}$$

式中 v ——分数阶,范围为 $0 < v < 2$,其中慢化扩散现象满足 $0 < v < 1$,正常扩散满足 $v = 1$,超常扩散满足 $1 < v < 2$。

上述方程的边界条件和初始条件与单孔扩散模型一致,经过一系列数学变换,可得解为:

$$\frac{M_t}{M_\infty} = 1 - \sum_{n=1}^{\infty} \frac{4d_f}{d_w \mu_n^2} e^{-\left(\frac{\mu_n d_w}{2}\right)^2 \frac{D_0}{r_0^2 d_w} t^v} \tag{4-77}$$

式中 d_w ——参数, $d_w = 2 + \theta$;

  μ_n ——贝塞尔(Bessel)函数 $J_{-a}(x)$ 的正根。

姜海纳还指出经典的单孔扩散模型实质上是式(4-77)在条件 $d_f = 3, \theta = 0$ 的特殊解,这两个参数取值分别意味着扩散是三维扩散且孔隙结构为均质体。此外,康建宏等[67]在分形扩散理论的基础上建立了引入表面扩散的分形模型,但采取了与初始双孔扩散模型一样的处理方式,将等温吸附量看作与压力呈正比的关系,把亨利(Henry)式引入了扩散方程。之后其通过一定的数值方法,对分形扩散进行了模拟,得到了不错的拟合结果。然而,直接使用分形扩散模型描述煤中瓦斯扩散现象的应用更少,还需大量深入的研究。

4.3 经验模型

与4.2节中介绍的菲克扩散模型等解析解不同,经验模型形式更为简单,所以在工程中应用更广。经验模型主要基于伪一级动力学模型、伪二级动力学模型及单孔扩散模型进行变形推导。

4.3.1　伪一级动力学变形方程

澳大利亚研究人员博尔特(B. A. Bolt)等[14]在 1959 年首次将伪一级动力学变形方程应用在煤中瓦斯的解吸动力学特性描述上。其在原伪一级动力学方程上,在指数部分前加入了指前系数 f,得到如下形式:

$$\frac{M_t}{M_\infty} = 1 - f\mathrm{e}^{-k_1 t} \tag{4-78}$$

1968 年,艾雷(E. M. Airey)[9]将原伪一级动力学方程中的系数 k_1 替换为时间常数的倒数,并引入了一个新的指数系数 n($0 < n < 1$),变为:

$$\frac{M_t}{M_\infty} = 1 - \mathrm{e}^{-(t/t_0)^n} \tag{4-79}$$

澳大利亚学者斯泰布(G. Staib)等[1,12-13]对上式进行了细致探讨,使用该公式分析了不同压力、不同气体的吸附动力学特性。凯沙瓦兹(A. Keshavarz)等[68]则使用该式分析了气体扩散特性对煤层气强化抽采和二氧化碳地质封存的影响,在工程中有效地应用了该式。

4.3.2　伪二级动力学变形方程

1980 年,我国科学家王佑安和杨思敬[75]在一篇论文中首次提到,瓦斯解吸曲线可以用类朗缪尔方程的形式进行描述。但他们并没有提到类朗缪尔解吸方程与伪二级动力学方程之间的联系。其具体形式为:

$$M_t = \frac{\overline{A}\,\overline{B}t}{1 + \overline{B}t} \tag{4-80}$$

式中　$\overline{A}, \overline{B}$——拟合参数。

之后,马雷卡(A. Marecka)和米诺夫斯基(A. Mianowski)[69]在伪二级动力学方程基础上推导得出了相似的形式,并应用在了煤中瓦斯的吸附特性上。X. Tang等[8]探讨了影响伪二级动力学系数 k_2 的因素。姜海纳等[17]也从另外的角度推导出了一个类朗缪尔模型,从更深的角度探讨了影响朗缪尔方程各系数的因素:

$$M_t = \frac{\overline{a}t^{\overline{b}}p^{\overline{e}^{\overline{f}}}}{1 + \overline{c}t^{\overline{d}}p^{\overline{e}^{\overline{f}}}} \tag{4-81}$$

式中　$\overline{a}, \overline{b}, \overline{c}, \overline{d}, \overline{e}, \overline{f}$——拟合参数。

4.3.3　单孔扩散变形方程

单孔扩散变形方程主要应用在国内。在国内文献中由杨其銮和聂百胜等[70-71]首次应用于煤中瓦斯解吸规律的描述,主要用于计算扩散系数,分别为:

$$\frac{M_t}{M_\infty} = \sqrt{1 - \mathrm{e}^{-B_1 t}} \tag{4-82}$$

式中 B_1——拟合参数，$B_1 = K \dfrac{4\pi^2 D}{r_0^2}$。其中，$K$ 为修正系数。

$$\ln\left(1 - \frac{M_t}{M_\infty}\right) = -\lambda_{\mathrm{m}} t + C_{\mathrm{m}} \tag{4-83}$$

式中 λ_{m}，C_{m}——拟合参数。

4.3.4 其他形式

其他应用较为广泛的公式有彼得罗祥式、孙重旭式、温特式（Winter 式）。苏联学者彼得罗祥[72]认为煤的瓦斯解吸按达西定律计算得到的数据与实测数据有较大的出入，他未在理论上对此进行深入研究，但在实测数据的统计分析基础上得到了与实测数值较吻合的计算用经验公式：

$$M_t = v_1\left[\frac{(1+t)^{1-i_1} - 1}{1 - i_1}\right] \tag{4-84}$$

式中 v_1，i_1——拟合参数。

孙重旭[73]通过对煤屑瓦斯解吸规律的研究，认为煤样粒度较小时，煤中瓦斯解吸主要为扩散过程，其解吸瓦斯含量随时间的变化可用幂函数表示：

$$M_t = v_2 t^{i_2} \tag{4-85}$$

式中 v_2，i_2——拟合参数。

对于上式，里特格（P. L. Ritger）和佩帕斯（N. A. Peppas）[10]指出，其指数 i_2 的大小可以用来分析孔隙的形状。当 $i_2 = 0.5$ 时，孔形为平板形；当 $i_2 = 0.45$ 时，孔形为圆柱形；当 $i_2 = 0.43$ 时，孔形为球形。

德国工学博士温特（K. Winter）等[74]研究发现，从吸附平衡煤中解吸出来的瓦斯量取决于煤的瓦斯含量、吸附平衡压力、时间、温度和粒度等因素，解吸瓦斯含量随时间的变化可用幂函数表示：

$$M_t = \left(\frac{v_3}{1 - i_3}\right) t^{1-i_3} \tag{4-86}$$

式中 v_3，i_3——拟合参数。

4.4 模型之间的关系

4.4.1 双孔模型的其他变体

双孔扩散模型是一种数学上的划分。严格来讲，在现实中，不存在明显的大孔和小孔的分界点，或特别突兀的系统转换变化。孔隙系统通常都是连续变化的，故而双孔扩散更像是一种将整个扩散过程分为相互独立的快速扩散和慢速扩散的处理方法。而对于快速扩散和慢速扩散两个独立阶段，可以根据不同的扩散形式、不同的扩散机理，给出不同数学公式，形成不同的总传质方程。

文献中，有将两个伪一级动力学方程结合的模型。布施（A. Busch）等[4]用来描述定容状态下瓦斯吸附质量分数的变化率。由于在定容状态下比较方便观测到压力参数,故而其直接将质量分数写成了压力分数,但中心思想仍是双伪一级动力学方程的结合:

$$1 - \frac{M_t}{M_\infty} = \phi_1 \exp(-k_1 \cdot t) + (1 - \phi_1) \cdot \exp(-k_2 \cdot t) \tag{4-87}$$

式中　ϕ_1——扩散阶段大孔系统对总扩散分数的贡献率;

　　　k_1, k_2——大孔、小孔系统的伪一级动力学系数。

而斯泰布(G. Staib)等[12]也曾使用伪一级动力学方程与扩散方程的结合体对总体的吸附扩散规律进行描述,其两部分分别代表了扩散过程与吸附反应过程。较一般的双孔扩散而言,更能体现吸附这一表面反应的重要性,具体方程如下:

$$\frac{M_t}{M_\infty} = \phi_k \left[1 - \frac{6}{\pi^2} \sum_{n=1}^{\infty} \frac{1}{n^2} \exp\left(\frac{-D_{k1} n^2 \pi^2}{r_0^2} t \right) \right] + (1 - \phi_k) \left[1 - \exp(-k_2 t) \right]$$

$$\tag{4-88}$$

式中　D_{k1}——扩散系统中瓦斯的扩散系数,$\mathrm{m^2/s}$;

　　　ϕ_k——扩散系统对总扩散分数的贡献率。

也有学者基于上式,将扩散部分再次分为大孔扩散与小孔扩散的模型,形成"大孔扩散-小孔扩散-吸附表面反应"的三阶模型,也取得了不错的拟合效果。

$$\frac{M_t}{M_\infty} = \phi_1 \left[1 - \frac{6}{\pi^2} \sum_{n=1}^{\infty} \frac{1}{n^2} \exp\left(\frac{-D_1 n^2 \pi^2}{R_1^2} t \right) \right] +$$

$$\phi_2 \left[1 - \frac{6}{\pi^2} \sum_{n=1}^{\infty} \frac{1}{n^2} \exp\left(\frac{-D_2 n^2 \pi^2}{R_2^2} t \right) \right] + (1 - \phi_1 - \phi_2) \left[1 - \exp(-k_3 t) \right]$$

$$\tag{4-89}$$

式中　ϕ_2——扩散阶段小孔系统对总扩散分数的贡献率;

　　　D_1, D_2——扩散阶段大孔和小孔系统中瓦斯的扩散系数,$\mathrm{m^2/s}$;

　　　k_3——吸附阶段的伪一级动力学系数。

4.4.2　双段传质方程的通式

根据上述分析,我们可以总结出构成吸附扩散动力学模型的两个基本元方程为伪一级动力学方程(A)和菲克扩散方程(B),如图 4-11 所示。两者只要满足下述关系,便可组成不同的吸附扩散动力学方程:

$$\frac{M_t}{M_\infty} = \phi M + (1 - \phi) N \tag{4-90}$$

式中　M, N——两独立系统的扩散质量分数方程;

　　　ϕ——系统 M 对总扩散分数的贡献率。

若假设伪一级动力学方程仅能反映表面吸附行为,而反映不出扩散行为,我们可以将常用的吸附扩散动力学方程大致分为以下 6 类(这里对三孔以上模型不进行讨论):

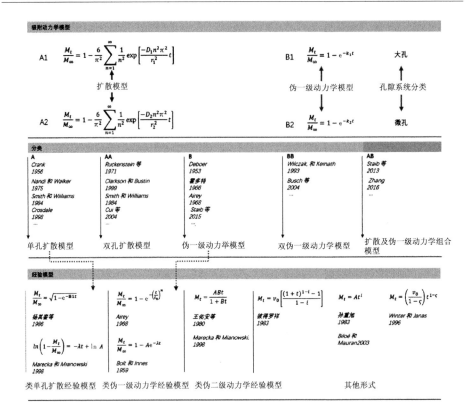

图 4-11　常用吸附扩散动力学模型的分类及联系

① 单孔扩散模型：A1 或者 A2。此种情况下，系统为单一扩散控制。

② 双孔扩散模型：A1A2 或者 A2A1。此种情况下，系统为双孔扩散控制。

③ 伪一级动力学方程：B1 或者 B2。此种情况下，系统为单一表面吸附控制。

④ 双伪一级动力学方程：B1B2 或者 B2B1。此种情况下，系统为双表面吸附系统。

⑤ 伪一级动力学与扩散结合方程：A1B2 或者 A2B1。此种情况下，系统为扩散和吸附共同控制的系统。

⑥ 其他经验模型：包括类伪一级动力学方程、类伪二级动力学方程、单孔扩散变形方程及其他形式。

4.4.3　模型归一化的尝试

里特格（P. L. Ritger）和佩帕斯（N. A. Peppas）[10]曾在论文里提到过这样的近似关系：

$$k'_1\sqrt{t} + k'_2 t \approx kt^n \tag{4-91}$$

式中　k'_1, k'_2, k——比例系数。

上式就是常被用到的幂指数经验模型。在本书前面讲过，$\sqrt{t}$ 模型只适用于质量百分比小于 50％的区域[27]，所以里特格和佩帕斯[10]认为 kt^n 也只能描述特定区域的吸附解吸数据。但在实际拟合过程中会发现，使用等式左边进行拟合时，即使用 $k'_1\sqrt{t}+k'_2t$ 时，的确会发生拟合度较差的结果。而直接用等式右边进行拟合时，即使用 kt^n 时，拟合效果也很好，拟合精度均在 0.99 以上。究其原因，主要是上述幂函数的近似关系扩大了方程的适用区间。

可以将式(4-91)的近似关系的简化思路拓展为：形如 kt^n 的多项式的线性组合，其大小总体上近似于 k 与 n 重新赋值的 kt^n，即：

$$k_1\sqrt{t}+k_2t+k_3t^2+\cdots+k_nt^n \approx kt^n \tag{4-92}$$

与经典的 $\sqrt{t}$ 模型对比发现，其仅仅是 kt^n 模型中 $n=0.5$ 的特例。因此，$\sqrt{t}$ 模型适用的条件不应是 kt^n 模型的充要条件，只是充分条件。另外，还可以从方程形式上分析其原因。观察适用于全时间段的单孔模型的解析解，会发现其中任意一项都是关于 t 的 e^t 形式的多项式，即：

$$x_n = \frac{6}{\pi^2}\frac{1}{n^2}\exp\left(\frac{-D_F n^2\pi^2}{r_0^2}t\right) \tag{4-93}$$

而根据泰勒级数展开式可知：

$$e^x = 1+\frac{1}{1!}x+\frac{1}{2!}x^2+\frac{1}{3!}x^3+o(x^3) \tag{4-94}$$

参照式(4-91)的简化方法，可得，

$$e^t = 1+\frac{1}{1!}t+\frac{1}{2!}t^2+\frac{1}{3!}t^3+o(t^3) \approx kt^n \tag{4-95}$$

为了考证上述近似关系的准确性，绘出函数 $f(t)=e^t$ 与 $f(t)=kt^n$ 的图像，如图 4-12 所示。在图中的区间内，两条曲线近似重合，拟合度高达 0.996 9。

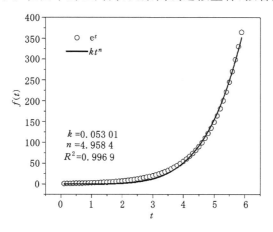

图 4-12　函数 $f(t)=e^t$ 与 $f(t)=kt^n$ 的图像

由于自变量 t 是整数，可以预见随着 t 的增大，泰勒级数展开式的前几项占的权重会越来越小，那么 e^t 与 kt^n 的拟合度就会越来越高。

而关于 kt^n 的线性组合产生的函数 $f(kt^n)$，也应近似等于 k 与 n 重新赋值后的 kt^n。图 4-13(a) 中对比了单孔模型与 $f(t) = kt^n$ 模型的重合度，其能很好地表征单孔模型的变化趋势。类似地，双孔模型也能很好地用 $f(t) = kt^n$ 进行表示。双孔模型可看作是两个单孔模型的代数叠加，或是函数 e^t 的线性组合。因此，有如下关系：

$$\frac{M_t}{M_\infty} = \lambda \cdot f_1(e^t) + (1-\lambda) \cdot f_2(e^t) \approx \lambda \cdot f_1(k't^{n_1}) + (1-\lambda) \cdot f_2(k''t^{n_2}) \approx kt^n$$

$$(4\text{-}96)$$

式中　$k't^{n_1}, k''t^{n_2}$——双孔系统中函数 e^t 的近似数学式。

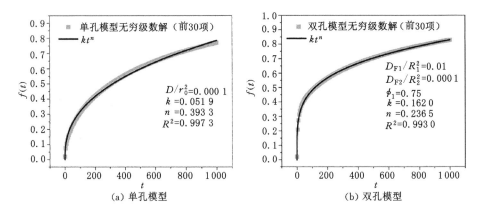

图 4-13　单、双孔模型与 kt^n 模型的拟合差异

图 4-13(b) 对比了双孔模型与 kt^n 的拟合差异，发现与理论分析的结论一致：双孔模型也可以用 $f(t) = kt^n$ 函数很好地拟合。因此，形如 $f(t) = kt^n$ 的解吸方程既可以近似的表示适用于全时间段的单孔模型，也可以有效地表示具有更高拟合度的双孔模型。从上述的关系出发，我们可以得出一个有趣的结论：多孔介质的吸附扩散过程，实际是无穷多个一级吸附动力学方程，即无穷多个表面吸附扩散逐步叠加形成的，正如圆可以由无数个线段所拼合一样。

综合分析式(4-92)、式(4-95)和式(4-96)，式(4-90)可以近似为：

$$M_t/M_\infty = kt^n \tag{4-97}$$

所以该经验公式理论上可以很好地描述实验中出现的各种解吸曲线。但应该指出的是，在使用上述近似关系时必然会存在一定的使用范围，此范围决定于各近似关系适用范围的交集大小，即最大允许值。

4.5　模型的应用范围

不同的模型有不同的优缺点,故而有不同的应用范围。表 4-2 给出了反应动力学模型、扩散模型及经验模型的难易程度、特点及应用范畴。对于反应动力学模型来讲,其优点是形式比较简单,适合于描述多种条件下的扩散情形。但是,反应动力模型以表面动力学反应为主要假设,故而更适合于描述表面吸附为主的化学吸附过程,而不是物理吸附过程。如若将其应用于描述瓦斯扩散行为,其可以看作是一种合理的经验模型。反应动力学模型,特别是伪一级动力学方程,通常应用于解吸实验规律描述、损失含量计算以及突出敏感指标标定等方面。

对于扩散模型而言,包括单孔模型和双孔模型在内,均是在严格的假设条件和边界条件下推导出来的,较经验模型更具科学性。然而,这两种模型都以无穷级数形式存在,限制了其在工程中的应用范围。单孔模型由于考虑了均质球体的假设,故而拟合度不高;而双孔模型虽然考虑了煤的双孔结构,但形式更为复杂。因此,扩散模型常常用于扩散实验中,从而进行更为细致的动力学分析,而在工程中应用较少。

表 4-2　各扩散动力学模型的特点及应用范围

模型名称		复杂程度	特点	应用范围
反应动力学模型	伪一级动力学方程(单孔)	★	·适合于描述多种条件下的扩散情形 ·难以反映内部的传质机制(推荐为经验模型使用) ·拟合度较低	◇工程 ·瓦斯损失量的推算 ·瓦斯涌出量计算 ·突出敏感指标标定 ◇实验 ·化学反应实验 ·化学吸附实验 ·物理吸附/扩散实验
	伪一级动力学方程(双孔)	★★	·适合于描述多种条件下的扩散情形 ·适用于双孔结构介质 ·拟合度较高	◇实验 ·化学反应实验 ·化学吸附实验 ·物理吸附/扩散实验
	零级和伪二级动力学方程	★★	·适合于描述多种条件下的扩散情形 ·拟合度因模型而异	◇实验 ·化学反应实验 ·化学吸附实验 ·物理吸附/扩散实验

表 4-2（续）

模型名称		复杂程度	特点	应用范畴
扩散模型	单孔模型	★★★	· 定压条件 · 简化形式适合描述 10 min 以内且 $M_t/M_\infty < 0.5$ 的情形 · 拟合度较低	◇工程 · 瓦斯损失量的推算 · 瓦斯涌出量计算 · 突出敏感指标标定 ◇实验 · 定压条件下的物理扩散实验
	单孔模型（定容）	★★★★	· 定容条件 · 拟合度较低	◇实验 · 定容条件下的物理扩散实验
	双孔模型	★★★☆	· 定压条件 · Henry 式假设 · 适用于低压段的扩散过程描述 · 拟合度较高	◇实验 · 定压条件下的物理扩散实验
	双孔模型（朗缪尔）	★★★★★	· 定容条件 · 朗缪尔式假设 · 需要特殊的拟合软件 · 拟合度较高	◇实验 · 定容条件下的物理扩散实验
经验模型		★☆	· 适合于描述多种条件下的扩散情形 · 难以反映内部的传质机制 · 拟合度因模型而异	◇工程 · 瓦斯损失量的推算 · 瓦斯涌出量计算 · 突出敏感指标标定

经验模型主要基于伪一级动力学模型或者单孔扩散模型得出，对于不同的扩散实验数据，其具有不同的拟合度和适配性。由于其形式一般较为简单，故而在工程中能大量应用，如瓦斯损失量的推算、突出敏感指标标定及瓦斯涌出量计算等方面。

参 考 文 献

[1] STAIB G,SAKUROVS R,GRAY E M A. Dispersive diffusion of gases in coals. Part I：Model development[J]. Fuel,2015,143：612-619.

[2] AZIZIAN S. Kinetic models of sorption：a theoretical analysis[J]. Journal

of colloid & interface science,2004,276(1):47-52.

[3] AZIZIAN S. A novel and simple method for finding the heterogeneity of adsorbents on the basis of adsorption kinetic data[J]. Journal of colloid & interface science,2006,302(1):76-81.

[4] BUSCH A,GENSTERBLUM Y,KROOSS B M,et al. Methane and carbon dioxide adsorption-diffusion experiments on coal: upscaling and modeling [J]. International journal of coal geology,2004,60(2-4):151-168.

[5] BOER J H D. The dynamical character of adsorption[M]. Oxford:Oxford University Press,1953.

[6] LIU Y,YANG S F,XU H,et al. Biosorption kinetics of cadmium(Ⅱ) on aerobic granular sludge[J]. Process biochemistry,2003,38(7):997-1001.

[7] LIU Y,SHEN L. From Langmuir kinetics to first- and second-order rate equations for adsorption[J]. Langmuir,2008,24(20):11625-11630.

[8] TANG X,RIPEPI N,GILLILAND E. Isothermal adsorption kinetics properties of carbon dioxide in crushed coal[J]. Greenhouse gases: science and technology,2016,6(2):260-274.

[9] AIREY E M. Gas emission from broken coal. An experimental and theoretical investigation[J]. International journal of rock mechanics and mining sciences & geomechanics abstracts,1968,5(6):475-494.

[10] RITGER P L,PEPPAS N A. Transport of penetrants in the macromolecular structure of coals: 4. Models for analysis of dynamic penetrant transport[J]. Fuel,1987,66(6):815-826.

[11] GUO J,KANG T,KANG J,et al. Effect of the lump size on methane desorption from anthracite[J]. Journal of natural gas science and engineering,2014,20:337-346.

[12] STAIB G,SAKUROVS R,GRAY E M A. A pressure and concentration dependence of CO_2 diffusion in two Australian bituminous coals[J]. International journal of coal geology,2013,116-117:106-116.

[13] STAIB G,SAKUROVS R,GRAY E M A. Dispersive diffusion of gases in coals. Part Ⅱ: an assessment of previously proposed physical mechanisms of diffusion in coal[J]. Fuel,2015,143:620-629.

[14] BOLT B A,INNES J A. Diffusion of carbon dioxide from coal[J]. Fuel,1959,38(3):333-337.

[15] MIYAKE Y,ISHIDA H,TANAKA S,et al. Theoretical analysis of the pseudo-second order kinetic model of adsorption. Application to the ad-

sorption of Ag(I) to mesoporous silica microspheres functionalized with thiol groups[J]. Chemical engineering journal,2013,218:350-357.

[16] JIANG H,CHENG Y,YUAN L. A Langmuir-like desorption model for reflecting the inhomogeneous pore structure of coal and its experimental verification[J]. RSC advances,2015,5(4):2434-2440.

[17] MARECKA A,MIANOWSKI A. Kinetics of CO_2 and CH_4 sorption on high rank coal at ambient temperatures [J]. Fuel, 1998, 77 (14): 1691-1696.

[18] 王佑安,杨思敬. 煤和瓦斯突出危险煤层的某些特征[J]. 煤矿安全,1980(1):3-9.

[19] CRANK J. The mathematics of diffusion[M]. Oxford:Oxford University Press,1956.

[20] ZHANG Y. Geochemical kinetics[M]. Princeton:Princeton University Press,2008.

[21] ZHAO W,CHENG Y,JIANG H,et al. Modeling and experiments for transient diffusion coefficients in the desorption of methane through coal powders[J]. International journal of heat and mass transfer,2017,110:845-854.

[22] LIU J,CHEN Z,ELSWORTH D,et al. Evaluation of stress-controlled coal swelling processes[J]. International journal of coal geology,2010,83(4):446-455.

[23] LIU S,HARPALANI S. A new theoretical approach to model sorption-induced coal shrinkage or swelling [J]. AAPG bulletin, 2013, 97 (7): 1033-1049.

[24] LIU S,HARPALANI S. Permeability prediction of coalbed methane reservoirs during primary depletion[J]. International journal of coal geology,2013,113:1-10.

[25] BUSCH A,GENSTERBLUM Y. CBM and CO_2-ECBM related sorption processes in coal: a review[J]. International journal of coal geology,2011,87(2):49-71.

[26] CLARKSON C R,BUSTIN R M. The effect of pore structure and gas pressure upon the transport properties of coal: a laboratory and modeling study. 2. Adsorption rate modeling[J]. Fuel,1999,78(11):1345-1362.

[27] SMITH D M,WILLIAMS F L. Diffusion models for gas production from coal: determination of diffusion parameters [J]. Fuel, 1984, 63 (2):

256-261.

[28] NANDI S P,WALKER JR P L. Activated diffusion of methane from coals at elevated pressures[J]. Fuel,1975,54(2):81-86.

[29] WALKER P L JR,MAHAJAN O P. Chapter 5-methane diffusion in coals and chars[M]//Analytical methods for coal and coal products. Amsterdam:Elsevier,1978:163-188.

[30] CROSDALE P J,BEAMISH B B,VALIX M. Coalbed methane sorption related to coal composition[J]. International journal of coal geology, 1998,35(1-4):147-158.

[31] SAGHAFI A,FAIZ M,ROBERTS D. CO_2 storage and gas diffusivity properties of coals from Sydney Basin,Australia[J]. International journal of coal geology,2007,70(1):240-254.

[32] YANG B,KANG Y,YOU L,et al. Measurement of the surface diffusion coefficient for adsorbed gas in the fine mesopores and micropores of shale organic matter[J]. Fuel,2016,181:793-804.

[33] RUCKENSTEIN E,VAIDYANATHAN A S,YOUNGQUIST G R. Sorption by solids with bidisperse pore structures[J]. Chemical engineering science,1971,26(9):1305-1318.

[34] ZHAO W,CHENG Y,YUAN M,et al. Effect of adsorption contact time on coking coal particle desorption characteristics[J]. Energy & fuels, 2014,28(4):2287-2296.

[35] PAN Z,CONNELL L D,CAMILLERI M,et al. Effects of matrix moisture on gas diffusion and flow in coal[J]. Fuel,2010,89(11):3207-3217.

[36] PILLALAMARRY M,HARPALANI S,LIU S. Gas diffusion behavior of coal and its impact on production from coalbed methane reservoirs[J]. International journal of coal geology,2011,86(4):342-348.

[37] LIU J,CHEN Z,ELSWORTH D,et al. Evolution of coal permeability from stress-controlled to displacement-controlled swelling conditions[J]. Fuel,2011,90(10):2987-2997.

[38] LIU J,CHEN Z,ELSWORTH D,et al. Linking gas-sorption induced changes in coal permeability to directional strains through a modulus reduction ratio[J]. International journal of coal geology,2010,83(1):21-30.

[39] LIU J,CHEN Z,ELSWORTH D,et al. Interactions of multiple processes during CBM extraction: a critical review[J]. International journal of coal geology,2011,87(3/4):175-189.

[40] LIU J,WANG J,CHEN Z,et al. Impact of transition from local swelling to macro swelling on the evolution of coal permeability[J]. International journal of coal geology,2011,88(1):31-40.

[41] SIEMONS N,WOLF K A A,BRUINING J. Interpretation of carbon dioxide diffusion behavior in coals[J]. International journal of coal geology, 2007,72(3-4):315-324.

[42] ZHANG J. Experimental study and modeling for CO_2 diffusion in coals with different particle sizes: based on gas absorption (imbibition) and pore structure[J]. Energy & fuels,2016,30(1):531-543.

[43] KARACAN C O,OKANDAN E. Adsorption and gas transport in coal microstructure: investigation and evaluation by quantitative X-ray CT imaging[J]. Fuel,2001,80(4):509-520.

[44] CUI X,BUSTIN R M,DIPPLE G. Selective transport of CO_2,CH_4,and N_2 in coals: insights from modeling of experimental gas adsorption data [J]. Fuel,2004,83(3):293-303.

[45] 袁军伟. 颗粒煤瓦斯扩散时效特性研究[D]. 北京:中国矿业大学(北京),2014.

[46] LI W,ZHU J T,CHENG Y P,et al. Evaluation of coal swelling-controlled CO_2 diffusion processes[J]. Greenhouse gases science & technology, 2014,4(1):131-139.

[47] LI Z,WANG D,SONG D. Influence of temperature on dynamic diffusion coefficient of CH_4 into coal particles by new diffusion model[J]. Journal of China coal society,2015,40(5):1055-1064.

[48] LU S,CHENG Y,QIN L,et al. Gas desorption characteristics of the high-rank intact coal and fractured coal[J]. International journal of mining science & technology,2015,25(5):819-825.

[49] LU S,CHENG Y,LI W,et al. Pore structure and its impact on CH_4 adsorption capability and diffusion characteristics of normal and deformed coals from Qinshui Basin[J]. International journal of oil,gas and coal technology,2015,10(1):94-114.

[50] LOSKUTOV V V,SEVRIUGIN V A. A novel approach to interpretation of the time-dependent self-diffusion coefficient as a probe of porous media geometry[J]. Journal of magnetic resonance,2013,230:1-9.

[51] KÄRGER J,RUTHVEN D M,THEODOROU. D N. Diffusion in nanoporous materials[M]. Hoboken:John Wiley & Sons,2012.

[52] MITRA P P,SEN P N,SCHWARTZ L M,et al. Diffusion propagator as a probe of the structure of porous media[J]. Physical review letters,1992, 68(24):3555-3558.

[53] MITRA P P,SEN P N,SCHWARTZ L M. Short-time behavior of the diffusion coefficient as a geometrical probe of porous media[J]. Physical review B,condensed matter,1993,47(14):8565-8574.

[54] DONG J,CHENG Y,LIU Q,et al. Apparent and true diffusion coefficients of methane in coal and their relationships with methane desorption capacity[J]. Energy & fuels,2017,31(3):2643-2651.

[55] YUE G,WANG Z,XIE C,et al. Time-dependent methane diffusion behavior in coal:measurement and modeling[J]. Transport in porous media, 2017,116(1):319-333.

[56] JIAN X,GUAN P,ZHANG W. Carbon dioxide sorption and diffusion in coals:experimental investigation and modeling[J]. Science China earth sciences,2012,55(4):633-643.

[57] 徐满才,史作清,何炳林. 分形表面及其性能[J]. 化学通报,1994(3): 10-14.

[58] FRIESEN W I,MIKULA R J. Fractal dimensions of coal particles[J]. Journal of colloid & interface science,1987,120(1):263-271.

[59] HAVLIN S,BEN-AVRAHAM D. Diffusion in disordered media[J]. Advances in physics,1987,36(6):695-798.

[60] ZOU M,WEI C,MIAO Z,et al. Classifying coal pores and estimating reservoir parameters by nuclear magnetic resonance and mercury intrusion porosimetry[J]. Energy & fuels,2013,27(7):3699-3708.

[61] 邹明俊. 三孔两渗煤层气产出建模及应用研究[D]. 徐州:中国矿业大学,2014.

[62] 卢守青. 基于等效基质尺度的煤体力学失稳及渗透性演化机制与应用[D]. 徐州:中国矿业大学,2016.

[63] LIU X,NIE B. Fractal characteristics of coal samples utilizing image analysis and gas adsorption[J]. Fuel,2016,182:314-322.

[64] WANG F,CHENG Y,LU S,et al. Influence of coalification on the pore characteristics of middle-high rank coal[J]. Energy & fuels,2014,28(9): 5729-5736.

[65] 李不言. 图像二值化方法对比分析[J]. 印刷杂志,2012(10):48-50.

[66] 姜海纳. 突出煤粉孔隙损伤演化机制及其对瓦斯吸附解吸动力学特性的影

响[D]. 徐州：中国矿业大学，2015.

[67] KANG J, ZHOU F, YE G, et al. An anomalous subdiffusion model with fractional derivatives for methane desorption in heterogeneous coal matrix [J]. AIP advances, 2015, 5(12): 127119.

[68] KESHAVARZ A, SAKUROVS R, GRIGORE M, et al. Effect of maceral composition and coal rank on gas diffusion in Australian coals[J]. International journal of coal geology, 2017, 173: 65-75.

[69] MARECKA A, MIANOWSKI A. Kinetics of CO_2 and CH_4 sorption on high rank coal at ambient temperatures [J]. Fuel, 1998, 77 (14): 1691-1696.

[70] 杨其銮，王佑安. 煤屑瓦斯扩散理论及其应用[J]. 煤炭学报，1986(3): 87-94.

[71] 聂百胜，郭勇义，吴世跃，等. 煤粒瓦斯扩散的理论模型及其解析解[J]. 中国矿业大学学报，2001, 30(1): 19-22.

[72] 彼得罗祥 А Э. 煤矿沼气涌出 [M]. 宋世钊，译. 北京：煤炭工业出版社，1983.

[73] 孙重旭. 煤样解吸瓦斯泄出的研究及其突出煤层煤样解吸的特点[D]. 重庆：煤炭科学研究总院重庆分院，1983.

[74] WINTER K, JANAS H. Gas emission characteristics of coal and methods of determining the desorbable gas content by means of desorbometers [C]//In 16th international conference on coal mine safety research. Washington: [s. n.], 1996.

第 5 章　扩散与温室气体减排

本章要点

1. 温室效应的基本原理；

2. 煤矿瓦斯排放的来源；

3. 瓦斯含量的测试方法；

4. 瓦斯赋存规律；

5. 瓦斯涌出量计算的基本模型。

　　甲烷是一种常见的温室气体，排放 1 kg 甲烷相当于排放 28 kg 的二氧化碳。煤矿瓦斯主要以甲烷为主，其大量排放直接威胁着大气环境的稳定。本章首先介绍了甲烷温室效应的基本原理，进而分析了煤矿瓦斯赋存及涌出的基本规律，探讨了扩散在两者中的作用。

5.1　煤矿瓦斯减排的重要性

5.1.1　甲烷的温室效应

　　温室气体指的是大气中能吸收地面反射的长波辐射，并重新发射辐射的一些气体，如水蒸气、二氧化碳、大部分制冷剂等，其作用如图 5-1 所示。太阳射入地球的射线，如可见光、紫外线等，多是短波射线，其作用是使地球温度升高；而地面在加热后会向宇宙中发射长波红外线辐射，温室气体能够对长波辐射产生很好的隔断作用，导致热量不能逸散，使得大气和地表温度升高，这种温室气体使地球变得更温暖的影响称为"温室效应"。温室效应的危害主要有以下几点：① 全球变暖；② 病虫害增加；③ 海平面上升；④ 土地干旱、沙漠化面积增大；⑤ 动物失去栖息地。据统计，在 1880 年到 2012 年间，陆地与海洋表面的气温已经升高了 0.85 ℃；而从 1901 年到 2010 年，全球平均海平面上升了 0.19 m。如果不进行减排的话，预计到 21 世纪末，温度会升高 2.5～4.8 ℃，海平面会升高0.45～0.82 m。

　　温室气体通常具有以下三个特点：① 该气体要有足够宽的红外吸收带，且在大气中的浓度足够高，能显著吸收红外辐射；② 该气体如果在 7～13 μm 的大

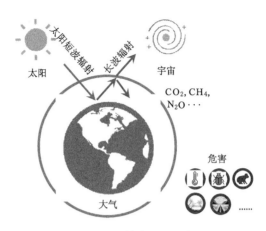

图 5-1　温室效应原理示意图

气辐射窗口有吸收,则对温室效应的增强最有效;③ 大气寿命长。水汽(H_2O)、二氧化碳(CO_2)、氧化亚氮（N_2O）、甲烷(CH_4)和臭氧(O_3)是地球大气中主要的温室气体。由于水汽及臭氧的时空分布变化较大,因此在进行减排措施制定时,一般都不考虑这两种气体。

在评价气体的温室效应时常采用全球变暖潜能(global warming potential,GWP)这个参数,其指在特定时间段内排放单位质量气体所产生的累计辐射强度相较于单位二氧化碳辐射强度的倍数。即以二氧化碳为基准,1 单位二氧化碳使地球变暖能力为 1,其他气体均以其相对数值来表示[1-4]。甲烷的辐射强度要远大于二氧化碳,根据联合国政府间气候变化专门委员会(IPCC)在 2014 年发布的第五次气候变化报告(表 5-1),在 100 年的跨度内,甲烷的全球变暖潜能为 28($GWP_{100}=28$),意味着排放 1 kg 甲烷相当于排放 28 kg 的二氧化碳。在 2010 年全球共有(7.8 ± 1.6)$\times10^9$ t CO_2e(二氧化碳当量)的甲烷排放到大气中,约占总温室气体排放量的 16%,见表 5-2。

表 5-1　常见温室气体种类和辐射值(第五次气候调查报告推荐值)

序号	温室气体种类	大气寿命/a	气体浓度每增加十亿分之一时瞬时辐射强度增加值/(W/m²)
1	CO_2	可变	1.37×10^{-5}
2	CH_4	12.4	3.36×10^{-4}
3	N_2O	121	3.00×10^{-3}
4	HFC-134a	13.4	0.16
5	HFC-23	222	0.18
6	CF_4	50 000	0.09

表 5-1(续)

序号	温室气体种类	大气寿命/a	气体浓度每增加十亿分之一时瞬时辐射强度增加值/(W/m²)
7	SF₆	3 200	0.57
8	NF₃	500	0.20
9	其他气体	—	—

表 5-2　2010 年全球温室气体排放量占比

温室气体	数据来源			
	SAR/%	WG I /%		
	100 年	20 年(AR5)	100 年(AR5)	500 年(AR4)
CO₂	76.0	52.0	73.0	88.0
CH₄	16.0	42.0	20.0	7.0
N₂O	6.2	3.6	5.0	3.5
HFC-134a	0.5	0.9	0.4	0.2
HFC-23	0.4	0.3	0.4	0.5
CF₄	0.1	0.1	0.1	0.2
SF₆	0.3	0.2	0.3	0.5
NF₃	—	0.0	0.0	0.0
其他气体	0.7	0.9	0.8	0.4

注:SAR 为第二次评估报告(second assessment report);WG I 为 IPCC 第一工作组(working group I);AR4 为第四次评估报告(fourth assessment report);AR5 为第五次评估报告(fifth assessment report)。

根据甲烷的氧化反应,也可以计算出燃烧 1 m³ 甲烷相当于减少 CO_2 的当量:

$$CH_4 + 2O_2 \longrightarrow CO_2 + 2H_2O$$

$$A = (GWP_{CH_4} - CEF_{CH_4})\rho_{CH_4}$$

式中　ρ_{CH_4}——甲烷的密度,取 0.716 kg/m³;

　　　GWP_{CH_4}——甲烷的全球变暖潜势,根据 IPCC 的 AR5,其值为 28;

　　　CEF_{CH_4}——单位质量甲烷燃烧后释放的 CO_2 质量,按照分子式 44/16 计算,值为 2.75;

　　　A——单位体积甲烷燃烧对应减少 CO_2 的排放量。

根据以上公式和数据计算可得,燃烧 1 m³ 甲烷相当于减少 17.84 kg 的二氧化碳排放。据统计,全球 28 个产煤国家每年约有超过 5 亿吨二氧化碳当量的温室气体直接排放到大气中,如表 5-3 所列。从表中可以看出,不同国家和地区煤矿瓦斯的排放量差异很大。对于全球产煤量第一的中国而言(2018 年我国煤炭

产量已达 36.8 亿吨),其在 2010 年的煤矿瓦斯排放量约为 2.955 1×10⁸ t
CO_2e,占全球总排放量的 50%。而另外年排放量大于 $1.0×10^7$ t CO_2e 的国家
依次为美国($6.747×10^7$ t CO_2e)、俄罗斯($4.882×10^7$ t CO_2e)、乌克兰($2.971×$
10^7 t CO_2e)、澳大利亚($2.724×10^7$ t CO_2e),哈萨克斯坦($2.230×10^7$ t CO_2e)和
印度($1.888×10^7$ t CO_2e)[6-7]。

表 5-3　全球产煤国家 CMM 排放量[6-7]　　　单位:10^6 t CO_2e

国家	2000 年	2005 年	2010 年	2010 年排放量排名
中国	134.74	257.11	295.51	1
美国	60.41	56.91	67.47	2
俄罗斯	41.95	45.39	48.82	3
乌克兰	31.38	29.90	29.71	4
哈萨克斯坦	18.32	17.51	22.30	5
印度	14.90	15.95	18.88	6
南非	7.68	8.33	8.17	7
波兰	10.96	9.58	7.90	8
哥伦比亚	3.28	5.08	7.29	9
越南	1.87	5.23	6.91	10
捷克	5.02	4.65	4.38	11
印度尼西亚	1.02	2.26	4.04	12
德国	9.68	5.69	3.68	13
罗马尼亚	2.67	2.49	2.73	14
英国	6.99	4.08	2.73	15
墨西哥	1.73	2.16	2.35	16
土耳其	1.62	1.48	1.90	17
巴基斯坦	0.95	1.50	1.13	18
尼日利亚	0.34	0.91	0.96	19
韩国	1.16	0.79	0.81	20
西班牙	1.23	0.92	0.66	21
新西兰	0.34	0.33	0.39	22
菲律宾	0.20	0.43	0.38	23
蒙古	0.10	0.15	0.20	24
日本	0.77	0.07	0.05	25
匈牙利	0.31	0.02	0.02	26
意大利	0.03	0.02	0.02	27
法国	2.37	—	—	28
总计	362.02	478.94	539.39	—

表 5-4 给出了我国从 2000 年到 2016 年煤矿瓦斯排放量的变化情况。较 2000 年，2016 年我国瓦斯抽采量和瓦斯利用量分别增长了约 19 倍和 27 倍，我国的瓦斯利用效率得到了大幅度提高。目前全球最大的瓦斯发电厂便位于我国晋城寺河矿，其装备有 120 MW 的瓦斯发电机组，每年可以利用约 1.87×10^8 m³ 的瓦斯，相当于减少超过 3×10^6 t CO_2e 的排放。

表 5-4　我国煤矿瓦斯排放情况

年份	瓦斯排放量/10^6 m³	瓦斯抽采量/10^6 m³	瓦斯利用量/10^6 m³
2000	9 435	870	318.4
2005	18 005	2 300	900
2010	20 694	7 500	2 500
2011	—	9 200	3 500
2012	—	11 400	3 500
2013	—	12 600	4 250
2014	—	17 000	7 700
2015	—	18 000	8 600
2016	—	17 300	9 000

5.1.2　煤矿瓦斯排放的来源

一般来说，煤矿瓦斯主要有以下五个来源[4,6-10]：

① 通风排放瓦斯。通风排放瓦斯主要是井工矿在通风过程中，风流携带的低浓度瓦斯，也被称为"风排瓦斯"，在我国一般要求风流瓦斯浓度在 1% 以下，一些国有重点煤矿风流瓦斯浓度要求更为严格。我国在早期治理瓦斯时，通常将通风看作是治理瓦斯的唯一手段，以增大通风量来降低瓦斯浓度，后来逐步发展为以抽采为主的瓦斯治理手段。

② 煤矿井下抽采的瓦斯。井下抽采瓦斯主要是指利用抽采负压系统从煤层中抽采出的瓦斯，一般浓度较风排瓦斯高，更有利于瓦斯的后续利用。

③ 废弃煤矿排放瓦斯。废弃煤矿排放的瓦斯是指生产停止后，通风系统及抽采系统全部失效后的自然排放瓦斯。随着我国煤炭资源整合步伐的加快以及煤炭资源的逐渐消耗，我国废弃矿井的数量在逐渐上升。

④ 露天矿排放瓦斯。露天矿排放瓦斯是在露天开采煤层时，煤层直接向大气排放的瓦斯。

⑤ 采后排放瓦斯（包含井工矿和露天矿）。采后排放瓦斯是指煤炭开采后，煤炭的处理、运输和储存过程排放的瓦斯。

图 5-2 给出了 1990—2016 年美国的煤矿瓦斯排放的来源分析。2016 年美

国全面排放瓦斯为 2.153×10^6 t,约合 5.38×10^7 t CO_2e。其中,75.7%的瓦斯来自通风排放瓦斯和煤矿井下抽采的瓦斯,12.6%的瓦斯来自露天矿,剩下的 11.7%来自采后煤炭的处理、运输和储存的过程[7]。

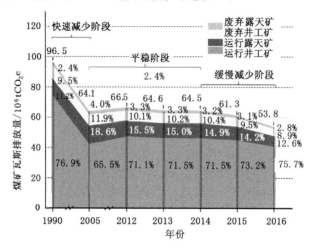

图 5-2　美国不同来源煤矿瓦斯排放占比变化情况(1990—2016 年)

5.2　扩散与瓦斯含量预测

煤层中甲烷气体的含量预测是温室效应评价的前提,也是瓦斯抽采中资源估算、瓦斯灾害预防等工作中至关重要的一步。煤层瓦斯含量是单位质量煤中所含的瓦斯体积换算为标准状态下的体积,即绝对温度 273.15 K(0 ℃),大气压力101 325 Pa(1 个大气压)的瓦斯体积,单位是 m^3/t 或 mL/g。煤层瓦斯含量也可用单位质量可燃基(去除煤中水分和灰分)的瓦斯体积表示,称为可燃基瓦斯含量,单位为 $m^3/t \cdot r$ 或 $mL/g \cdot r$。

在矿业工程领域,涉及的煤层瓦斯含量通常有以下几种:

(1)原始瓦斯含量。指煤层未受采动影响而处于原始赋存状态时,单位质量煤中所含有的瓦斯含量。原始瓦斯含量通常通过地勘孔或者井下钻孔进行测量。

(2)残余瓦斯含量。指当煤体受到采动等因素的影响或瓦斯抽采后,煤层中剩余的瓦斯含量。在防突工作中,一般要求瓦斯含量小于 $8 m^3/t$,才可进行工作面回采,此时的瓦斯含量便为残余瓦斯含量。残余瓦斯含量可以按如下方法进行计算:

$$W_{CY} = \frac{W_0 G - Q}{G} \tag{5-1}$$

式中　W_{CY}——煤的残余瓦斯含量,m^3/t;

　　　　W_0——煤的原始瓦斯含量,m^3/t;

　　　　Q——评价单元钻孔抽排瓦斯总量,m^3;

　　　　G——评价单元参与计算煤炭储量(具体计算方法可参照《煤矿瓦斯抽采达标暂行规定》),t。

(3)可解吸瓦斯含量。指当原始煤体受到采动等因素的影响,煤质在常压和储层温度下自然脱附出来的煤层瓦斯含量。可解吸瓦斯含量等于抽采瓦斯后煤层的残余瓦斯含量与煤在标准大气压力下的残存瓦斯含量的差值。即:

$$W_j = W_{CY} - W_{CC} \qquad (5\text{-}2)$$

式中　W_j——煤的可解吸瓦斯量,m^3/t;

　　　　W_{CY}——抽采瓦斯后煤层的残余瓦斯含量,m^3/t;

　　　　W_{CC}——煤在标准大气压力下的残存瓦斯含量,m^3/t。

我国《煤矿瓦斯抽采达标暂行规定》中规定,可解吸瓦斯含量满足表 5-5 要求时,评价范围内的煤层抽采可以认为达标。

表 5-5　采煤工作面回采前煤的可解吸瓦斯量应达到的指标

工作面日产量/t	可解吸瓦斯量 W_j/(m^3/t)
≤1 000	≤8.0
1 001~2 500	≤7.0
2 501~4 000	≤6.0
4 001~6 000	≤5.5
6 001~8 000	≤5.0
8 001~10 000	≤4.5
>10 000	≤4

(4)残存瓦斯含量。指在标准状态下,煤样自然解吸平衡后,残存在煤样中的瓦斯含量。与残余瓦斯含量不同,残存瓦斯含量特指在标准状况下残留在煤中的瓦斯含量,而残余瓦斯含量则可指代任何压力下的瓦斯含量。我国煤炭行业在煤层瓦斯含量测定及矿井瓦斯涌出量预测时,为研究方便,通常将解吸时间取为 2 h,经 2 h 解吸之后仍残存于煤中的瓦斯量作为残存瓦斯量(此时解吸未达到自然平衡状态,是非稳态解吸过程)。残存瓦斯含量一般与暴露时间、煤样粒径、变质程度和原始瓦斯含量有关。在缺少实测条件的情况下,煤样的残存瓦斯含量可以根据表 5-6,依据变质程度进行估算。

表 5-6　残存瓦斯含量估算值

挥发分/%	6~8	8~12	12~18	18~26	>26
残存瓦斯含量/(m³/t·r)	9~6	6~4	4~3	3~2	2

在测定煤层瓦斯含量时,通常用到的方法有直接法和间接法两种。直接法将瓦斯含量等同于瓦斯损失量、瓦斯解吸量和残存瓦斯量之和,而间接法将瓦斯含量看作游离瓦斯含量和吸附瓦斯含量之和。

5.2.1　直接法

直接法是指采用直接测试的手段来获取各阶段瓦斯含量的方法,其是由法国科学家伯塔德(C. Bertard)等[11-12]在 1970 年首次提出,后被其他学者改进使用。直接法可以分为快速粉碎法和长期解吸法两种,前者要求对煤样进行粉碎,快速测定其解吸瓦斯含量;后者则要求煤样自然解吸,直至解吸到达某一速率,所需时间较长。快速粉碎法是应用最为广泛的直接测定法,已被美国(US Bureau of Mines)、澳大利亚(AS 3980)、中国(GB/T 23249—2009)等国家作为国家标准进行推广普及。

直接法的基本原理是利用游离瓦斯和吸附瓦斯在不同压力间的动态平衡。在原始煤体中,一旦游离瓦斯和吸附瓦斯的动平衡状态遭到破坏,部分瓦斯的赋存状态会在一定时间内发生单方向的转化,直至建立新的动平衡状态。当煤样处于原始煤体中时,煤样中的瓦斯压力等于原始煤体的瓦斯压力,煤样中的游离瓦斯和吸附瓦斯处于动平衡状态;当由于采掘作业使煤样被剥离煤体后,煤样暴露于大气之中,其周围环境的压力变成测定地点的大气压力,压力降低,煤样中游离瓦斯和吸附瓦斯的动平衡状态遭到了破坏,原来吸附于煤中的瓦斯开始解吸,直至煤样中的瓦斯压力等于测定地点的大气压力而达到新的动态平衡。

直接法测试瓦斯含量流程,如图 5-3 所示。首先在现场选取适宜的瓦斯含量测定地点,通过钻孔将煤样从煤层深部取出,及时装入煤样罐中很快密封起来,现场测试 2 h 解吸瓦斯量 X_j,根据煤样瓦斯解吸规律选取合理的经验公式推算煤样装入煤样罐密封之前的损失瓦斯量 X_s;然后把煤样罐带回实验室进行残存瓦斯含量 X_c 测定。损失瓦斯量、解吸瓦斯量和残存瓦斯量之和就是瓦斯含量,即:

$$X_m = X_s + X_j + X_c \tag{5-3}$$

采用直接法计算瓦斯含量时,常常用到瓦斯解吸仪,解吸出的瓦斯体积需要进行校正,转换为标准状况下的瓦斯体积。

(1) 井下 2 h 瓦斯解吸体积校正

解吸瓦斯含量采用解吸仪测定,其与测量扩散系数时体积法所用到的解吸量筒一致(图 5-4)。解吸瓦斯量以实测数据为准,即井下测定的 2 h 瓦斯解吸体

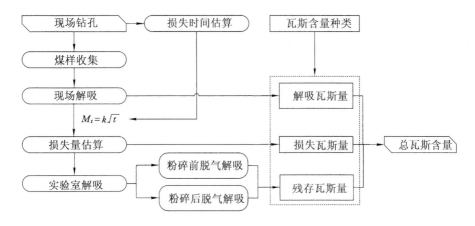

图 5-3　直接法测试瓦斯含量流程图

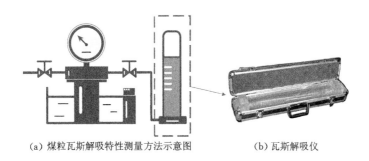

(a) 煤粒瓦斯解吸特性测量方法示意图　　　(b) 瓦斯解吸仪

图 5-4　瓦斯解吸仪

积换算成标准状态下瓦斯解吸体积,然后计算成单位质量的解吸瓦斯量,其计算方法按下式进行:

$$V_{t0} = \frac{273.2}{101.3 \times (273.2 + t_w)} \times (p_1 - 0.009\,81 h_w - p_2) \times V_t \qquad (5\text{-}4)$$

式中　V_{t0}——换算为标准状况下的气体体积,cm^3;

　　　V_t——t 时量管内气体体积读数,cm^3;

　　　p_1——大气压力,kPa;

　　　t_w——量管内水温,℃;

　　　h_w——量管内水柱高度,mm;

　　　p_2——t 时水的饱和蒸汽压,kPa。

(2) 实验室两次脱气气体体积的换算

① 粉碎前脱气:将解吸 2 h 后的煤样利用图 5-5 所示的真空脱气装置,煤样分别在常温和加热至 95~100 ℃恒温进行脱真空集气,一直进行到在 30 min 内解吸瓦斯量小于 10 cm^3,然后用气相色谱仪分析气体成分。

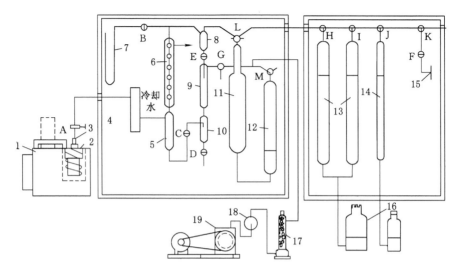

1—超级恒温器；2—密封罐；3—穿刺针头；4—滤尘管；5—集水瓶；6—冷却管；

7—水银真空计；8—隔水瓶；9,10—吸水管；11—吸水瓶；12—真空瓶；13—大量管；

14—小量管；15—取气支管；16—水准瓶；17—干燥管；18—分隔球；19—真空泵；

A—螺旋夹；B～F—单项螺旋夹；G～K—三通活塞；L～M—120°三通活塞。

图 5-5　真空脱气装置示意图

② 粉碎后脱气：粉碎前脱气结束后，取下煤样罐，迅速地取出煤样立即装入球磨罐中密封进行真空集气，煤样粉碎到粒度小于 0.25 mm 的重量超过 80% 为合格。按下式将两次脱气的气体体积换算到标准状况下的体积：

$$V_{tn0} = \frac{273.2}{101.3 \times (273.2 + t_n)} \times (p_1 - 0.0167C_0 - p_2) \times V_{tn} \qquad (5-5)$$

式中　V_{tn0}——换算为标准状况下的气体体积，cm^3；

　　　V_{tn}——在实验室温度 t_n，大气压力 p_1（kPa）条件下量管内气体体积，cm^3；

　　　p_1——大气压力，kPa；

　　　t_n——实验室温度，℃；

　　　C_0——气压计温度，℃；

　　　p_2——在实验室温度 t_n 下饱和食盐水饱和蒸汽压，kPa。

（3）损失瓦斯量的计算

损失瓦斯量是指在钻孔和装样期间逸散出的瓦斯含量。计算损失瓦斯量首先是要确定损失时间，一般而言，损失时间与取样工艺直接相关。根据取样打钻时采用的是风钻还是水钻，损失瓦斯量时间可以分为干煤样损失时间和湿煤样损失时间。对于干煤样而言，总的损失时间可以表示为钻头接触到煤层到装入

煤样罐时间之差,即[11-12]:

$$t_1 = t_4 - t_1 \tag{5-6}$$

式中　t_1——总损失时间,s;

　　　t_1——接触到煤层的时刻,s;

　　　t_4——煤样被装入煤样罐的时刻,s。

对于湿煤样而言,煤样解吸损失时间可看作从钻杆接触煤层到输送煤样至钻孔出口处的一半时间,即:

$$t_1 = (t_4 - t_3) + (t_3 - t_2)/2 \tag{5-7}$$

式中　t_2——钻孔开始输送煤样的时刻,s;

　　　t_3——煤样被输送到钻孔表面的时刻,s。

得到损失时间后,便可以根据煤样特定的解吸规律进行损失量估算。目前,我国推算损失瓦斯量的方法采用 $\sqrt{t}$ 法和幂函数法两种,也可采用经实践验证有效的其他方法计算。

① $\sqrt{t}$ 法

在前面的内容中提到,不论扩散的介质是什么形状,在短时间内,扩散量和扩散时间均成 $\sqrt{t}$ 的函数关系,即:

$$M_t = k_1 \sqrt{t} \tag{5-8}$$

在使用上述方法时,首先需要记录下每个时刻的解吸量 V_t,然后以 $\sqrt{t}$ 为横坐标,以 V_t 为纵坐标作图,由图大致判定呈线性关系的各测点,然后根据这些点的坐标值,按最小二乘法求出此条直线的截距,即为所求的损失瓦斯量,如图 5-6 所示。需要注意的是,使用该方法时,如果不能精确测定损失时间,在推算损失含量时会产生较大的误差,这种误差会随着损失时间的延长而逐渐加大。在图 5-6 中,由于损失时间由 t_1 变为了 t_2,损失量也从 Q_1 变为了 Q_2[11,13-14]。尽管式(5-6)和式(5-7)给出了损失时间计算的两种方法,但是在工程中人为的读数或钻孔操作,对于各时间点的把握难免有差错。另外,现场取样还会受到诸如钻进引起的温度变化、气压变化、水分变化、破碎程度等影响煤样解吸性能的因素。还应注意的是,$\sqrt{t}$ 模型只适用于解吸分数 $M_t/M_\infty < 0.5$ 且解吸时间 $t < 600$ s 的情形,在现场钻孔取样的过程中,多数钻孔的钻进时间要长达几十分钟甚至几个小时[14],这很难保证应用 $\sqrt{t}$ 模型时的准确性。

② 幂函数法

幂函数法和 $\sqrt{t}$ 法本质是一致的,只是采用了幂函数这个解吸数学模型。在使用时,首先将测得的(t, V_t)数据转化为解吸速度数据$\left(\dfrac{t_i + t_{i-1}}{2}, q_t\right)$,然后对

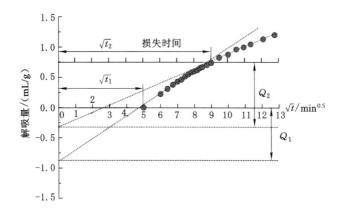

图 5-6　$\sqrt{t}$ 法确定解吸损失量

$\left(\dfrac{t_i + t_{i-1}}{2}, q_t\right)$ 按下式拟合求出 q_0 和 n：

$$q_t = q_0 \cdot (1 + t)^{-n} \tag{5-9}$$

式中　　q_t ——t 时间对应的瓦斯解吸速度，mL/min；

　　　　q_0 —— $t = 0$ 时对应的瓦斯解吸速度，mL/min；

　　　　t ——包括取样时间 T_0 在内的瓦斯解吸时间，min；

　　　　n ——瓦斯解吸速度衰减系数，$0 < n < 1$。

之后煤样的损失瓦斯量按下式计算：

$$V_1 = q_0 \left[\frac{(1 + T_0)^{1-n} - 1}{1 - n} \right] \tag{5-10}$$

式中　　V_1 ——煤样损失瓦斯量，mL；

　　　　T_0 ——煤样暴露时间，min。

（4）煤层自然瓦斯成分计算

在使用直接法测定瓦斯含量时，由于煤层裂隙、取样密封性等原因，成分中会含有诸如氧气、氮气等其他空气成分稀释干扰，因此还需知道瓦斯中各种气体的组分，以精确测算其中甲烷的含量。煤层自然瓦斯成分是根据煤样粉碎前脱气或粉碎前自然解吸得到的气体成分计算的。设得到混合有空气的气体通过气相色谱分析得出各种气体组分的浓度分别为：$c(O_2)$、$c(N_2)$、$c(CH_4)$、$c(CO_2)$。按以下各式可计算各种气体组分无空气基的浓度，即为煤层自然瓦斯成分：

$$A(N_2) = \frac{c(N_2) - 3.57c(O_2)}{100 - 4.57c(O_2)} \times 100 \tag{5-11}$$

$$A(CH_4) = \frac{c(CH_4)}{100 - 4.57c(O_2)} \times 100 \tag{5-12}$$

$$A(CO_2) = \frac{c(CO_2)}{100 - 4.57c(O_2)} \times 100 \tag{5-13}$$

式中　　$A(N_2)$，$A(CH_4)$，$A(CO_2)$——扣除空气后 N_2、CH_4 和 CO_2 组分的浓度，%。

含有空气解吸、损失气体或脱出气体的体积按下式换算为无空气煤层气的体积：

$$V_i = \frac{V_{tn0}(100 - 4.57c_{O_2})}{100} \tag{5-14}$$

式中　　V_{tn0}——换算为标准状态下的气体体积，cm^3；

　　　　c_{O_2}——标准状态下氧的浓度，%。

（5）各阶段煤样瓦斯含量计算

瓦斯含量测定结果有两种表达方式，一种是空气干燥基（原煤）瓦斯含量，另一种是干燥无灰基瓦斯含量。空气干燥基指被空气干燥过的煤样的重量，常以下标 ad(air-dry)表示；而干燥无灰基即为空气干燥基重量减去水分、灰分重量，又称可燃基，常以下标 daf(dry-ash-free)表示：

$$X_i = \frac{\sum V_i}{m_c} \tag{5-15}$$

式中　　X_i——各阶段煤样瓦斯含量，cm^3/g；

　　　　m_c——煤样质量（分为空气干燥基和干燥无灰基），g；

　　　　V_i——各阶段某种气体体积，cm^3。

5.2.2　间接法

间接法是建立在煤吸附瓦斯理论基础上的，这里的煤层原始瓦斯含量是指单位质量或体积的原始煤体中所含有的瓦斯量，也就是吸附和游离两种状态下瓦斯量的总和。要利用间接法测定出煤层原始瓦斯含量，首先需要在井下实测或根据已知规律推算煤层原始瓦斯压力，并在实验室测定 a、b 吸附常数、煤的孔隙率、煤的工业分析等参数，然后再根据公式计算出煤层瓦斯含量，其流程如图 5-7 所示。在现场采集所测煤层煤样，送至实验室后将其筛分出一定质量的 $0.17\sim0.25$ mm、$10\sim13$ mm 及 0.2 mm 以下粒径的煤样。将空气干燥后的 0.2 mm 以下粒径的煤样利用工业分析仪器进行煤的水分、灰分、挥发分及固定碳含量分析，得到煤的工业分析结果。取 0.2 mm 以下粒径及 $10\sim13$ mm 粒径煤样，测定煤的真密度、视密度。将 $0.17\sim0.25$ mm 粒径的煤样干燥后利用吸附常数测定装置进行不同平衡压力下瓦斯吸附量的测定，并带入所测工业分析和密度结果得到煤样的吸附常数。在现场测定煤层瓦斯压力后，即可用间接法计算煤层瓦斯含量。其中，煤样的工业分析参数测试参考《煤的工业分析方法》（GB/T 212—2008），真密度、视密度测试参考《煤的真相对密度测定方法》（GB/T 217—2008）、《煤的视相对密度测定方法》（GB/T 6949—2010），a、b 吸附常数测试参考《煤的甲烷吸附量测定方法（高压容量法）》（MT/T 752—1997）。

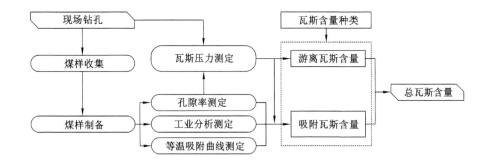

图 5-7　间接法测试瓦斯含量流程图

间接法测试的瓦斯含量为游离瓦斯含量和吸附瓦斯含量之和即：

$$X = X_x + X_y \tag{5-16}$$

式中　X_x——吸附瓦斯含量，m^3/t；

　　　X_y——游离瓦斯含量，m^3/t。

① 煤的游离瓦斯含量（X_y），按气体状态方程计算：

$$X_y = V_c p T_0/(T p_0 \xi) \tag{5-17}$$

式中　V_c——单位质量煤的孔隙容积，m^3/t；

　　　p——瓦斯压力，MPa；

　　　T_0——标准状况下绝对温度（273.2 K）与压力（0.101 325 MPa）；

　　　T——瓦斯绝对温度，K；

　　　ξ——瓦斯压缩系数；

　　　X_y——煤的游离瓦斯含量，m^3/t（标准状态下）。

② 煤的吸附瓦斯含量（X_x），按朗缪尔方程计算并应考虑煤中水分、灰分、温度、可燃物百分比等影响因素：

$$X_x = \frac{abp}{(1+bp)} e^{n(t_0-t)} \frac{1}{(1+0.31W)} \times \frac{(100-A_{sh}-W_{oi})}{100} \tag{5-18}$$

式中　a——吸附常数，m^3/t；

　　　b——吸附常数，MPa^{-1}；

　　　p——煤层瓦斯压力，MPa；

　　　t_0——实验室测定煤的吸附常数时的试验温度，℃；

　　　t——煤层温度，℃；

　　　n——系数，按下式计算 $n = \dfrac{0.02}{(0.993+0.07p)}$；

　　　A_{sh}——煤中灰分，%；

　　　W_{oi}——煤中水分，%；

X_x——煤的吸附瓦斯含量，m^3/t（标准状态下）。

5.2.3 直接法和间接法测试结果的差异

相较于直接法而言，间接法常常在不具备测试瓦斯含量条件的情况下进行。由于前期需要测定瓦斯压力，所以压力的准确性对于瓦斯含量测定的结果影响很大。煤体的扩散性能直接影响着瓦斯压力钻孔密封性和最终压力稳定值的大小[15-19]。同样地，煤体的扩散性能也直接影响着直接法中损失量的大小。一般而言，采用间接法测得的瓦斯含量要大于采用直接法测得的瓦斯含量，尤其是对于浅埋煤层而言，其用直接法测得的瓦斯含量中有很大比例为 N_2 和 O_2 等其他成分，而用间接法测定瓦斯含量则是基于 CH_4 的吸附等温曲线，不需要考虑成分的问题[11]。另外，在采用间接法测瓦斯含量时，吸附等温实验中吸附平衡时间的选取显得十分重要。研究表明，一端开口、一端闭合孔隙较发育的煤样，其扩散系数较小，需要较长的平衡时间才能达到吸附平衡，有时这个时间会长达几天[20]，而通常测定所采用的时间为 7 h［《煤的甲烷吸附里测定方法（高压容量法）》（MT/T 752—1997）］，此时是远远不够的。因此，需要依照煤样的特性综合考虑采用直接法还是间接法。图 5-8 给出了山西双柳焦煤的吸附平衡压力示意图，可以看出其初始压力在 5 MPa 时至平衡态需要将近 5 d。

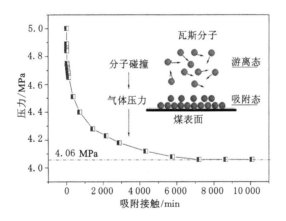

图 5-8 吸附平衡示意图

表 5-7 和图 5-9 给出了中国矿业大学煤矿瓦斯治理研究中心用直接法和间接法测得的瓦斯含量对比结果[21-23]，可以看出间接法测得的瓦斯含量平均要大于直接法测定的瓦斯含量，最大误差可达 261%，这种结果印证了间接法的不准确性。

表 5-7 直接法和间接法测量瓦斯含量的数据对比

煤样编号	吸附平衡压力/MPa	瓦斯含量/(m³/t)		相对误差 $\dfrac{Q_间 - Q_直}{Q_直}$/%
		直接法 $Q_直$	间接法 $Q_间$	
杨柳-1	4.85	16.80	16.90	0.60
	4.00	15.04	15.84	5.32
	3.00	13.59	14.31	5.30
	1.60	10.64	11.09	4.23
	0.90	7.91	8.27	4.55
杨柳-2	5.50	17.30	17.36	0.35
	4.25	13.67	15.88	16.17
	3.00	12.49	14.00	12.09
	1.95	10.05	11.76	17.01
	0.90	6.67	7.94	19.04
杨柳-3	5.15	18.51	17.60	−4.92
	4.15	16.17	16.42	1.55
	3.15	14.09	14.99	6.39
	2.50	13.94	13.82	−0.86
	0.90	8.11	8.75	7.89
杨柳-4	4.50	16.38	16.45	0.43
	3.60	14.76	15.21	3.05
	2.60	13.14	13.48	2.59
	1.40	8.68	10.28	18.43
	0.75	7.21	7.26	0.69
屯兰-1	1.03	6.78	7.275	7.30
	1.57	8.77	8.63	−1.60
	2.18	10.45	10.175	−2.63
	3.80	13.50	12.75	−5.56
	4.30	14.22	13.825	−2.78
屯兰-2	0.87	5.83	5.40	−7.38
	1.65	8.69	6.45	−25.78
	2.43	10.65	7.75	−27.23
	3.27	12.24	8.525	−30.35
	3.93	13.27	9.225	−30.48

表 5-7(续)

煤样编号	吸附平衡压力/MPa	瓦斯含量/(m³/t)		相对误差 $\dfrac{Q_间 - Q_直}{Q_直}$/%
		直接法 $Q_直$	间接法 $Q_间$	
屯兰-3	0.74	6.51	6.95	6.76
	1.05	8.22	8.20	−0.24
	1.50	10.17	8.975	−11.75
	2.18	12.35	10.60	−14.17
	3.49	15.23	12.725	−16.45
屯兰-4	0.78	5.49	6.525	18.85
	1.15	7.07	7.10	0.42
	1.60	8.57	8.05	−6.07
	2.23	10.18	8.80	−13.56
	3.02	11.73	9.45	−19.44
	3.96	13.17	10.325	−21.60
大隆	3.10	2.88	10.40	261.11
	4.10	2.09	6.91	230.62
	3.30	5.90	6.03	2.20
	2.10	6.29	4.61	−26.71
	2.00	5.70	5.76	1.05
平均值				8.36

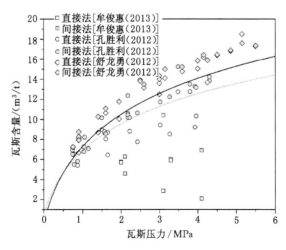

图 5-9　直接法和间接法测试瓦斯含量的结果对比

5.2.4 瓦斯地质赋存规律

在掌握瓦斯含量的数值后,便可以对矿井垂向和横向的瓦斯含量分布进行绘制。瓦斯含量、压力或浓度在矿井垂向和横向的空间分布状况便称为瓦斯的赋存规律。瓦斯的赋存规律与瓦斯的扩散规律密切相关,掌握瓦斯赋存规律对于合理选用瓦斯抽采方法和有效进行瓦斯灾害防治有着至关重要的作用。

5.2.4.1 垂向分布

当煤层具有露头或在冲积层之下有含煤盆地时,在煤层内存在两个不同方向的气体运移,即煤层生成的瓦斯由深部向上运移;而地面空气、表土中的生物化学和化学反应生成的气体向煤层深部渗透扩散,从而使赋存在煤层内的瓦斯表现出垂向分带特征。在垂向上,煤层瓦斯一般可以分为两个带:瓦斯风化带和甲烷带[18,24]。

(1) 瓦斯风化带

瓦斯风化带可以进一步划分为 I CO_2—N_2 带、II N_2 带和 III N_2—CH_4 带,如图 5-10 所示。对于不同的分带来说,它们的瓦斯组分和瓦斯浓度各有差异。瓦斯风化带的深度是煤田长期地质作用的结果,其与剥蚀程度、风化条件、构造发育、围岩渗透率、地下水运动等因素有关。剥蚀程度越大,瓦斯风化带长度越短;风化时间越长,瓦斯逸散到地表的含量越多,瓦斯风化带深度越深;围岩的透气性能越好、开放性断层越多、地下水活动越剧烈,瓦斯逸散条件越好,风化带深度越深。

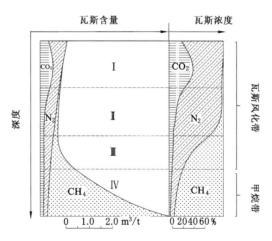

图 5-10 煤层瓦斯垂向分带图

瓦斯风化带的下部边界可按下列条件确定:

甲烷及重烃浓度之和等于 80%(按体积);

瓦斯压力:0.10~0.15 MPa;

相对瓦斯涌出量:2~3 m³/t 煤;

煤层的瓦斯含量 $X = 1.0 \sim 1.5$ m³/t·r(长焰煤)

$$X = 1.5 \sim 2.0 \text{ m}^3/\text{t·r(气煤)}$$

$$X = 2.0 \sim 2.5 \text{ m}^3/\text{t·r(肥、焦煤)}$$

$$X = 2.5 \sim 3.0 \text{ m}^3/\text{t·r(瘦煤)}$$

$$X = 3.0 \sim 4.0 \text{ m}^3/\text{t·r(贫煤)}$$

$$X = 5.0 \sim 7.0 \text{ m}^3/\text{t·r(无烟煤)}$$

上述煤层的瓦斯含量单位 m³/t·r 表示每吨可燃基含瓦斯的体积,即原煤中除去灰分和水分后的每吨可燃物的瓦斯含量。

(2) 甲烷带

甲烷带位于瓦斯风化带之下,此带中,瓦斯压力和瓦斯含量均成一定规律增加,增加的梯度在不同煤质(煤化程度)、不同地质构造与赋存条件下存在差异。

① 瓦斯压力

对于瓦斯压力来讲,在甲烷带内,其随深度多呈线性增加。煤层压力可以认为是煤层微元连通孔隙体中流体的压力[25]。煤层瓦斯压力的大小取决于煤生成后,煤层瓦斯的排放条件。在漫长的地质年代中,煤层瓦斯排放条件是一个极为复杂的问题,它除与覆盖层厚度和透气性、煤层透气性及煤地质构造条件有关外,还与覆盖层的含水性密切相关。一般而言,在煤层瓦斯保存较好的条件下,瓦斯压力等同于同水平的静水压力,即:

$$p_{\text{pore}} = \int_0^z \rho_w g \mathrm{d}z \approx \rho_w g z \tag{5-9}$$

式中　　p_{pore} ——瓦斯压力,MPa;

　　　　ρ_w ——水的密度,kg/m³;

　　　　z ——深度,m。

但当裂隙连通至地表时,即瓦斯出现逸散时,此时煤层瓦斯压力会小于静水压力,这种现象常见于瓦斯风化带中的瓦斯压力分布。此外,国内外有极少数实测瓦斯压力值大于同水平的静水压力值情况,对此可以作如下解释:一是测压点受采掘巷道集中应力的影响,当煤的吸附能力已接近饱和,应力集中引起孔隙体积缩小,导致瓦斯压力增大;二是有裂隙与深部高压瓦斯连通;三是在地形适宜时,形成了类似喷泉的条件,如图 5-11 所示。

图 5-12 总结了瓦斯压力随埋深的变化规律[18]。其中,A 点是瓦斯风化带的下边界,在此深度之下,煤层瓦斯压力与深度呈线性增加关系。此时的压力增长梯度或大于静水压力增长梯度(沿线 AB 增长),或小于静水压力梯度(沿线 AD 增长),但是最高压力不会超过同水平的静水压力。线 AB 最终与静水压力线 OC 重合(0.01 MPa/m),重合点 B 因地质条件差异而不同,但一般不会超过

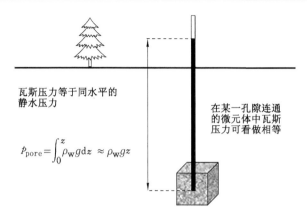

图 5-11　煤层瓦斯压力的形成原因[25]

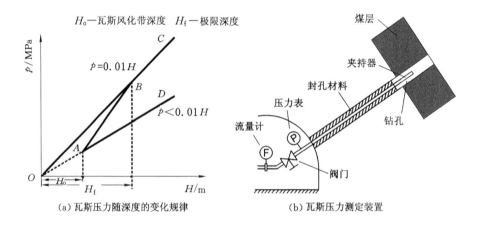

（a）瓦斯压力随深度的变化规律　　　　　（b）瓦斯压力测定装置

图 5-12　瓦斯压力和埋深的关系

1 000 m 的深度[15,26-27]。

在瓦斯灾害防治的工程实践中，为了安全起见，需要重点关注瓦斯压力的最大值。因此，有学者提出了"安全线法"的概念，根据安全线法做出的曲线推测煤层瓦斯压力能够尽量避免煤层瓦斯压力偏小的情况，给矿井瓦斯方案的制订提供有利依据。在使用该方法时，首先需要排除由于承压水等因素导致数值较大的异常测点，然后选取其中两个真实的标志点进行线性连接，做出安全线，使除异常点外的其余部分测点均在该直线以下，如图 5-13 所示。标志点需要结合风化带下限临界值（风化带下部边界条件中瓦斯压力为 $p = 0.15 \sim 0.20$ MPa）确定，当选择两个标志点做出的曲线通过该临界点（或在附近）时，标志点选择正确；否则需要重新确定标志点。在无法找到两个标志点时，充分考虑风化带下限临界值点，选择一个标志点，取静水压力梯度（0.01 MPa/m）作为瓦斯压力梯度做出安全线,并应满足除异常点外的其余部分测点均在该直线以下。值得注意的是,由于测压环境及封孔质量影响,导致深部水平部分测定的压力值较低,不符合深部瓦斯压力变化基本规律,不能作为标志点予以采用。另外,根据预测的瓦斯压力随埋深的变化,斜率还要近似符合下列关系:一般斜率变化处于 0.01±0.005 范围内。在甲烷带内,浅部由于地应力小,其瓦斯压力往往小于或近似于静水压,$p=0.01H$;而在矿井深部,由于地应力(其中包括自重应力、构造应力和温度应力)随垂深呈线性增加,瓦斯压力可以超过静水压力,p 值可达 $(0.013\sim0.015)H$,且在个别集中应力和开采集中应力很高的地带,存在瓦斯压力异常区域。

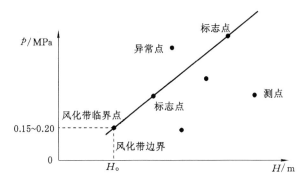

图 5-13　瓦斯压力预测方法——安全线法

② 瓦斯含量

对于瓦斯含量而言,由于垂向上瓦斯压力与埋深呈线性增加关系,而瓦斯含量与瓦斯压力呈朗缪尔曲线的关系,故而瓦斯含量随深度也多呈类朗缪尔曲线形式的关系[15,24,26]。图 5-14 给出了淮北朱仙庄矿 8 煤和 10 煤的瓦斯含量的赋

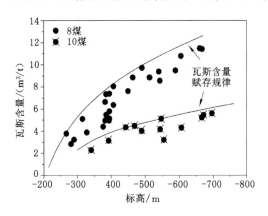

图 5-14　煤的瓦斯含量与埋深的关系[15]

存规律,可以发现两个煤层的瓦斯含量和标高均符合类朗缪尔的曲线形式,先期增加速度较快,但随着埋深的增加,含量的增长速度逐渐减小。

5.2.4.2 横向分布

在横向上,引起瓦斯压力和瓦斯含量分布变化的主要因素多来源于地质构造,如断层、褶曲、火成岩侵入以及红层覆盖等。

（1）断层

根据两侧岩块相对运动的关系,断层可以分为正断层、逆断层和滑移断层三种形式。对于理想的正断层而言,其常被称为开放型断层,能够形成导通于地面的开放性裂隙通道,有利于瓦斯的逸散和运移。但由于地质条件的演化,实际上存在的很多正断层为非开放性断层,正断层的上盘往往是突出多发区。而逆断层又被称为闭合型断层,其能提供一个相对密闭的空间,对于保存瓦斯有利。

断层的形成一般由三个力决定,即垂向应力 S_v、水平最大主应力 S_{Hmax} 和水平最小主应力 S_{Hmin},如图 5-15 所示。

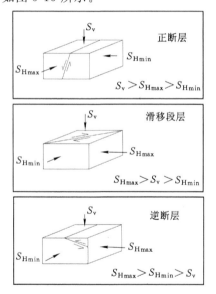

图 5-15　断层受力情况以及分类[25]

对于正断层来说,其上盘下移,下盘上移,断层面呈张开形式。此时,最大主应力为垂向应力,最小主应力为水平最小主应力,即：

$$S_v > S_{Hmax} > S_{Hmin} \tag{5-20}$$

对于滑移断层来说,其上下盘产生水平滑移。此时,最大主应力为水平最大主应力,最小主应力为水平最小主应力,即：

$$S_{Hmax} > S_v > S_{Hmin} \tag{5-21}$$

对于逆断层来说,其上盘上移,下盘下移,断层面呈内错形式。此时,最大主应力为水平最大主应力,最小主应力为垂向应力,即:

$$S_{Hmax} > S_{Hmin} > S_v \qquad (5-22)$$

断层的形式可以看作是应力大小及分布的指示器,从正断层、逆断层以及滑移断层可以判断该区域的主控应力是何方向。应力的大小直接影响了扩散空间的大小,进而影响到扩散的难易程度,即扩散系数的大小。普遍认为,在断层内部由于滑动等力学破坏,会形成一定数量的构造煤,此种煤松软破碎,具有低力学强度、低渗透性和高解吸速度的特点,能够积聚很高的瓦斯能量,是引发煤与瓦斯突出的重要条件之一[27-33]。

断层是划分突出危险区和非突出危险区的标志性地质元素,其对煤与瓦斯的突出条件及突出点的分布具有显著的作用和明显的影响。断层中赋存着大量力学强度低且解吸速度快的构造煤,其构造变形的规模及变形程度不同,影响范围及影响程度也存在明显的差异,这不但使矿区范围的突出具有分区性质,突出危险程度也有明显的区别。进行突出区域划分时,在地质资料收集阶段要重点确定关键的构造带,对突出煤层,分地质块段进行区域划分,然后对每个区域的煤层进行瓦斯基础参数测试。图 5-16 给出了根据瓦斯地质分析划分突出危险区域的方法示意图。当突出点及具有明显突出预兆的位置分布与构造带存在直接关系时,则根据上部区域突出点及具有明显突出预兆的位置分布与地质构造的关系确定构造线两侧突出危险区边缘到构造线的最远距离,并结合下部区域的地质构造分布划分出下部区域构造线两侧的突出危险区;否则,在同一地质单元内,突出点及具有明显突出预兆的位置以上 20 m(埋深)及以下的范围为突出危险区。

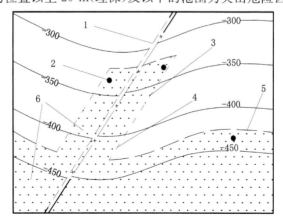

1—断层;2—突出点;3—上部区域突出点在断层两侧的最远距离线;

4—推测下部区域断层两侧的突出危险区边界线;

5—推测的下部区域突出危险区上边界线;6—突出危险区(阴影部分)。

图 5-16　根据瓦斯地质分析划分突出危险区域示意图[5]

图 5-17 为淮北任楼矿区断层分布及瓦斯单元划分。任楼矿区的断层构造极为发育,既有近东西向或北西西向的逆断层(F_5),又有北北东向逆冲断层(F_{21}),既发育北西、北北西向张剪性正断层(F_3、F_4),又发育了北东、北北东向呈"S"形弧状展布的先压剪后拉张的破裂面(F_{13}、F_1、F_2、F_{11}等);另外尚有近南北、北北西向的先拉张后压紧的断层(F_{16}),以及张、压平行共存的断层组合(F_{X2}和F_{X3})。其中,对井田瓦斯赋存起控制作用的大型构造主要有 F_7 断层、F_5 断层、F_3 断层、F_2 断层及界沟断层,其中 F_7 断层和界沟断层分别为井田的南北边界。在划分地质单元时,从南至北可依次划分为瓦斯地质单元一(F_7 断层与 F_3 断层之间块段)、瓦斯地质单元二(F_3 断层与 F_2 断层之间块段)和瓦斯地质单元三(F_2 断层与界沟断层之间块段)[30]。

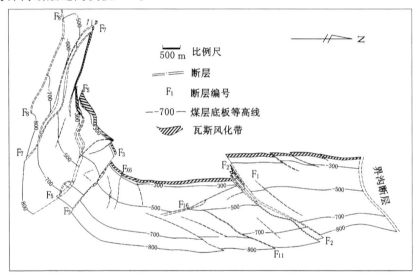

图 5-17　淮北任楼矿区断层分布及瓦斯单元划分

井田地层受力特性的多重性使正断层 F_3 和 F_7 断层,逆断层 F_5 断层均为开放性断层,是良好的瓦斯排放通道。在 F_5 断层与 F_7 断层之间,煤层基本全部处于两断层瓦斯排放带内,部分区域排放范围相互交叉影响,加强煤层瓦斯排放。F_5 断层与 F_7 断层造成地层错动,使其中间区域形成地垒,且此区域为地层扭转区域,应力大,地层产生大量裂隙,促进煤层瓦斯排放,使其排放程度大于 F_3 断层排放范围。这造成矿井 F_3 断层至 F_5 断层之间区域和 F_3 断层与 F_2 断层之间区域煤层受构造影响,瓦斯赋存存在较大差异。F_3 断层与 F_5 断层之间区域 7 煤层瓦斯压力梯度为 0.003 56 MPa/m,实测最大瓦斯压力为 0.39 MPa(-633.5 m),F_3 断层与 F_2 断层(F_2 断层在 F_3 断层右上侧)之间区域 7 煤层瓦斯压力梯度为 0.007 26 MPa/m,实测最大瓦斯压力为 1.7 MPa(-692 m),如

图 5-18所示。

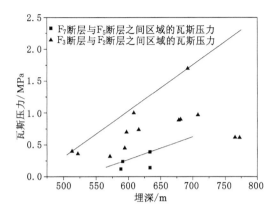

图 5-18　任楼矿区不同瓦斯地质单元的瓦斯赋存规律

（2）火成岩侵入

岩浆岩侵入煤层后,受岩浆岩自身大小、产状、侵入体的位置以及煤层之间距离远近的影响,岩浆岩的热演化区范围和作用强度不同,但处于热演化区内的煤体在变质程度、孔隙结构、吸附解吸特征方面都会发生不同程度的改变,同时岩体的赋存方式也对煤层瓦斯的逸散和储集起到控制作用[34]。岩浆岩对煤层瓦斯赋存的控制作用主要包括热演化作用、热变质作用、推挤作用和圈闭作用,如图 5-19 所示。

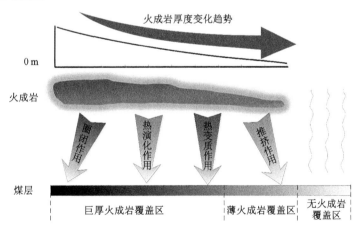

图 5-19　巨厚岩浆岩对下覆煤层瓦斯赋存控制作用原理图

① 热演化及热变质作用

岩浆侵入对煤层的热力作用造成了煤的变质程度增加,煤体中的微孔体积增加,比表面积增大,瓦斯吸附量快速增加[35-39]。对于岩浆侵入时,煤级较低且埋藏较深的煤层,岩浆岩快速增温的热演化作用和深成变质作用相互叠加,"叠加生烃"作用下煤层必然再次产气,"叠加生烃"不仅气量大且成烃速度快,对瓦斯赋存影响明显。图 5-20 为海孜井田岩浆岩下伏煤层的热变质演化生烃过程。由图可以发现,在燕山期,煤层受燕山期构造运动所导致的区内热流值增大的影响,发生了二次生烃作用。

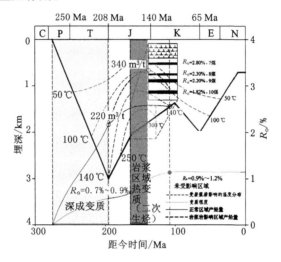

图 5-20 海孜井田 7~10 煤层热演化生烃史

② 推挤作用

地应力是指存在于地壳中的内应力,主要由自重应力、构造应力、孔隙应力、热应力和残余应力等组成。岩浆活动作为构造运动的一种,在其侵入挤压、冷凝收缩和成岩的过程中,会在周围地层产生复杂的构造应力场。熔融状态的岩浆处于静水压力状态,对周围施加的是各方向相等的均匀压力。但随着炽热的岩浆侵入后逐渐冷凝收缩,从接触界面处逐渐向内部发展,不同的热膨胀系数及热力学过程使得岩浆自身及周围岩体应力产生复杂的变化过程。受影响的岩体不仅受到自重应力的作用,还受到了岩床侵入地层引起的挤压应力的作用,岩床厚度越大,下覆岩体所受的挤压应力就越大,如图 5-21 所示。

上覆岩浆岩的动力挤压会使煤层中的微观及宏观孔隙、裂隙的数量和规模产生不同程度的增加,既提高了煤层的吸附瓦斯能力,又提高了煤层对瓦斯的储集能力。此外,构造应力还对煤化作用有一定影响,产生应力降解和应力缩聚效应。应力降解是指构造应力以机械力或动能形式作用于煤有机大分子,使煤芳环结构上的侧链、官能团等分解能较低的化学键断裂,降解为分子量较小的自由基团,以流体有机质形式(烃类)逸出的过程。应力缩聚是指在各向异性的构造应力作用下,煤芳环叠片通过旋转、位移、趋于平行排列使秩理化程度提高,基本

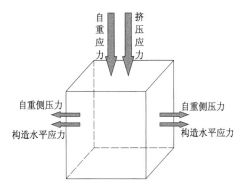

图 5-21　岩浆岩区岩体力学分析示意图

结构单元定向生长和优先拼叠、芳香稠环体系增大的过程[40-41]。

③ 圈闭作用

岩浆岩是渗透性系数较低的致密岩体,其渗透率远远小于煤层。因此,岩浆岩本身就是一个密封体,当顶板岩床赋存于煤层之上,对下伏煤层瓦斯将有很好的圈闭作用,形成巨大的瓦斯包,增加煤与瓦斯突出危险性。图 5-22 为淮北海孜煤矿巨厚火成岩盖状圈闭情况;图 5-23 为皖北卧龙湖煤矿环状火成岩圈闭情况。两个案例均为岩床侵入:海孜煤矿巨厚岩床沿 5 煤层顶板侵入(吞噬 5 煤层)并覆盖在煤层群 7、8、9、10 煤层之上;卧龙湖煤矿沿 10 煤层侵入。不同点是卧龙湖煤矿环形岩床主要是从水平方向上看呈环形,对 10 煤层呈环抱状,海孜巨厚岩床从垂直方向上看像一个巨厚盖层覆盖在 7、8、9、10 煤层之上[42-43]。

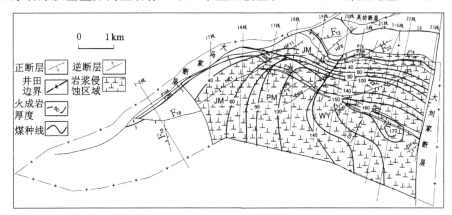

图 5-22　火成岩盖状圈闭区平面图(海孜煤矿)

(3) 红层覆盖

红层是一种外观以红色为主色调的陆相碎屑岩沉积地层,在我国西南、华南、东南和西北地区均有大面积的分布。红层的形成与古气候和古环境有着密

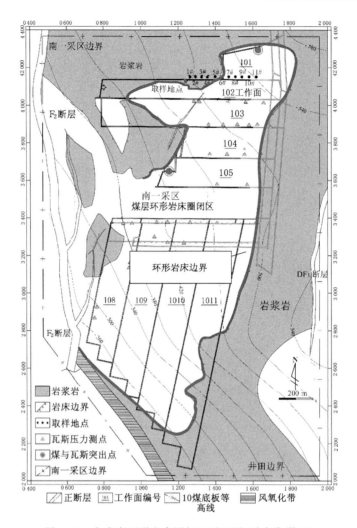

图 5-23　火成岩环形岩床圈闭区平面图（卧龙湖煤矿）

切关系,研究认为中生代至古近系红层形成于炎热、干燥气候下的古盆地和湖泊环境。红层的孔隙结构以小孔和中孔为主,与砂岩、泥岩和粉砂岩相比具有高孔隙率、高渗透性的特点(图 5-24),对煤层瓦斯的封盖能力较差。从岩相学的角度来看,红层中脆性矿物(石英、白云母和方解石)含量高达 43%(图 5-25)。脆性矿物的存在决定了碎屑颗粒孔的多少且使岩样易于形成溶蚀孔和微裂隙,脆性矿物含量增大也会使构造作用形成的微裂隙容易延伸,使岩石中的半封闭孔和封闭孔成为开放孔。另外,红层形成的地质时期较晚,埋深较浅,压实作用不明显,使红层的高孔高渗特性得以最大限度保留。故而有红层大面积侵入的井田,其瓦斯含量和瓦斯涌出量一般较低[44]。

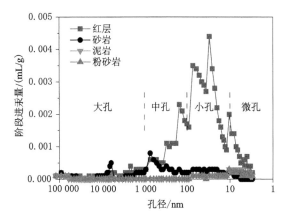

图 5-24　四种岩样的阶段进汞量与孔径关系

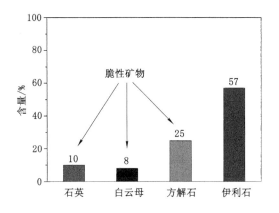

图 5-25　红层岩样岩相学鉴定结果

我国淮北矿区的许疃煤矿便是这样,井田中有大面积红层覆盖的煤层,如图 5-26 所示。许疃井田红层上覆的第四纪松散层结构疏松,封闭性极差。因此从煤层中扩散运移至红层中的瓦斯,由于红层高孔高渗的特点将很快逸散到大气中,造成红层覆盖区煤层瓦斯含量小、压力低的赋存特点。在红层覆盖区和非覆盖区,瓦斯赋存规律以及瓦斯涌出量都显示出了明显的差异性。从图中可以看出,随着工作面从红层覆盖区向非红层覆盖区推进,瓦斯涌出量呈明显的上升趋势,非红层覆盖区的平均瓦斯涌出量(12.41 m^3/min)是红层覆盖区(6.65 m^3/min)的 1.87 倍;且在红层覆盖区内,随着红层沉积厚度的增加,瓦斯涌出量呈明显减小趋势。从瓦斯含量测定数据可以看出,浅部非红层覆盖区 3_2 煤层的瓦斯含量随着埋深的增加呈增大趋势,红层覆盖区 3_2 煤层虽然较浅部非红层覆盖区煤层埋深大,但瓦斯含量却较浅部非红层区煤层要小许多,红层覆盖区平均瓦斯含量仅有 2.52 m^3/t[44]。

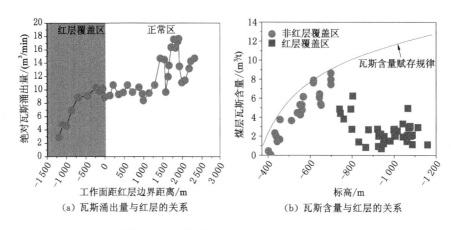

（a）瓦斯涌出量与红层的关系　（b）瓦斯含量与红层的关系

图 5-26　瓦斯涌出量、瓦斯含量与红层的关系

浅部非红层覆盖区煤层瓦斯成分中的 CH_4 含量随着埋深的增加迅速增长到 80% 以上,说明煤层瓦斯垂向分带由瓦斯风化带进入了甲烷带(图 5-27)。但在红层覆盖区,虽然埋深从 -400 m 增加到 -1 200 m,煤样瓦斯成分中的 CH_4 含量却全部小于 80%,平均 CH_4 浓度仅为 45.51%,煤层的瓦斯赋存整体呈现瓦斯风化带的特征,与其所处的埋深形成鲜明对比。这进一步验证了红层沉积对煤层瓦斯赋存的"天窗"效应[44]。

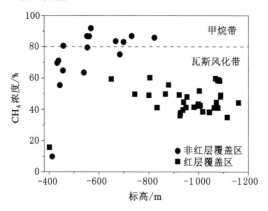

图 5-27　许疃井田红层覆盖区和非覆盖区瓦斯成分统计

5.3　扩散与瓦斯涌出

瓦斯气体涌出的预测是温室效应评价的基础,相较于瓦斯含量、瓦斯压力等静态指标,瓦斯气体的涌出则是一种随时间变化的动态过程,其扩散特性决定了

煤层中瓦斯涌入巷道和大气中的难易程度及速率,而前者仅仅决定了煤层能提供瓦斯大小的能力。瓦斯的涌出特征受到诸如围岩渗透率、煤厚、邻近层、煤产量、产煤方法等诸多自然以及工程因素的影响,精确地厘定瓦斯涌出量在现阶段是非常困难的[3,4,9,10,45-58]。文献中,学者们提出了大量的经验模型进行瓦斯涌出量的粗略计算,如表 5-8 所列。根据研究对象的不同,这些方法可以分为两种:一种为研究全矿井瓦斯涌出量的全矿井模型(第 1～4 种),另一种为研究井下某个工作面或某个巷道的特定地点模型(第 5～8 种)。

表 5-8 瓦斯涌出量计算方法统计

序号	模型	适用地点	参考文献
1	$Q_y = g/Y_0 \cdot \left[\left(\sum_0^{y+1} Y \right)^h + 1 - \left(\sum_0^{y} Y \right)^h + 1 \right]$	全矿井	格雷布斯基(Grebski),1975
2	$Q_y = 1.08 \times 10^7 (Y_0 \cdot X) + 31.44 - 26.76 \, f_c$	全矿井	基什盖斯纳(D. A. Kirchgessner)等,1993
3	$E_d = L_w Y_w + 1.857(GD) + F + X_r Y_t$	全矿井	克里迪(D. P. Creedy),1993
4	$V_g = a_c \sqrt{Y_d} + b_c$	全矿井	卢纳泽夫斯基(L. L. W. Lunarzewski),1998
5	$Q_m = \dfrac{H_c}{H_{c0}} \cdot \zeta_1 \cdot \zeta_2 \cdot \zeta_3 \cdot X_0$	开采煤层	《矿井瓦斯涌出量预测方法》(AQ 1018—2006)
6	$Q_j = \sum_{i=1}^n \dfrac{H_{ci}}{H_{c0}} \cdot \zeta_i \cdot X_i$	邻近煤层	卢纳泽夫斯基(L. L. W. Lunarzewski),1998;《矿井瓦斯涌出量预测方法》(AQ 1018—2006)
7	$Q_e^1 = P_r \cdot V_r \cdot q_0 \cdot \left(2\sqrt{\dfrac{L_r}{V_r}} - 1 \right)$	掘进面煤壁	《矿井瓦斯涌出量预测方法》(AQ 1018—2006)
8	$Q_e^2 = S_r \cdot V_r \cdot \rho_0 \cdot X_1$	掘进面遗煤	《矿井瓦斯涌出量预测方法》(AQ 1018—2006)

5.3.1 全矿井模型

(1) Grebski 模型

格雷布斯基(Grebski)在 1975 年给出了一个可以描述矿井不同生产阶段的瓦斯涌出量经验模型[49]。此模型仅将矿井产量作为自变量,而对于其他影响瓦斯涌出量的参数用两个系数表示,即:

$$Q_y = g/Y_0 \cdot \left[\left(\sum_0^{y+1} Y \right)^h + 1 - \left(\sum_0^{y} Y \right)^h + 1 \right] \tag{5-23}$$

式中　　Q_y——矿井生产年限内瓦斯总涌出量，m³；

　　　　g,h——与地质条件与开采条件相关的参数；

　　　　Y,Y_0——第 y 年的产量和计算时最近一年的产量，t。

（2）Kirchgessner 模型

基什盖斯纳（D. A. Kirchgessner）等[9-10]则利用多元线性回归的方法对瓦斯含量 X、煤炭年产量 Y 和矿井涌出量 Q_y 的关系进行了表征，得到了一条拟合直线，其相关性系数达到了 0.59，具体形式为：

$$Q_y = 1.08 \times 10^7 (Y \cdot X) + 31.44 - 26.76 f_c \tag{5-24}$$

式中　　f_c——虚拟变量，如果 $Y \cdot X < 7.6 \times 10^5$，则 $f_c = 1$，否则 $f_c = 0$。

（3）Creedy 模型

克里迪（D. P. Creedy）[46]统计整理了 1966 年到 1991 年英国深部矿井向大气中排放的瓦斯量，得到了非抽采矿井、抽采矿井、地面储存煤炭以及运送煤炭产生瓦斯排放的具体份额，最终获得了下述经验模型：

$$E_d = L_w Y_w + 1.857(GD) + F + X_r Y_t \tag{5-25}$$

式中　　E_d——矿井瓦斯涌出量，m³；

　　　　Y_w——未抽采瓦斯条件下每年的煤炭产量，t；

　　　　L_w——未抽采瓦斯条件下煤矿的瓦斯相对涌出量，m³/t；

　　　　GD——全矿抽采的瓦斯量，m³；

　　　　F——瓦斯抽采量和利用量的差值，m³；

　　　　X_r——运至地表煤样的残存瓦斯含量，m³/t；

　　　　Y_t——矿井煤炭产量，t。

（4）Lunarzewski 模型

类似地，卢纳泽夫斯基（L. L. W. Lunarzewski）[49]将所有影响煤层瓦斯涌出量的变量用两个参数 a_c 和 b_c 表示，得到了煤炭日产量和矿井瓦斯涌出速率的关系，即：

$$V_g = a_c \sqrt{Y_d} + b_c \tag{5-26}$$

式中　　V_g——矿井瓦斯涌出速率，s⁻¹；

　　　　Y_d——日产量，t；

　　　　a_c,b_c——与煤炭产量水平及每周工作天数相关的参数。

5.3.2　分源模型

特定地点模型主要应用了分源预测法的概念，即按照煤矿生产过程中瓦斯涌出源的多少，各个瓦斯源涌出瓦斯量的大小，来预计煤矿各个时期（如投产期、达标期、萎缩期等）的瓦斯涌出量。分源预测法应用广泛，已经被我国纳入规范[《矿井瓦斯涌出量预测方法》（AQ 1018—2006）]，其基本的源、汇关系如图 5-28 所示。

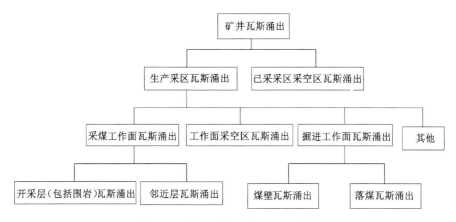

图 5-28 煤矿瓦斯涌出的源、汇关系

在采用分源预测法计算瓦斯涌出量时,一般主要计算的量有开采煤层的瓦斯涌出量、邻近煤层的瓦斯涌出量和掘进工作面瓦斯涌出量三种。其中前两者之和又可称为采煤工作面瓦斯涌出量。总瓦斯含量的计算公式为:

$$Q = Q_m + Q_j + Q_v \tag{5-27}$$

式中 Q_m——开采煤层的瓦斯涌出量,m^3/t;

Q_j——邻近煤层的瓦斯涌出量,m^3/t;

Q_v——掘进工作面的瓦斯涌出量,m^3/t。

(1) 开采煤层瓦斯涌出量

开采煤层的瓦斯涌出量,可根据下式进行计算:

$$Q_m = \frac{H_c}{H_{c0}} \cdot \zeta_1 \cdot \zeta_2 \cdot \zeta_3 \cdot X_0 \tag{5-28}$$

式中 H_c, H_{c0}——开采层厚度和工作面采高,m;

X_0——开采层的瓦斯解吸量,为原始瓦斯含量和残存瓦斯含量之差,m^3/t;

ζ_1——围岩瓦斯涌出系数,全部陷落法管理顶板,碳质组分较多的围岩,ζ_1 可取 1.3;局部充填法管理顶板,ζ_1 取 1.2;全部充填法管理顶板,ζ_1 取 1.1;砂质泥岩等致密性围岩,ζ_1 取值可偏小;

ζ_2——工作面丢煤瓦斯涌出系数,可用回采率的倒数来计算;

ζ_3——采区内准备巷道预排瓦斯对开采层瓦斯涌出影响系数,具体取值可查阅标准《矿井瓦斯涌出量预测方法》(AQ 1018—2006)。

(2) 邻近煤层瓦斯涌出量

当煤层不是单一煤层赋存时,邻近层瓦斯涌出量可采用下式计算:

$$Q_j = \sum_{i=1}^{n} \frac{H_{ci}}{H_{c0}} \cdot \zeta_i \cdot X_i \tag{5-29}$$

式中　H_{ci}——第 i 个邻近层的厚度，m；

　　　X_i——邻近层的瓦斯解吸量，为原始瓦斯含量和残存瓦斯含量之差，m³/t；

　　　ζ_i——第 i 个邻近层瓦斯排放率，%。在文献中主要有两种计算方法：一种是利用规范《矿井瓦斯涌出量预测方法》（AQ 1018—2006）中的经验曲线直接取值[图 5-29（a）]，另一种就是根据 PFG/FGK 方法拟合出的经验曲线直接进行取值[图 5-29（b）][50]。我国一般采用规范中提供的经验方法来取值。

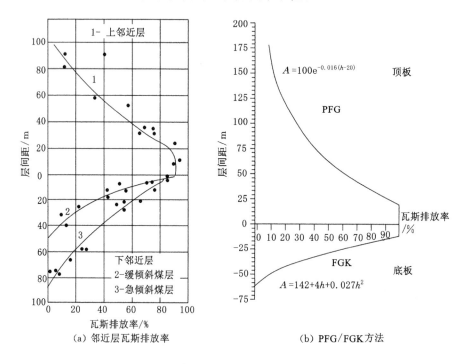

图 5-29　邻近层瓦斯排放率的取值关系

（3）掘进工作面的瓦斯涌出量

掘进工作面的瓦斯涌出量主要包括掘进巷道煤壁的瓦斯涌出量和掘进落煤的瓦斯涌出量两种。与采煤工作面瓦斯涌出量不同的是，其计算出的值为绝对瓦斯含量值。

① 掘进巷道煤壁的瓦斯涌出量

掘进巷道煤壁的瓦斯涌出量可按下式计算：

$$Q_e^1 = P_r \cdot V_r \cdot q_0 \cdot \left(2\sqrt{\frac{L_r}{V_r}} - 1\right) \tag{5-30}$$

式中　Q_e^1——掘进巷道煤壁瓦斯涌出量，m³/min；

P_r——巷道断面内暴露煤壁面的周边长度，m；对于薄及中厚煤层，$P_r = 2m_0$，m_0 为开采层厚度；对于厚煤层 $P_r = 2h + b$，h 及 b 分别为巷道的高度及宽度；

V_r——巷道平均掘进速度，m/min；

L_r——巷道长度，m；

q_0——煤壁瓦斯涌出强度。如无实测值可参考下式进行计算：

$$q_0 = 0.026[0.000\,4\,(V^z)^2 + 0.16]/W_0 \tag{5-31}$$

式中　q_0——巷道煤壁瓦斯涌出强度，$m^3/(m^2 \cdot min)$；

V^z——煤中挥发分含量，%；

W_0——煤层原始瓦斯含量，m^3/t。

② 掘进落煤的瓦斯涌出量

掘进巷道煤壁的瓦斯涌出量可按下式计算：

$$Q_e^2 = S_r \cdot V_r \cdot \rho_0 \cdot X_1 \tag{5-32}$$

式中　Q_e^2——掘进巷道落煤的瓦斯涌出量，m^3/min；

S_r——掘进巷道断面积，m^2；

V_r——巷道平均掘进速度，m/min；

ρ_0——煤的密度，t/m^3；

X_1——遗煤的瓦斯解吸量，为原始瓦斯含量和残存瓦斯含量之差，m^3/t。

在计算总的矿井瓦斯涌出量时，还应再乘以相应的富余系数，包括生产采区内采空区瓦斯涌出系数、煤矿已采采空区瓦斯涌出系数等，具体取值可以参考《矿井瓦斯涌出量预测方法》(AQ 1018—2006)。

虽然分源预测法引入了相当多的参数来更为精确地厘定瓦斯涌出量，但是也有相当一部分学者选择利用数值模拟的方法更加直观、细致地预测瓦斯涌出量大小(图 5-30 和图 5-31)，常用的模拟软件包括 FLUENT、COMSOL、

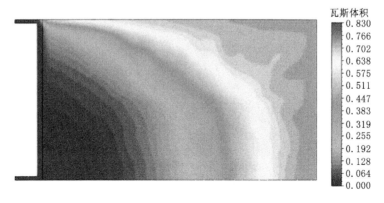

瓦斯体积
- 0.830
- 0.766
- 0.702
- 0.638
- 0.575
- 0.511
- 0.447
- 0.383
- 0.319
- 0.255
- 0.192
- 0.128
- 0.064
- 0.000

图 5-30　瓦斯浓度分布模拟示意图(基于 FLUENT)

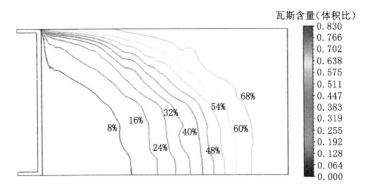

图 5-31　瓦斯浓度等值线分布模拟示意图(基于 FLUENT)

COSFLOW 等。卡拉坎(C. Ö. Karacan)等[47,59]建立了一种动态的瓦斯涌出量模型,用以研究采空区瓦斯涌出的变化规律,并基于现场的历史数据进行了校正。H. Guo 等利用 COSFLOW[60] 和 FLUENT[61] 模拟软件模拟了采空区、工作面以及巷道之间的瓦斯涌出特征。L. Fan 等[62]建立了采空区破碎煤体的渗透率模型,以此作为本构模型模拟了采空区瓦斯浓度分布及瓦斯涌出的情况。无论是利用经验模型法计算,还是利用模拟软件解算,所涉及的诸多参数多是与扩散系数有关,或将扩散系数内置以某一系数表示(形式简单,经验模型居多),或直接将扩散系数在模型中具现化(形式复杂,模拟本构模型居多),运用数值解算软件解算。两类方法在使用时,要因地制宜,综合考虑。

参 考 文 献

[1] CHENG Y, WANG L, ZHANG X. Environmental impact of coal mine methane emissions and responding strategies in China[J]. International journal of greenhouse gas control,2011,5(1):157-166.

[2] IPCC. The fifth assessment report of the intergovernmental panel on climate change [R]. [S. l.]: Intergovernmental panel on climate change,2014.

[3] KARACAN C Ö,RUIZ F A,COTÈ M,et al. Coal mine methane: a review of capture and utilization practices with benefits to mining safety and to greenhouse gas reduction[J]. International journal of coal geology,2011, 86(2-3):121-156.

[4] WARMUZINSKI K. Harnessing methane emissions from coal mining[J]. Process safety and environmental protection,2008,86(5):315-320.

［5］程远平,等.煤矿瓦斯防治理论与工程应用［M］.徐州:中国矿业大学出版社,2010.

［6］EPA. Coal mine methane country profiles［R］. Washington:US Environmental Protection Agency,2015.

［7］EPA. U S greenhouse gas emissions and sinks:1990—2016［R］. Washington:US Environmental Protection Agency,2018.

［8］EPA. Coal mine methane developments in the United States［R］. Washington:US Environmental Protection Agency,2018.

［9］KIRCHGESSNER D A,PICCOT S D,MASEMORE S S. An improved inventory of methane emissions from coal mining in the United States［J］. Journal of the air & waste management association, 2000, 50 (11): 1904-1919.

［10］KIRCHGESSNER D A,PICCOT S D,WINKLER J D. Estimate of global methane emissions from coal mines［J］. Chemosphere, 1993, 26 (1-4): 453-472.

［11］DIAMOND W P,SCHATZEL S J. Measuring the gas content of coal:a review［J］. International journal of coal geology,1998,35(1):311-331.

［12］BERTARD C,BRUYET B,GUNTHER J. Determination of desorbable gas concentration of coal (direct method)［J］. International journal of rock mechanics & mining sciences & geomechanics abstracts, 1970, 7 (1): 43-65.

［13］SAGHAFI A. Discussion on determination of gas content of coal and uncertainties of measurement［J］. International journal of mining science and technology,2017,27(5):741-748.

［14］JIANG H,CHENG Y P,AN F H. Research on effective sampling time in direct measurement of gas content in Huaibei coal seams［J］. Journal of mining & safety engineering,2013(1):143-148.

［15］JIN K,CHENG Y,WANG W,et al. Evaluation of the remote lower protective seam mining for coal mine gas control:a typical case study from the Zhuxianzhuang coal mine,Huaibei coalfield,China［J］. Journal of natural gas science and engineering,2016,33:44-55.

［16］FUENKAJORN K,DAEMEN J J K. Sealing of boreholes and underground excavations in rock［M］. Dordrecht:Springer,1996.

［17］LIU Q,CHENG Y,YUAN L,et al. A new effective method and new materials for high sealing performance of cross-measure CMM drainage boreholes[J]. Journal of natural gas science and engineering, 2014, 21: 805-813.

[18] WANG L, CHENG Y, WANG L, et al. Safety line method for the prediction of deep coal-seam gas pressure and its application in coal mines[J]. Safety science, 2012, 50(3): 523-529.

[19] CERVIK J. Behavior of coal-gas reservoirs[C]//SPE eastern regional meeting. Pittsburgh: Society of petroleum engineers, 1967.

[20] ZHAO W, CHENG Y, YUAN M, et al. Effect of adsorption contact time on coking coal particle desorption characteristics[J]. Energy & fuels, 2014, 28(4): 2287-2296.

[21] KONG S. Research on coal and gas outburst prediction indexs of Tunlan coal mine[D]. Xuzhou: China University of Mining & Technology, 2012.

[22] MOU J H. Research of the gas dynamical characteristic in dalong coal mine[D]. Xuzhou: China University of Mining & Technology, 2013.

[23] SHU L. Research on gas outburst prediction indexs and critical value of No. 10 coal seam in Yangliu coal mine[D]. Xuzhou: China University of Mining & Technology, 2012.

[24] JIN K, CHENG Y, WANG L, et al. The effect of sedimentary redbeds on coalbed methane occurrence in the Xutuan and Zhaoji coal mines, Huaibei coalfield, China[J]. International journal of coal geology, 2015, 137: 111-123.

[25] ZOBACK M D. Reservoir geomechanics[M]. Cambridge: Cambridge University Press, 2010.

[26] KONG S, CHENG Y, REN T, et al. A sequential approach to control gas for the extraction of multi-gassy coal seams from traditional gas well drainage to mining-induced stress relief[J]. Applied energy, 2014, 131: 67-78.

[27] LU S, CHENG Y, MA J, et al. Application of in-seam directional drilling technology for gas drainage with benefits to gas outburst control and greenhouse gas reductions in Daning coal mine, China[J]. Natural hazards, 2014, 73(3): 1419-1437.

[28] BEAMISH B B, CROSDALE P J. Instantaneous outbursts in underground coal mines: an overview and association with coal type[J]. International journal of coal geology, 1998, 35(1-4): 27-55.

[29] GUO H, CHENG Y, REN T, et al. Pulverization characteristics of coal from a strong outburst-prone coal seam and their impact on gas desorp-

tion and diffusion properties[J]. Journal of natural gas science and engineering,2016,33:867-878.

[30] GUO P,CHENG Y,JIN K,et al. The impact of faults on the occurrence of coal bed methane in Renlou coal mine, Huaibei coalfield, China[J]. Journal of natural gas science and engineering,2014,17:151-158.

[31] JIN K,CHENG Y,LIU Q,et al. Experimental investigation of pore structure damage in pulverized coal: implications for methane adsorption and diffusion characteristics[J]. Energy & fuels,2016,30(12):10383-10395.

[32] LI W,CHENG Y,WANG L. The origin and formation of CO_2 gas pools in the coal seam of the Yaojie coalfield in China[J]. International journal of coal geology,2011,85(2):227-236.

[33] ZHAO W,CHENG Y,JIANG H,et al. Role of the rapid gas desorption of coal powders in the development stage of outbursts[J]. Journal of natural gas science & engineering,2016,28:491-501.

[34] 王伟,程远平,王亮,等.巨厚火成岩对下伏煤层瓦斯赋存的控制作用[J].采矿与安全工程学报,2014,31(1):154-160.

[35] LIU D,YAO Y,TANG D,et al. Coal reservoir characteristics and coalbed methane resource assessment in Huainan and Huaibei coalfields,Southern North China[J]. International journal of coal geology, 2009, 79 (3): 97-112.

[36] 卢平,鲍杰,沈兆武.岩浆侵蚀区煤层孔隙结构特征及其对瓦斯赋存之影响分析[J].中国安全科学学报,2001,11(6):41-44.

[37] YAO Y,LIU D. Effects of igneous intrusions on coal petrology,pore-fracture and coalbed methane characteristics in Hongyang,Handan and Huaibei coalfields,North China[J]. International journal of coal geology,2012, 96-97:72-81.

[38] YAO Y,LIU D,HUANG W. Influences of igneous intrusions on coal rank,coal quality and adsorption capacity in Hongyang,Handan and Huaibei coalfields, North China[J]. International journal of coal geology, 2011,88(2/3):135-146.

[39] CHEN J,LIU G,LI H,et al. Mineralogical and geochemical responses of coal to igneous intrusion in the Pansan coal mine of the Huainan coalfield,Anhui,China[J]. International journal of coal geology,2014, 124:11-35.

[40] 杨起,李思田,陈钟惠.煤田地质学[M].北京:地质出版社,1979.

[41] XU C,CHENG Y,REN T,et al. Gas ejection accident analysis in bed splitting under igneous sills and the associated control technologies：a case study in the Yangliu mine,Huaibei coalfield,China[J]. Natural hazards,2014,71(1):109-134.

[42] 蒋静宇.岩浆岩侵入对瓦斯赋存的控制作用及突出灾害防治技术:以淮北矿区为例[D].徐州:中国矿业大学,2012.

[43] JIANG J Y,CHENG Y P,WANG L,et al. Petrographic and geochemical effects of sill intrusions on coal and their implications for gas outbursts in the Wolonghu mine,Huaibei coalfield,China[J]. International journal of coal geology,2011,88(1):55-66.

[44] 姜利民.临涣矿区东南缘瓦斯赋存构造控制特征及防治技术研究[D].徐州:中国矿业大学,2014.

[45] DIJK P V,ZHANG J,JUN W,et al. Assessment of the contribution of in-situ combustion of coal to greenhouse gas emission：based on a comparison of Chinese mining information to previous remote sensing estimates[J]. International journal of coal geology,2011,86(1):108-119.

[46] CREEDY D P. Methane emissions from coal related sources in Britain：development of a methodology[J]. Chemosphere,1993,26(1-4):419-439.

[47] KARACAN C Ö,ESTERHUIZEN G S,SCHATZEL S J,et al. Reservoir simulation-based modeling for characterizing longwall methane emissions and gob gas venthole production[J]. International journal of coal geology,2007,71(2/3):225-245.

[48] LI W,YOUNGER P L,CHENG Y,et al. Addressing the CO_2 emissions of the world's largest coal producer and consumer：lessons from the Haishiwan coalfield,China[J]. Energy,2015,80:400-413.

[49] LUNARZEWSKI L L W. Gas emission prediction and recovery in underground coal mines[J]. International journal of coal geology,1998,35(1-4):117-145.

[50] NOACK K. Control of gas emissions in underground coal mines[J]. International journal of coal geology,1998,35(1):57-82.

[51] SCHATZEL S J,KARACAN C Ö,DOUGHERTY H,et al. An analysis of reservoir conditions and responses in longwall panel overburden during mining and its effect on gob gas well performance[J]. Engineering geology,2012,127:65-74.

[52] SU S,HAN J,WU J,et al. Fugitive coal mine methane emissions at five

mining areas in China[J]. Atmospheric environment, 2011, 45 (13): 2220-2232.

[53] WANG W, CHENG Y, WANG H, et al. Fracture failure analysis of hard-thick sandstone roof and its controlling effect on gas emission in underground ultra-thick coal extraction[J]. Engineering failure analysis, 2015, 54:150-162.

[54] WANG F, REN T, TU S, et al. Implementation of underground longhole directional drilling technology for greenhouse gas mitigation in Chinese coal mines[J]. International journal of greenhouse gas control, 2012, 11: 290-303.

[55] WANG K, WEI Y, ZHANG X. Energy and emissions efficiency patterns of Chinese regions: a multi-directional efficiency analysis[J]. Applied energy, 2013, 104:105-116.

[56] FU F, LIU H, POLENSKE K R, et al. Measuring the energy consumption of China's domestic investment from 1992 to 2007[J]. Applied energy, 2013, 102:1267-1274.

[57] SCHIFFRIN D J. The feasibility of in situ geological sequestration of supercritical carbon dioxide coupled to underground coal gasification[J]. Energy & environmental science, 2015, 8(8):2330-2340.

[58] DAIOGLOU V, FAAIJ A P C, SAYGIN D, et al. Energy demand and emissions of the non-energy sector[J]. Energy & environmental science, 2014, 7(2):482-498.

[59] KARACAN C Ö. Analysis of gob gas venthole production performances for strata gas control in longwall mining[J]. International journal of rock mechanics and mining sciences, 2015, 79:9-18.

[60] GUO H, YUAN L, SHEN B, et al. Mining-induced strata stress changes, fractures and gas flow dynamics in multi-seam longwall mining[J]. International journal of rock mechanics and mining sciences, 2012, 54:129-139.

[61] GUO H, TODHUNTER C, QU Q, et al. Longwall horizontal gas drainage through goaf pressure control[J]. International journal of coal geology, 2015, 150-151:276-286.

[62] FAN L, LIU S. A conceptual model to characterize and model compaction behavior and permeability evolution of broken rock mass in coal mine gobs[J]. International journal of coal geology, 2017, 172:60-70.

第6章 扩散与煤层瓦斯抽采

本章要点

1. 渗透率几何模型的演变及各自的特点；

2. 吸附时间与扩散的关系；

3. 吸附膨胀的原理及与扩散的关系；

4. 常用的抽采方法及其分类。

　　煤层瓦斯是一种高效的清洁能源,抽采瓦斯不仅可以消除井下瓦斯灾害,减小温室气体效应,还可以创造巨大的经济价值。上一章讲述了煤层瓦斯是如何赋存及涌出的,这一章主要介绍如何进行有效的抽采,而减少瓦斯涌出,以及扩散在瓦斯抽采所扮演的角色,此外还会给出一些常见的瓦斯抽采方法。

6.1　煤的双孔特性

　　从双孔介质的角度来看,煤体内部的解吸瓦斯流按运移空间差异可分为脱附、扩散、渗流三个过程,如图 6-1 所示。在煤的基质内部存在大量孔隙,因此在基质内部瓦斯流是以浓度梯度为主导的扩散;而在煤的基质之间则存在着大量的裂隙,因此在基质之间瓦斯流是以压力梯度为主导的渗流。需要指出的是,这里的裂隙基质双孔特性与双孔扩散模型是有区别的,双孔扩散模型指的是大孔套小孔的数学模型,两种孔隙均是以扩散方程为主控。另外,双孔扩散模型更像是一种数学上的简化,其在现实中并没有大孔与小孔明显分界的物理特征,只在

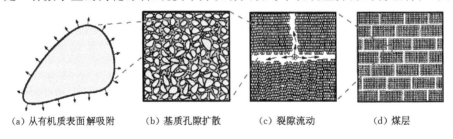

(a) 从有机质表面解吸附　　(b) 基质孔隙扩散　　(c) 裂隙流动　　(d) 煤层

图 6-1　煤的双孔特性

吸附或解吸动力曲线上反映出了快速阶段或者慢速阶段的宏观特征。而反观裂隙基质双孔模型，则可以清晰地观察到像层理、节理这样有明显分割特征的裂隙存在，其更容易被人接受。也正因为这样，很多论文中，将扩散双孔模型所指代的双孔结构误认为是渗透率模型中的双孔结构。虽然表观扩散系数与表观渗透率之间有明确的数学联系，但在应用这两种"双孔"模型时，应该注意区分。

6.1.1　渗透率几何简化模型的演变

渗透率反映了煤允许流体通过的能力。最先提出的渗透模型是 1856 年法国专家达西（Darcy）推导出的达西公式，即：

$$q_{\text{total}} = k_{\text{total}} \frac{\Delta p A_{\text{total}}}{\mu L_{\text{total}}} \tag{6-1}$$

式中　q_{total}——单位时间通过的瓦斯流质量，g/s；

　　　k_{total}——多孔介质的总体渗透率，m^2；

　　　A_{total}——横截面积，m^2；

　　　μ——动力黏度，Pa·s；

　　　L_{total}——沿流动方向的渗透路径长度，m；

　　　Δp——沿流动方向的压降，MPa。

达西定律描述的是饱和土中水的渗流速度与水力坡降之间的线性关系。而对于双孔介质的煤来讲，其渗透性由两部分组成：一是裂隙贡献的渗透性；二是孔隙贡献的渗透性。如果这两种系统是独立并联关系的话，则煤的总渗透率可表示为裂隙渗透率与孔隙（基质）渗透率之和[1]。但由于基质内的物质传递速度相对于裂隙自由空间内的传质速度来说可以忽略不计，故而经常用裂隙渗透率来代指煤体总的渗透率。从几何的简化形式来划分，渗透率模型一共经历了三个阶段[2]：① 平板模型，即将煤体裂隙简化为相互平行的板状裂隙，如图 6-2（a）所示；② 火柴杆模型，即将相互平行的裂隙再垂直分割，形成相互平行的火柴杆，此时流动增加为两个维度，如图 6-2（b）所示；③ 立方体模型，即再将火柴杆进行切分，形成立方体状的集合体。此时又有两种情况存在：一种是一个方向的裂隙看作不可渗透的层理，此时又可看作与火柴杆模型相同的简化模型，如图 6-2（c）所示；另一种是三个方向上的裂隙产生的渗透率作用相等，如图 6-2（d）所

 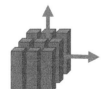  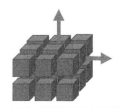

（a）平板模型　　（b）火柴杆模型　　（c）存在一个方向不渗透的立方体模型　　（d）三个方向等效渗透的立方体模型

图 6-2　渗透率几何模型的演变[2]

示。一般文献中的立方体模型是指后一种形式。

多孔介质的渗透率与裂隙率的三次方呈正比关系。对于每种简化形式而言,都会有不同的裂隙率计算公式,从而可以得出不同的渗透率计算公式。以最为复杂的立方体模型为例(图6-3),煤体裂隙的变化可以写为:

$$\varphi_f = \frac{(l_{a_1} + l_b)(l_{a_2} + l_b)(l_{a_3} + l_b) - l_{a_1} l_{a_2} l_{a_3}}{(l_{a_1} + l_b)(l_{a_2} + l_b)(l_{a_3} + l_b)} \tag{6-2}$$

式中 φ_f——裂隙率;

$l_{a_1}, l_{a_2}, l_{a_3}$——基质边长,角标1、2、3分别代表不同方向;

l_b——基质边长变化量。

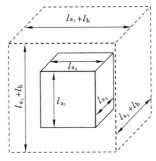

图6-3 裂隙率变化

因为 $l_b \ll l_{a_1}, l_{a_2}, l_{a_3}$,所以

$$\varphi_f \approx l_b \left(\frac{1}{l_{a_1}} + \frac{1}{l_{a_2}} + \frac{1}{l_{a_3}} \right) \tag{6-3}$$

如果煤体是均质变形体,对于图6-2(a)的情形,只有一个方向上的变形,故而 $\varphi_f \approx l_b/l_a$;对于图6-2(b)的情形,有两个方向上的变形,因此 $\varphi_f \approx 2l_b/l_a$;对于图6-2(c)的情形,和火柴杆模型一致,$\varphi_f \approx 2l_b/l_a$;对于图6-2(d)的情形,有三个方向上的变形,故而 $\varphi_f \approx 3l_b/l_a$。

渗透率的演化与裂隙率的关系可以写为:

$$\frac{k}{k_0} = \left(\frac{\varphi_f}{\varphi_{f0}} \right)^3 \tag{6-4}$$

式中 k_0——初始渗透率,m^2;

φ_{f0}——初始裂隙率。

上式也被称为"立方定律"。故而对于每一种渗透率几何模型来讲,其裂隙率不同,渗透率模型也不尽相同。

6.1.2 经典的双孔数学本构模型

(1) 渗透率数学拟合模型

国外学者则基于上述几何简化模型及不同应力条件提出了大量描述渗透行

为的数学模型,常用的有 S-H(Seidle 和 Huitt)模型、P-M(Palmer 和 Mansoori)模型、S-D(Shi 和 Durucan)模型、R-C(Robertson 和 Christiansen)模型等,如表 6-1 所列。不同的模型由于简化条件不同,其拟合效果也不尽相同,如图 6-4 所示。前两种模型基于火柴杆模型推导,后一种模型基于立方体模型进行建立,其推导过程在这里不作详细论述,如需要可参考程远平教授等编著的《煤力学》一书。

表 6-1　常用煤体渗透率模型

模型	公式	几何模型
P-M 模型	$\dfrac{k}{k_0} = \left[1 + \dfrac{\overline{C}_m}{\varphi_0}(p - p_0) + \dfrac{\varepsilon_{\max}}{\varphi_0}\left(\dfrac{K}{M} - 1 \right)\left(\dfrac{p}{p_L + p} - \dfrac{p_0}{p_L + p_0} \right) \right]^3$ $\overline{C}_m = \dfrac{1}{M} - \left(\dfrac{K}{M} + f - 1 \right)\gamma,\ M = \dfrac{E(1 - v)}{(1 + v)(1 - 2v)}$ 式中:K 为体积模量;M 为轴向约束模量;E 为杨氏模量;γ 为固体压缩系数;v 为泊松比;$\varepsilon_{\max}$ 为最大吸附膨胀体应变;φ_0 为初始孔隙率;f 为系数,$0 \leqslant f \leqslant 1$;$p_0,p_L,p$ 为初始压力、朗缪尔压力和实时压力;$\overline{C}_m$ 为系数	火柴杆
S-D 模型	$\dfrac{k}{k_0} = \exp\left\{ 3\overline{C}_f \left[\dfrac{v}{1 - v}(p - p_0) - \dfrac{\varepsilon_{\max}}{3}\dfrac{E}{1 - v}\left(\dfrac{p}{p_L + p} - \dfrac{p_0}{p_L + p_0} \right) \right] \right\}$ 式中,$\overline{C}_f$ 为裂隙压缩系数	火柴杆
R-C 模型	$\dfrac{k}{k_0} = \exp\left\{ \begin{array}{l} 3C_0 \dfrac{1 - \exp[\theta(p - p_0)]}{-\theta} + \\[2mm] \dfrac{9}{\varphi_0}\left[\dfrac{1 - 2v}{E}(p - p_0) - \dfrac{\varepsilon_{\max}p_L}{3(p_L + p_0)}\ln\left(\dfrac{p_L + p}{p_L + p_0} \right) \right] \end{array} \right\}$ 式中,θ 为裂隙压缩性变化速率	立方体

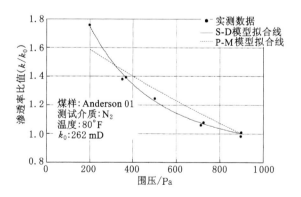

图 6-4　渗透率数学拟合模型示例

在上述三种模型中,在括号里分别有有效应力和吸附膨胀两项,即煤体应变为因有效应力产生的应变和吸附膨胀(解吸收缩)引起的应变之和:

$$\Delta\varepsilon = \Delta\varepsilon_m + \Delta\varepsilon_a \tag{6-5}$$

式中　　$\Delta\varepsilon_m$——有效应力引起的应变;

　　　　$\Delta\varepsilon_a$——吸附膨胀引起的应变;

　　　　$\Delta\varepsilon$——煤体总的应变。

一般地,有效应力引起的应变为:

$$\varepsilon_m = -\frac{p}{E_s}(1-2v_s) \tag{6-6}$$

式中　　p——气体压力,MPa;

　　　　E_s——固体部分的杨氏模量,MPa;

　　　　v_s——固体部分的泊松比。

而吸附引起的应变遵循朗缪尔形式,为:

$$\varepsilon_a = \frac{a\rho_s RT}{E_A V_M}\ln(1+bp) \tag{6-7}$$

式中　　E_A——有效杨式模量,MPa;

　　　　ρ_s——固体部分的密度,t/m³;

　　　　a,b——朗缪尔吸附常数,m³/t 和 MPa⁻¹;

　　　　V_M——气体摩尔体积,取 22.4 L/mol。

当瓦斯吸附或解吸时,两种效应对煤体的渗透率所起的作用是相反的。当瓦斯解吸时,瓦斯压力变小,进而使得有效应力增大,对煤骨架的压缩效应增大,使得煤的裂隙空间减小,最终导致渗透率减小;而此时,由于瓦斯从煤体表面吸附位上脱离,吸附膨胀效应减小,使得煤的裂隙空间增大,渗透率加大。

(2) 数值模拟本构模型

渗透率数学模型的提出将吸附膨胀的影响具体化,为分析扩散行为对煤整体渗透率的影响分析提供了桥梁。而如果采用模拟的手段进行抽采曲线或者瓦斯浓度分布的数值模拟,则需结合连续性方程、气体状态方程等公式,分别对基质和裂隙进行赋值,建立合理的本构方程组。

煤粒中瓦斯连续性方程可表示为:

$$\frac{\partial m_g}{\partial t} - \nabla\cdot(\rho_g v_g) = 0 \tag{6-8}$$

式中　　m_g——瓦斯质量,g;

　　　　ρ_g——瓦斯气体密度,kg/m³;

　　　　v_g——瓦斯气体流速,m/s;

　　　　t——解吸时间,s。

对于基质中的孔隙系统,瓦斯有游离态和吸附态两种状态,那么在基质中:

$$m_{\mathrm{m}} = \left(\frac{ab\, p_{\mathrm{m}}}{1+b p_{\mathrm{m}}} + \frac{\varphi_{\mathrm{m}} p_{\mathrm{m}}}{\rho_{\mathrm{g}} p_0} \right) \cdot \frac{\rho_{\mathrm{g}} M}{V_{\mathrm{M}}} \tag{6-9}$$

式中　m_{m}——基质系统中的瓦斯质量,g;

p_{m}——基质系统中的气体压力,MPa;

p_0——标准大气压力,MPa;

φ_{m}——基质系统中的孔隙率。

而对于裂隙系统,瓦斯只有游离状态,则,

$$m_{\mathrm{f}} = \frac{\varphi_{\mathrm{f}} p_{\mathrm{f}}}{\rho_{\mathrm{g}} p_0} \frac{\rho_{\mathrm{g}} M}{V_{\mathrm{M}}} = \frac{\varphi_{\mathrm{f}} p_{\mathrm{f}} M}{p_0 V_{\mathrm{M}}} \tag{6-10}$$

式中　m_{f}——裂隙系统中的瓦斯质量,g;

p_{f}——裂隙系统中的气体压力,MPa;

φ_{f}——裂隙系统中的孔隙率。

因此,对基质系统联立式(6-9)和式(6-10),对裂隙系统联立式(6-9)和式(6-11)便可分别得到两个系统的控制方程:

$$\frac{\rho_{\mathrm{g}} M}{V_{\mathrm{M}}} \left[\frac{ab}{1+b p_{\mathrm{m}}} - \frac{ab^2 p_{\mathrm{m}}}{(1+b p_{\mathrm{m}})^2} + \frac{\varphi_{\mathrm{m}}}{\rho_{\mathrm{g}} p_0} \right] \frac{\partial p_{\mathrm{m}}}{\partial t} - \nabla \cdot \left(\frac{M}{RT} p_{\mathrm{m}} \cdot \frac{k_{\mathrm{m}}}{\mu} \nabla p_{\mathrm{m}} \right) = 0 \tag{6-11}$$

$$\frac{M \varphi_{\mathrm{f}}}{V_{\mathrm{M}} p_0} \frac{\partial p_{\mathrm{f}}}{\partial t} - \nabla \cdot \left(\frac{M}{RT} p_{\mathrm{f}} \cdot \frac{k_{\mathrm{f}}}{\mu} \nabla p_{\mathrm{f}} \right) = 0 \tag{6-12}$$

式中　k_{m},k_{f}——基质系统和裂隙的渗透率,m²。

由于上述建立的数值模型是个复杂的偏微分方程,难以通过解析方法得到精确的解析解。所以有限元法是唯一的数值模拟实现手段。本书采用渗流模拟常用的 COMSOL Multiphysics 软件,运用有限元法对建立的偏微分方程求解,从而实现真实的解吸过程模拟。在模拟过程中,本构模型的建立需运用 PDE 模块,该模块提供的本构模型有系数型、通式型以及弱解型三种。这里采用通式型进行模型内核撰写,其型式为:

$$e_{\mathrm{a}} \frac{\partial^2 u}{\partial t^2} + d_{\mathrm{a}} \frac{\partial u}{\partial t} + \nabla \cdot \Gamma = f_{\mathrm{s}} \tag{6-13}$$

式中　e_{a},d_{a}——方程中的质量系数;

Γ——通量表达式;

f_{s}——质量源项。

对式(6-13)进行赋值便可得到适用于不同区域基质和裂隙的本构方程。可以发现对于基质流动,通式方程有下属赋值:

$$\begin{cases} e_{\mathrm{a}} = 0 \\ d_{\mathrm{a}} = \dfrac{\varrho_{\mathrm{g}} M}{V_{\mathrm{M}}} \left[\dfrac{ab}{1 + bp_{\mathrm{m}}} - \dfrac{ab^2 p_{\mathrm{m}}}{(1 + bp_{\mathrm{m}})^2} + \dfrac{\varphi_{\mathrm{m}}}{\rho_{\mathrm{g}} p_0} \right] \\ \varGamma = \dfrac{M}{RT} p_{\mathrm{m}} \cdot \dfrac{k_{\mathrm{m}}}{\mu} \nabla p_{\mathrm{m}} \\ f_{\mathrm{s}} = 0 \end{cases} \quad (6\text{-}14)$$

而对于裂隙系统,类似的通式方程为:

$$\begin{cases} e_{\mathrm{a}} = 0 \\ d_{\mathrm{a}} = \dfrac{M\varphi_{\mathrm{f}}}{V_{\mathrm{M}} p_0} \\ \varGamma = \dfrac{M}{RT} p_{\mathrm{f}} \cdot \dfrac{k_{\mathrm{f}}}{\mu} \nabla p_{\mathrm{f}} \\ f_{\mathrm{s}} = 0 \end{cases} \quad (6\text{-}15)$$

之后,进行初始值及边界设定,便可得出抽采曲线或者浓度分布。图 6-5 给出了瓦斯初始压力为 3 MPa、解吸时间为 10 min 时基质和裂隙的压力分布情况。图中裂隙右侧为气体出口,可以看出由于基质体内部扩散系数较小,而裂隙渗透率较大,故而会在基质内部形成一个压降的坡度,坡度的缓急与基质和裂隙两个系统允许通过流体能力大小的比值有关。

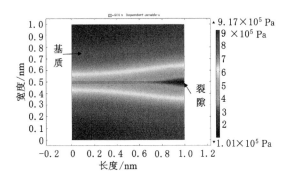

图 6-5　瓦斯浓度分布模拟结果示例

6.2　扩散在瓦斯抽采中的作用

6.2.1　扩散与吸附膨胀

前已述及,煤的渗透率是由有效应力与吸附膨胀效应两者相互竞争决定的。扩散过程直接决定着瓦斯压力的平衡过程。对于有效应力来讲,扩散直接决定着裂隙空间压力的稳定性;而对吸附膨胀来说,由于不同煤样的表面化学能不同,故而产生的膨胀效应不同,吸附膨胀所引起的形变通常是有效应力引起形变的几倍到几十倍。故而在这里着重叙述扩散过程对吸附膨胀的影响。瓦斯扩散过程中,不同时间段内,所引起的表面化学能的变化不同,故而产生的变形有着时间相关性。

煤体在吸附或解吸过程中产生的膨胀或收缩效应统称为吸附变形,其原理如图 6-6 所示。在未吸附瓦斯分子时,煤表面的煤体分子与相邻的煤体分子距离为 $\overline{D}_1$,而在煤基质较深处,煤体分子之间的距离为 $\overline{D}$。由于表面处的煤体分子处在不平衡的状态下,故而 $\overline{D}_1 < \overline{D}$,另外在表面处也形成了较大的吸附势来捕捉瓦斯分子。一旦瓦斯分子扩散到该处,其自由态的动能会损失掉一部分,用以转化为煤体表面的化学能,变为吸附态。此时,由于表面化学能降低,故而 $\overline{D}_1$ 会逐渐加大,慢慢增大到 $\overline{D}_2$,宏观上形成膨胀的效果,解吸为其逆过程[3]。

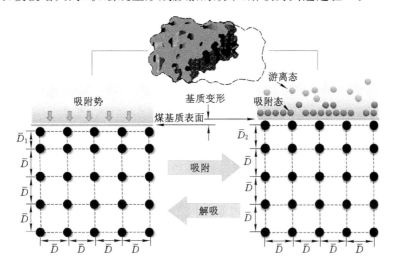

图 6-6　吸附膨胀的基本原理

煤基质的吸附变形与煤吸附气体的量有关[4-5],而吸附量受到吸附剂本身结构(煤成分、水分含量、孔隙分布)、气体种类、吸附压力、吸附温度的影响。煤吸附膨胀随时间变化的曲线如图 6-7 所示。对于吸附性气体二氧化碳、甲烷及氮气而言,和平衡态吸附最终形变与压力的变化曲线相似,均为类朗缪尔形态,而对于非吸附性气体氦气而言,其在很短时间内接近最大值,后期变化不大,在长时间观察下,类似一条稳定的直线。此时,说明吸附膨胀所产生的体积应变要远远大于有效应力产生的体积应变。而从此特性可以推断出,在抽采或者解吸的末期,控制渗透率的主要因素是吸附膨胀,是与扩散系数有关的物理过程。故而,很多老旧煤层气井的产量受扩散性质影响更大[6]。

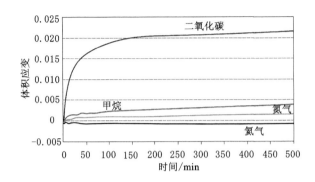

图 6-7　吸附膨胀随时间变化的基本曲线[5]

　　为统一描述整个渗透过程,有学者基于表观扩散系数与表观渗透系数的关系,定义了一种"扩散渗透系数"来表征抽采后期的渗流过程,其数值范围在 $\sim 10^{-26}$ m² 数量级上,远远小于常规的裂隙渗透率[7]。另外,类似的,也有学者将扩散的影响用克林肯伯格(Klinkenberg)效应来描述,应用更加广泛[8-10]。克林肯伯格效应又称为滑脱效应,指气体在岩石孔隙介质中的低速渗流特性不同于液体,气体在岩石孔道壁处不产生吸附薄层,气体分子的流速在孔道中心和孔道壁处无明显差别。当压力极低时,气体分子的平均自由路程达到孔道尺寸,气体分子可以不受碰撞而自由扩散飞动,导致表观渗透率增加。

6.2.2　扩散与吸附时间

　　另一个在抽采中应用较为广泛且与扩散直接相关的概念为"吸附时间"[11-14],其表示解吸含量为 63.2% 的甲烷所耗的时间,即:

$$\tau = \frac{1}{\sigma D} \tag{6-16}$$

式中　τ——吸附时间,d;

　　　σ——基质形状因子,cm⁻²。

吸附时间的提出将原本以浓度为驱动的基质扩散公式转换成以压力为主控的渗透公式,使得裂隙和基质的耦合分析变得更为简单。沃伦(J. E. Warren)和鲁特(P. J. Root)[15]写出了此时以压力为自变量的基质扩散表达式:

$$q_{\mathrm{m}} = \frac{\sigma k_{\mathrm{m}}}{\mu} (p_{\mathrm{m}} - p_{\mathrm{f}}) \tag{6-17}$$

施(J. Shi)和杜鲁詹(S. Durucan)[13]将上式引入了朗缪尔公式,将上式改写为:

$$\frac{\mathrm{d}X}{\mathrm{d}t} = -\frac{1}{\tau} [X - X_{\mathrm{E}}(p_{\mathrm{f}})] = -\frac{1}{\tau} \left[X - \frac{ab p_{\mathrm{f}}}{1 + b p_{\mathrm{f}}} \right] \tag{6-18}$$

式中　$X_{\mathrm{E}}(p_{\mathrm{f}})$——在压力为 p_{f} 下的平衡吸附量,m³/t。

莫拉(C. A. Mora)和瓦滕伯格(R. A. Wattenbarger)[14]总结了文献中不同基质形状因子的计算公式(表 6-2),并给出了与式(6-17)类似的基质流量计算公式:

$$q_m = \sigma \cdot D(C_m - C_f) \tag{6-19}$$

式中　C_m,C_f——基质和裂隙中的气体密度,g/mL。

表 6-2　形状因子计算公式总结[14]

边界条件	一维平板	二维圆柱形	三维立方体	圆柱体	球体
定压	$\sigma = \frac{\pi^2}{L^2} = \frac{9.87}{L^2}$	$\sigma = \frac{\pi^2}{b}\left(\frac{b_x}{L_x^2} + \frac{b_y}{L_y^2}\right)$ 对于各向同性: $\sigma = \pi^2\left(\frac{1}{L_x^2} + \frac{1}{L_y^2}\right)$ 当 $L_x = L_y$: $\sigma = \frac{2\pi^2}{L^2} = \frac{19.74}{L^2}$	$\sigma = \frac{\pi^2}{b}\left(\frac{b_x}{L_x^2} + \frac{b_y}{L_y^2} + \frac{b_z}{L_z^2}\right)$ 对于各向同性: $\sigma = \pi^2\left(\frac{1}{L_x^2} + \frac{1}{L_y^2} + \frac{1}{L_z^2}\right)$ 当 $L_x = L_y = L_z$: $\sigma = \frac{3\pi^2}{L^2} = \frac{29.61}{L^2}$	$\frac{23.11}{D^2} = \frac{18.17}{L^2}$	$\frac{4\pi^2}{D^2} = \frac{25.67}{L^2}$
定速	$\sigma = \frac{12}{L^2}$	$\sigma = \frac{14.22}{b}\left(\frac{b_x}{L_x^2} + \frac{b_y}{L_y^2}\right)$ 对于各向同性: $\sigma = 14.22\left(\frac{1}{L_x^2} + \frac{1}{L_y^2}\right)$ 当 $L_x = L_y$: $\sigma = \frac{28.43}{L^2}$	$\sigma = \frac{16.49}{b}\left(\frac{b_x}{L_x^2} + \frac{b_y}{L_y^2} + \frac{b_z}{L_z^2}\right)$ 对于各向同性: $\sigma = 16.49\left(\frac{1}{L_x^2} + \frac{1}{L_y^2} + \frac{1}{L_z^2}\right)$ 当 $L_x = L_y = L_z$: $\sigma = \frac{49.48}{L^2}$	$\frac{32}{D^2} = \frac{25.13}{L^2}$	$\frac{60}{D^2} = \frac{38.98}{L^2}$

注:表中 L 为裂隙间距;下标 x、y、z 分别表示不同方向。

安丰华等[11]将气体状态方程引入了式(6-17),变为:

$$q_m = \frac{MV_m}{\tau RT}(p_m - p_f) \tag{6-20}$$

刘清泉等[16]基于上式并采用数值模拟的方法对不同吸附时间下渗透率的变化过程进行了模拟,其认为扩散系数可以显著改变基质和裂隙中的气体压力差,吸附时间越长,基质内部浓度越平衡,渗透率分布越均匀,如图 6-8 所示。董骏、刘正东等[17-18]认为此时的压力差异对于抽采效果有着重要影响,抽采负压应根据不同的抽采时间段进行调整。维舍尔(V. Vishal)等[19]采用数值模拟的方法研究了二氧化碳吸附时间对产气量的影响。他们认为吸附时间与极限吸附量呈反比关系,吸附时间越短,越有益于二氧化碳的地质储存。

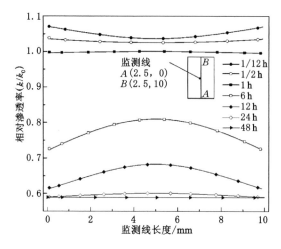

图 6-8　吸附时间对渗透率的影响[16]

6.2.3　扩散与渗流的不匹配性

前文中讲过,对于拥有双孔系统的多孔介质,扩散和渗流分别由基质和裂隙两种系统控制。两种系统的相互关系对最终瓦斯的解吸曲线形态有很大影响,进而对瓦斯抽采产生影响。图 6-9 绘出了用 COMSOL Multiphysics 软件模拟的不同基质渗透率(扩散)和裂隙渗透率比值下的解吸曲线结果。假定基质渗透率和裂隙渗透率对总体解吸的作用相等时两者的比值为 κ（κ 值大小与煤样的裂隙基质的几何尺寸以及与瓦斯压力的分布有关）,则当 $k_m/k_f < \kappa$ 时,属于孔隙流动主控区。在此区域内,解吸曲线因孔隙裂隙“节流”作用不足呈现短时间内达到较高解吸质量,解吸速度大的特征,解吸曲线形态上越来越靠近 y 轴。而

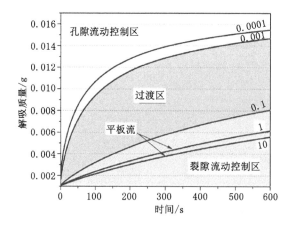

图 6-9　不同基质渗透率(扩散)和裂隙渗透率比值下的解吸曲线模拟结果

当 $k_m/k_f > \kappa$ 时,属于裂隙流动主控区。此区域的解吸曲线随着孔隙裂隙渗透率比值的增加,"节流"作用逐渐加强,呈现低速、长时间的特征,解吸曲线形态上越来越靠近 x 轴。

需要指出的是,不仅曲线在基质渗透率(扩散)和裂隙渗透率比值改变时会发生形态改变,同一条解吸曲线在不同时间段也会发生裂隙渗透率和基质渗透率控制权的交换,如图 6-10 所示。在瓦斯源充足的情况下,即基质提供的瓦斯流量与裂隙允许通过的质量流量相差不大时,初期解吸曲线与裂隙几何形态密切相关,此时解吸曲线大多由于裂隙的"节流"作用呈近似直线状分布。而随着时间的推进,瓦斯源会逐渐减少,裂隙的"节流"作用也会逐渐降低。此时,裂隙的几何特征对流动的主导影响已经变得微乎其微,补充的瓦斯流动不足以填满大空间的裂隙时,解吸速度便会发生衰减,曲线斜率降低,整体上向幂函数型曲线变化。这也解释了同一解吸曲线不同时间段适用不同解吸数学经验模型,以及不同时间段平均菲克扩散系数发生变化的现象。

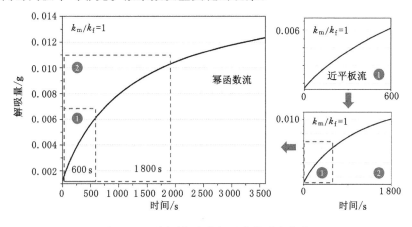

图 6-10　不同时间段的解吸曲线形态变化

如果单独取一二维煤粒作为研究对象,分别取其裂隙中心水平线 OO' 和近右出口垂直线 PP' 进行压力分布观察,两条直线的压力分布及 10 min 时总体的压力分布云图如图 6-11 所示。从图中可以发现,随着 k_m/k_f 的降低,同一时刻瓦斯卸压区的范围逐渐加大,瓦斯解吸的难度逐渐减小,在垂直方向上(沿 PP' 方向)呈现明显的压力梯度带。低裂隙渗透率的存在,造成基质瓦斯难以逸散,加大了解吸的难度和时间长度。但此时由于基质渗透率较高,裂隙中形成的压力将会很快地传递到基质深处,所以沿垂直线 PP' 方向上曲线呈较平缓的波纹状分布,如图 6-11(a)-1 所示。而在沿中心水平线 OO' 方向上,会形成大的压力梯度带,裂隙中的瓦斯会很好地进行保存,如图 6-11(a)-2 所示。反观高裂隙渗透率的情况,裂隙压力分布和基质压力分布与低裂隙渗透率情况相反,裂隙中压力

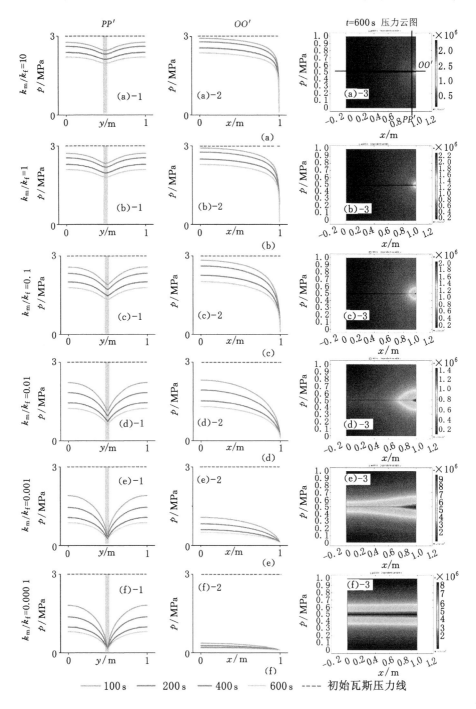

图 6-11 压力分布模拟结果

会迅速降低为零,而基质中的压力反而会长时间保留,形成较高的压力降,如图 6-11(f)-1 和图 6-11(f)-2 所示。

6.2.4　扩散与煤体破碎程度

扩散还与煤体的破碎损伤程度有关,损伤程度越高,扩散的难度越低,解吸的速度越快。大流量高浓度煤层瓦斯抽采是实现煤层瓦斯高效减排和利用的前提条件。而我国大多数矿区煤层地应力高、瓦斯含量高、压力高,而煤层渗透性低,导致煤层瓦斯抽采困难。因此需要依靠采动卸压或采前压裂等措施,人为制造裂隙对煤层进行增透抽采。裂隙的空间特征,直接决定着煤层基质瓦斯源和裂隙渗透率的大小,影响着瓦斯富集及流动特征,决定着瓦斯抽采工程的时效性和最终效果。按距离采动源或压裂源的距离大小,形成的裂隙一般由高渗透率的破碎离散裂隙,过渡到垂直于最小主应力方向的平行裂隙,最终变为低渗透率的煤层原始裂隙。煤体也从破碎煤体逐步过渡到完整煤体,相应的瓦斯解吸曲线形态也从初期急速上升且解吸时间较为短暂的幂函数型转变为解吸速度较为平缓但时间持久的直线型,如图 6-12 所示。

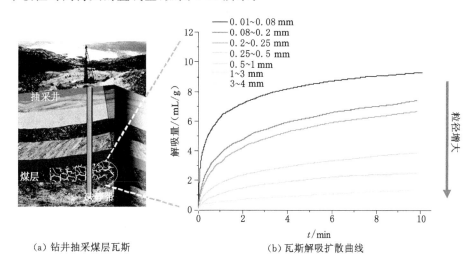

（a）钻井抽采煤层瓦斯　　　　　（b）瓦斯解吸扩散曲线

图 6-12　煤体破碎与瓦斯解吸扩散曲线

6.2.4.1　基于扩散方程的解释

单从扩散方程上来说,由式(4-29)可知:

$$\frac{M_t}{M_\infty} = \frac{6}{\sqrt{\pi}} \sqrt{\frac{Dt}{r_0^2}} \tag{6-21}$$

式中的 r_0 虽然初期定义为扩散距离,但也有相当数量的学者将其假设为煤粒半径 r_p 来简化处理。因此,粒径越小,解吸的速度便会越快。

在上式中将 D 看作与 t 无关的常数,对 t 进行求导,便可推导出粒径与解吸瞬时速度的关系式：

$$v_t = \frac{3M_\infty}{r_p} \sqrt{\frac{D}{\pi t}} \tag{6-22}$$

而解吸的平均速度为：

$$\overline{v_t} = \frac{6M_\infty}{r_p} \sqrt{\frac{D}{\pi t}} \tag{6-23}$$

对于瓦斯突出这样极短时间内发生的解吸，在任意时刻 t，解吸平均速度与粒径的关系式为：

$$\overline{v_t} = \frac{1}{r_p} f[D(r_p), M_\infty(r_p)] \tag{6-24}$$

关于煤粒的吸附能力，即兰氏体积 V_L 的大小，主要取决于微孔系统的大小，而破碎多是沿煤粒弱结构面即大中孔赋存区进行破坏，应力只能改变煤体的渗透和扩散容积，无法对煤粒内部的微孔系统造成显著的损伤。J. Guo[20] 等曾对不同粒径的煤粒的吸附能力进行测定，其测得的吸附等温线基本重合。一般认为破碎只是增加了煤粒的外表面积，影响了煤粒达到吸附平衡时所用时间的大小，而决定吸附能力的微孔内表面积没有显著的变化。此外，B. B. Hodot[21] 认为瓦斯突出过程中煤粒破碎的最小粒径应在 10 μm 左右，而微孔的直径一般在 10 nm 左右，所以瓦斯突出的破坏强度很难影响到微孔的结构，也就很难影响到煤粒的极限吸附值 M_∞。而对于扩散系数 D，在煤粒内外浓度差不变及煤粒各向同性的条件下也可认为不变。假设 M_∞ 与 D 为不随粒径变化的常数，则解吸的瞬时速度与平均速度均与粒径大小成反比例关系。根据以上假设和推导，便可从常规粒径的解吸速度得出所需特定解吸速度的煤粒粒径，即：

$$\frac{v_1}{v_2} = \frac{r_{p2}}{r_{p1}} \tag{6-25}$$

式(6-25)中的半径之比又可以看作是体积与表面积商的比值，如式(6-26)所列。从这个角度讲，破碎增大了煤体的外表面积，而没有破坏煤体的体积，这使得瓦斯由煤粒内部到表面的路径缩短了，同时又增大了瓦斯涌出的总断面积，瓦斯涌出的速度急速增长。

$$\frac{V}{S} = \frac{\frac{4}{3}\pi r_p^3}{4\pi r_p^2} = \frac{1}{3} r_p \tag{6-26}$$

事实上，煤粒的不均匀性影响了式(6-26)的准确性。渡边伊温、杨其銮等[22-23] 在测试煤粒粒径与初始解吸速度关系时，认为在极限粒度范围内满足：

$$\frac{v_1}{v_2} = \left(\frac{r_{p2}}{r_{p1}}\right)^n \tag{6-27}$$

式中 n 为粒度特征系数，与吸附压力无关。

6.2.4.2　基于双孔系统的解释

而从上一小节中介绍的扩散和渗流的匹配关系上来讲,在解释破碎对扩散的影响时产生了两个学派:一种为孔隙扩散控制说,另一种为裂隙渗透控制说。

(1) 孔隙扩散控制说

艾雷(E. M. Airey)[24]在 1968 年对粒径对瓦斯扩散规律的影响进行过系统研究,其认为煤基质本身对瓦斯的流动阻力要远大于煤裂隙加之于瓦斯的阻力,控制整个煤体瓦斯流动行为表现的是基质系统。当煤粒直径大于一定的值之后,瓦斯的解吸速度趋近于常量。杨其銮和王佑安在 1987 年将此临界解吸粒径定义为"极限粒径",认为煤粒是由无数个具有"极限粒径"的细小颗粒组成的集合。这种集合体由于并未对控制流动速度的基质产生明显的作用,所以粒径的改变相当于增加了煤粒的质量和数目。本质上此时的煤粒与煤粒之间的粒间孔和基质与基质之间的裂隙孔并没有大的区别。大粒径的煤粒在未破碎时同样也可以假设为已经被分割的基质结合体。

而当粒径小于极限粒径时,由于破坏了煤基质,使扩散系统受损,扩散阻力减小,解吸速度极速增加。此观点符合流行的"基质为低速流动,裂隙为高速流动"的观点。周世宁[25]在 1990 年指出抚顺龙凤矿煤层渗透率是阳泉七尺煤层渗透率的 10 000 倍,但粒煤的渗透率却低于阳泉七尺煤的渗透率,间接说明了上述观点的正确性。国外多数科学家也曾在解释渗流行为时,将低速的扩散流进行省略,在建立数学模型时取得了较好的拟合效果[26-28]。而对于常规解吸实验,由于没有外部应力加载的作用,裂隙开度较大,基质扩散系数或基质渗透率较裂隙渗透率有明显的差距,所以这种解释相对合理,也得到了广泛的支持。事实上,"裂隙渗透控制说"的论点也并未否认极限粒径的存在,只是双方在解释解吸突变现象的限制因素上存在差异。"孔隙扩散控制说"并没有将基质尺度引入极限粒径的形成原因范畴上,而"裂隙渗透控制说"则把极限粒径大小近似为基质大小。

(2) 裂隙渗透控制说

布施(A. Busch)等[29]在总结国外解吸速度随粒径变化的规律时,也曾提到了与杨其銮一样的"极限粒径"理论,但在解释这种现象时着重强调了裂隙的限制作用。他认为经过裂隙的流动被裂隙的几何特征所限制。在大直径煤粒的条件下,裂隙和裂隙之间的扩散距离将保持恒定,不再随着粒径的增大而增大,因此解吸速度不会继续减小而是趋于恒定。班纳吉(B. Banerjee)[30]认为煤粒具有网格状的裂隙分布结构,当煤粒直径大于该网格的大小时,裂隙成为控制流动的主要因素。J. Guo 等[20]则根据上述思想,把"极限粒径"等效为"基质尺度",将瓦斯解吸速度的突变点对应的粒径定义为基质尺度大小。事实上极限粒径应比基质尺度稍大,因为极限粒径是由解吸实验推导出的,解吸速度开始增加时不必非得达到基质大小,破碎过程中增加的大量孔隙会对流动产生附加增速效应。但在本书中论述时不作区分,将其假设为同一粒径大小。

"孔隙扩散控制说"与"裂隙渗透控制说"都有自身的合理性,区别在于对单个煤粒破碎到基质尺度大小粒径时,瓦斯极速解吸速度临界点的产生机制上有不同见解。"孔隙扩散控制说"将裂隙看作"设计流通能力过大的管道",而"裂隙渗透控制说"则将裂隙看成是"限制流动的阀门",如图 6-13 所示。类比水流在管道中流动过程,我们很容易发现判断裂隙的存在是起着"管道"的作用,还是起着"阀门"的作用,其实关键在于判断水流速度的大小。在水流速度足够小的情况下,小直径的管道也能被看作是"设计流通能力过大的管道",存在一定未被流动占据的流动富余区。反之,在水流速度足够大的情况下,大直径的管道也可看作是限制流动的"阀门"。因此,扩散系统流向裂隙系统的"瓦斯流"质量大小,是判断解吸过程是"扩散控制"还是"渗透控制"的主要指标。而此恰恰是以往文献中学者忽略的因素,着重考虑"输送能力"而忽略"供给水源"是不可取的。

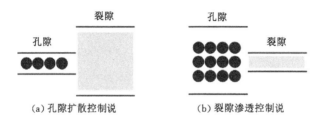

(a)孔隙扩散控制说　　　　(b)裂隙渗透控制说

图 6-13　孔隙扩散控制说与裂隙渗透控制说对比

6.3　瓦斯抽采的基本方法

6.3.1　抽采方法的分类

相较于一般的通风方法而言,负压抽采是一种更为高效的降低巷道空间内瓦斯浓度、减小瓦斯突出灾害的方法。近年来,随着开采深度的逐渐加大,地应力及瓦斯压力较煤层浅部显著提高,越来越多的煤矿企业选择采用瓦斯抽采方法来替代传统的通风方法进行瓦斯治理。《煤矿安全规程》规定,高瓦斯及煤与瓦斯突出煤层必须建立有效的瓦斯抽采系统进行瓦斯抽采。瓦斯抽采系统一般根据瓦斯涌出来源及煤层各部分的突出危险性大小来设计。瓦斯涌出量大、突出危险性大的区域一般要加强抽采。在进行钻孔时,首先利用压风或水力排渣钻进成孔,之后接入负压系统,进行瓦斯抽采。此时由于接入负压,裂隙中的游离瓦斯压力降低,基质的瓦斯也开始解吸附扩散。通常瓦斯抽采技术可根据抽采地点、抽采作用、钻孔方向、钻孔长度进行命名。例如:顺层钻孔、穿层钻孔、上向钻孔、拦截钻孔、埋管等。程远平等[31]对中国煤矿常用的瓦斯抽采技术进行了细致的总结与分类。按照时间维度,即瓦斯抽采与采掘作业的先后顺序,瓦斯抽采技术可以分为采前抽采、采中抽采和采后抽采三类;按照空间维度,即瓦斯抽采系统的布置地点,可以分为单一煤层抽采,邻近层抽采、工作面抽采和采空区抽采等技术,如图 6-14 所示。

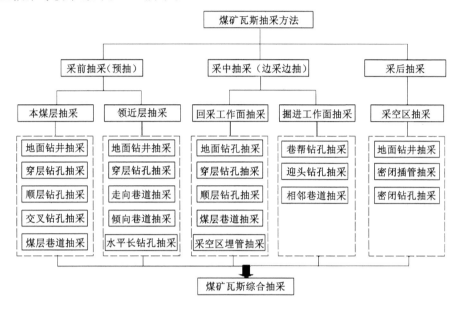

图 6-14　常用的抽采技术示意图

对于实际的煤层而言,由于地质条件差异,上述方法通常组合使用,形成时间上完整、空间上立体的抽采系统。例如,对于只有单一煤层赋存的煤来说,适合的采前抽采方法有地面钻井抽采、穿层钻孔抽采、顺层钻孔抽采[32-40];而对于煤层群赋存条件的瓦斯抽采,最理想的方法是通过先期开采某一保护煤层,对邻近层进行卸压增透,之后采用如地面钻井、高位钻孔、水平长钻孔、穿层钻孔等技术进行采前抽采[36,40-44]。对于采煤工作面来讲,瓦斯主要来源于工作面煤壁及工作面后方的采空区内,此时添加埋管抽采、高抽巷抽采等技术更为有效。钻孔不仅可以用于抽采瓦斯,还可以作为地质勘探,检测煤体厚度、顶底板位置变化等的参数,特别是在断层预测上有着至关重要的作用[45]。对于采空区来说,一般采用垂直的地面钻井抽采、高位钻孔、高抽巷或者埋管抽采组合进行瓦斯治理[41,46-47]。

6.3.2　抽采方法简介

下面对几种常见的抽采方法进行简略的介绍。

（1）穿层钻孔

穿层钻孔是一种适用于单一煤层和煤层群条件的最稳妥、最安全的抽采方法,但通常造价昂贵、钻孔利用率低、实施工期较长[35]。一般在煤层地板 15～25 m 的岩层中布置一条或两条岩巷,在岩巷中每隔一定的距离施工钻场,在钻场中向煤层施工钻孔。根据施工钻孔的布置方式不同分为大面积穿层钻孔(又称网格式穿层钻孔)和条带式穿层钻孔两种,如图 6-15(a)和图 6-15(b)所示。前者覆盖了煤层整个开采区域,而后者只覆盖了煤层巷道及周边一定范围的区域,形似"条带"一般。通常钻孔的距离在 2～5 m 之间,钻孔孔径在 90～120 mm 之间,钻孔范围为倾斜、急倾斜煤层巷道上帮轮廓线外至少 20 m,下帮至少 10 m;其他煤层巷道两侧轮廓线外至少各 15 m。穿层钻孔可有效克服煤层起伏对抽采的影响问题。另外,由于穿层钻孔利用坚硬的岩层向上打孔,较顺层钻孔直接在煤层中打孔而言,更加稳定,不容易破坏。因此,穿层钻孔更适用于瓦斯突出危险特别严重、软煤特别发育的煤层。

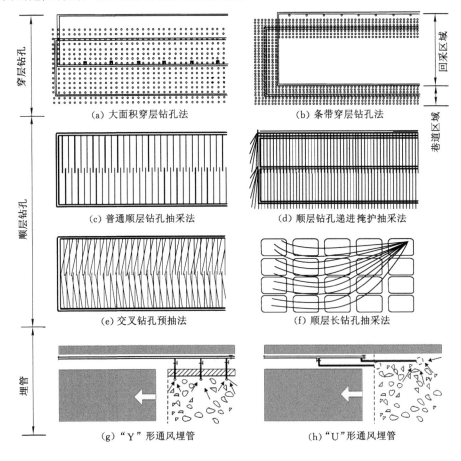

图 6-15　常用的钻孔布置方法

（2）顺层钻孔

顺层钻孔是利用工作面已有的巷道内，如风巷、机巷、切眼等，垂直煤壁向煤层中打一定长度的钻孔。钻孔间距与钻孔的抽采半径和抽采时间有关，通常为 $2\sim5$ m[32-33,37]。卡拉坎（C. Ö. Karacan）等[48-49]认为煤层厚度、瓦斯压力、吸附时间、垂直于煤壁方向的渗透率等参数显著影响着顺层钻孔的抽采效果。根据钻孔覆盖的区域和钻孔的朝向，顺层钻孔可以分为以下四个类型：① 普通顺层钻孔采前抽采法，见图 6-15（c）；② 顺层钻孔递进掩护采前抽采法，见图 6-15（d）；③ 交叉钻孔预抽法，见图 6-15（e）；④ 顺层长钻孔抽采法，见图 6-15（f）。方法①和③的单个钻孔只覆盖半个工作面长度，而方法②的钻孔长度要长于工作面长度。顺层钻孔适用于煤层赋存条件简单稳定的煤层，而交叉钻孔比一般的平行钻孔更为有效，这是因为交叉钻孔能覆盖更大的抽采面积，且钻孔长度要长于平行钻孔。顺层长钻孔所需的地质赋存条件更为苛刻，其要求煤层的煤体有足够强的硬度和足够大的孔隙率，这样才能避免在钻进过程中产生塌孔，或者抽采效率不佳的问题，在松软煤层中钻进时应考虑筛管护孔技术。

（3）采空区埋管

埋管抽采主要用于抽采采空区积聚的瓦斯，其是一种常见的采中或采后的瓦斯抽采方法。在回采过程中，在工作面后方会形成采空区，邻近层以及本煤层的瓦斯均会逸散到此处，形成高浓度的瓦斯。使用埋管抽采时，通常沿回采工作面的回风巷上帮铺设一条直径不小于 250 mm 的瓦斯管路（干管），再连接钢制的或者橡胶制瓦斯抽采支管，支管末端再连接瓦斯抽采器。瓦斯自抽采器进入抽采管路中。随着工作面的向前推进，抽采支管和瓦斯抽采器逐渐进入采空区内部开始抽采瓦斯，抽采范围为工作面后方 $5\sim30$ m 的范围。按照巷道通风方式不同，采空区埋管可以分为"U"形通风埋管（又称基本埋管）和"Y"形通风埋管两类，如图 6-15（g）及图 6-15（h）所示。

（4）地面钻井

地面钻井抽采是一种通过地面向下部煤层钻孔的抽采方法，其适合于单一煤层及煤层群赋存条件，且均可以作为采前、采中、采后的抽采方法，如图 6-12（a）所示。与一般意义上的压裂井不同，采动井由于采煤时引起上覆煤层和岩层下沉和断裂，采空区上方岩石垮落，压力释放，透气性大大增加，瓦斯大量解吸并聚集于采空区，抽气容易，不需要进行煤层压裂处理。钻井位置一般选在工作面倾向的中部，地面钻井与专用抽放巷道距离不小于 20 m。如果布置两口井，两井间距应不大于 400 m，要求两井间抽放半径上、下交叉点必须在工作面上、下巷道之外，以保证全工作面都在抽放半径范围内。

此外，典型的抽采方法还有高位钻孔、高抽巷、拦截钻孔等，在本书中不作细致介绍。如有需要，可查阅程远平教授等编著的《煤矿瓦斯防治理论与工程应用》一书。

参 考 文 献

［1］ GOLF-RACHT T D V. Fundamentals of fractured reservoir engineering ［M］. Amsterdam：Elsevier，1982.

［2］ REISS L H. The reservoir engineering aspects of fractured formations ［M］.［S. l. ］：Editions Technip，1980.

［3］ LIU S，HARPALANI S. A new theoretical approach to model sorption-induced coal shrinkage or swelling［J］. AAPG bulletin，2013，97（7）：1033-1049.

［4］ CUI X，BUSTIN R M. Volumetric strain associated with methane desorption and its impact on coalbed gas production from deep coal seams［J］. AAPG bulletin，2005，89（9）：1181-1202.

［5］ GEORGE J D S，BARAKAT M A. The change in effective stress associated with shrinkage from gas desorption in coal［J］. International journal of coal geology，2001，45（2/3）：105-113.

［6］ PILLALAMARRY M，HARPALANI S，LIU S. Gas diffusion behavior of coal and its impact on production from coalbed methane reservoirs［J］. International journal of coal geology，2011，86（4）：342-348.

［7］ WANG Y，LIU S. Estimation of pressure-dependent diffusive permeability of coal using methane diffusion coefficient：laboratory measurements and modeling［J］. Energy & fuels，2016，30（11）：8968-8976.

［8］ KLINKENBERG L J. The permeability of porous media to liquids and gases［J］. Drilling & production practice，1941，2（2）：200-213.

［9］ LIU Q，CHENG Y，ZHOU H，et al. A mathematical model of coupled gas flow and coal deformation with gas diffusion and Klinkenberg effects［J］. Rock mechanics and rock engineering，2015，48（3）：1163-1180.

［10］ WU Y，PRUESS K，PERSOFF P. Gas flow in porous media with Klinkenberg effects［J］. Transport in porous media，1998，32（1）：117-137.

［11］ AN F H，CHENG Y P，WANG L，et al. A numerical model for outburst including the effect of adsorbed gas on coal deformation and mechanical properties［J］. Computers and geotechnics，2013，54：222-231.

［12］ ZUBER M D，SAWYER W K，SCHRAUFNAGEL R A，et al. The use of simulation and history matching to determine critical coalbed methane reservoir properties［C］//SPE/DOE joint symposium on low permeability reservoirs. Denver:[s. n.],1987:307-316.

[13] SHI J,DURUCAN S. Gas storage and flow in coalbed reservoirs: implementation of a bidisperse pore model for gas diffusion in a coal matrix[J]. SPE reservoir evaluation & engineering,2003,8(2):3823-3832.

[14] MORA C A,WATTENBARGER R A. Analysis and verification of dual porosity and CBM shape factors[J]. Petroleum society of canada,2009,48(2):17-21.

[15] WARREN J E,ROOT P J. The behavior of naturally fractured reservoirs [J]. Society of petroleum engineers,1963,3(3):245-255.

[16] LIU Q,CHENG Y,WANG H,et al. Numerical assessment of the effect of equilibration time on coal permeability evolution characteristics[J]. Fuel, 2015,140:81-89.

[17] DONG J,CHENG Y,JIN K,et al. Effects of diffusion and suction negative pressure on coalbed methane extraction and a new measure to increase the methane utilization rate[J]. Fuel,2017,197:70-81.

[18] LIU Z,CHENG Y,DONG J,et al. Master role conversion between diffusion and seepage on coalbed methane production: implications for adjusting suction pressure on extraction borehole[J]. Fuel,2018,223:373-384.

[19] VISHAL V,SINGH T N,RANJITH P G. Influence of sorption time in CO_2-ECBM process in Indian coals using coupled numerical simulation [J]. Fuel,2015,139:51-58.

[20] GUO J,KANG T,KANG J,et al. Effect of the lump size on methane desorption from anthracite[J]. Journal of natural gas science and engineering,2014,20:337-346.

[21] 霍多特 B B. 煤与瓦斯突出[M]. 宋世钊,王佑安,译. 北京:中国工业出版社,1966.

[22] 渡边伊温,辛文. 作为煤层瓦斯突出指标的初期瓦斯解吸速度:关于 K_t 值法的考察[J]. 煤矿安全,1985(5):56-63.

[23] 杨其銮. 关于煤屑瓦斯放散规律的试验研究[J]. 煤矿安全,1987(2):9-16.

[24] AIREY E M. Gas emission from broken coal. An experimental and theoretical investigation[J]. International journal of rock mechanics and mining sciences & geomechanics abstracts,1968,5(6):475-494.

[25] 周世宁. 瓦斯在煤层中流动的机理[J]. 煤炭学报,1990,15(1):15-24.

[26] PAN Z,CONNELL L D. Modelling permeability for coal reservoirs: a review of analytical models and testing data[J]. International journal of

coal geology,2012,92:1-44.

[27] LIU J,CHEN Z,ELSWORTH D,et al. Interactions of multiple processes during CBM extraction:a critical review[J]. International journal of coal geology,2011,87(3/4):175-189.

[28] PURL R,EVANOFF J C,BRUGLER M L. Measurement of coal cleat porosity and relative permeability characteristics[C]//SPE gas technology symposium. Houston:Society of petroleum engineers,1991.

[29] BUSCH A,GENSTERBLUM Y,KROOSS B M,et al. Methane and carbon dioxide adsorption-diffusion experiments on coal: upscaling and modeling[J]. International journal of coal geology,2004,60(2):151-168.

[30] BANERJEE B D. Spacing of fissuring network and rate of desorption of methane from coals[J]. Fuel,1988,67(11):1584-1586.

[31] 程远平,等. 煤矿瓦斯防治理论与工程应用[M]. 徐州:中国矿业大学出版社,2010.

[32] LIU Q,CHENG Y,YUAN L,et al. A new effective method and new materials for high sealing performance of cross-measure CMM drainage boreholes[J]. Journal of natural gas science and engineering,2014,21:805-813.

[33] ARONOFSKY J S,JENKINS R. A Simplified analysis of unsteady radial gas flow[J]. Journal of petroleum technology,1954,6(7):23-28.

[34] AUL G N,RAY R. Optimizing methane drainage systems to reduce mine ventilation requirements[C]//5th US mine ventilation symposium. Morgantown:[s. n.],1991.

[35] DONG J,CHENG Y,CHANG T,et al. Coal mine methane control cost and full cost: the case of the Luling coal mine, Huaibei coalfield, China[J]. Journal of natural gas science and engineering,2015,26:290-302.

[36] LI W,YOUNGER P L,CHENG Y,et al. Addressing the CO_2 emissions of the world's largest coal producer and consumer: lessons from the Haishiwan coalfield,China[J]. Energy,2015,80:400-413.

[37] LU S,CHENG Y,MA J,et al. Application of in-seam directional drilling technology for gas drainage with benefits to gas outburst control and greenhouse gas reductions in Daning coal mine, China[J]. Natural hazards,2014,73(3):1419-1437.

[38] PAN R,CHENG Y,YUAN L,et al. Effect of bedding structural diversity of coal on permeability evolution and gas disasters control with coal min-

ing[J]. Natural hazards,2014,73(2):531-546.

[39] ZHOU H,YANG Q,CHENG Y,et al. Methane drainage and utilization in coal mines with strong coal and gas outburst dangers: a case study in Luling mine,China[J]. Journal of natural gas science and engineering, 2014,20:357-365.

[40] WANG L,CHENG Y. Drainage and utilization of Chinese coal mine methane with a coal-methane co-exploitation model: analysis and projections[J]. Resources policy,2012,37(3):315-321.

[41] KONG S,CHENG Y,REN T,et al. A sequential approach to control gas for the extraction of multi-gassy coal seams from traditional gas well drainage to mining-induced stress relief[J]. Applied energy,2014,131:67-78.

[42] LIU H,CHENG Y,CHEN H,et al. Characteristics of mining gas channel expansion in the remote overlying strata and its control of gas flow[J]. International journal of mining science and technology, 2013, 23 (4): 481-487.

[43] WANG H,CHENG Y,YUAN L. Gas outburst disasters and the mining technology of key protective seam in coal seam group in the Huainan coalfield[J]. Natural hazards,2013,67(2):763-782.

[44] WANG W,CHENG Y,WANG H,et al. Fracture failure analysis of hard-thick sandstone roof and its controlling effect on gas emission in underground ultra-thick coal extraction[J]. Engineering failure analysis,2015, 54:150-162.

[45] KARACAN C Ö,RUIZ F A,COTÈ M,et al. Coal mine methane: a review of capture and utilization practices with benefits to mining safety and to greenhouse gas reduction[J]. International journal of coal geology,2011, 86(2/3):121-156.

[46] KARACAN C Ö,ESTERHUIZEN G S,SCHATZEL S J,et al. Reservoir simulation-based modeling for characterizing longwall methane emissions and gob gas venthole production[J]. International journal of coal geology, 2007,71(2/3):225-245.

[47] KARACAN C Ö. Analysis of gob gas venthole production performances for strata gas control in longwall mining[J]. International journal of rock mechanics and mining sciences,2015,79:9-18.

[48] KARACAN C Ö. Evaluation of the relative importance of coalbed reservoir parameters for prediction of methane inflow rates during mining of

longwall development entries[J]. Computers & geosciences,2008,34(9):
1093-1114.

[49] KARACAN C Ö. Modeling and prediction of ventilation methane emis-
sions of U. S. longwall mines using supervised artificial neural networks
[J]. International journal of coal geology,2008,73(3/4):371-387.

第 7 章　扩散在突出灾害防治中的应用

本章要点

1. 煤与瓦斯突出的定义、阶段划分及基本能量形式；
2. 孔隙损伤对扩散的影响；
3. 低速扩散瓦斯对突出孕育的作用；
4. 高速扩散瓦斯对突出发展的作用；
5. 常见的突出敏感指标及制定流程。

　　煤与瓦斯突出是井下常见的动力灾害，在煤炭逐步向深部开采过程中，瓦斯压力和地应力的增大使其发生的概率愈来愈大。煤中瓦斯的扩散性能对突出能量孕育以及突出煤岩体的搬运有着十分重要的作用。本章主要围绕扩散在突出中的作用，对微观的孔隙损伤与扩散的关系、损伤煤体扩散的数学模型建模、宏观的突出能量孕育发展以及与扩散紧密相关的突出临界指标体系均进行了详细介绍。

7.1　煤与瓦斯突出的危害

7.1.1　突出的相关概念

7.1.1.1　突出的定义

　　煤与瓦斯突出（以下简称突出）指煤层中存储的瓦斯能和应力能的失稳释放，表现为在极短的时间内向井下生产空间抛出大量煤岩及瓦斯的现象[1-2]。突出通常伴随着巨大能量的释放，煤层中储存的瓦斯能和应力能在工程扰动下瞬间释放，产生的高速瓦斯流可以轻易引发瓦斯爆炸、瓦斯窒息、瓦斯燃烧等灾害，对巷道内的人员、设备造成巨大伤亡和损失。煤与瓦斯突出的过程是极其复杂的，是地应力、瓦斯、煤体结构等多方面因素综合决定的。自 1834 年法国首次记录煤与瓦斯突出以来，各国科学家在 180 多年的研究中，从不同角度来解释煤与瓦斯突出现象，提出了大量假说。虽然这些假说加深了人们对突出的认识，在突出防治工程中得到了一定的应用，但都仅仅片面地侧重于解释突出的某一点或几点特性，不能全面地、细致地、完整地解释突出的发生及发展的机理，所以很难对突出防治工作有本质上的帮助。

目前,国内外流行四种突出机理假说,分别为:"以瓦斯为主导作用的瓦斯作用假说"、"以地应力为主导作用的地应力作用假说"、"化学本质说"以及"综合作用假说"。其中,"综合作用假说"由于全面考虑了突出发生的作用力和介质两个方面的主要因素,得到了国内外大多数学者的认可。

"综合作用假说"认为突出是应力、瓦斯、煤体性质等因素综合作用的结果,如图7-1所示。瓦斯因素主要包括瓦斯含量、压力、吸附常数、解吸速率等;应力因素包括地应力、开采引起的应力集中等;煤体性质因素包括煤体强度、孔隙率、渗透性等。这一假说较全面地考虑了突出的动力与阻力两个方面的主要因素,因而得到了国内外学者的普遍承认。这类假说主要有"振动说""分层分离说""破坏区说""动力效应说""游离瓦斯压力说""能量假说""应力分布不均匀说"等。其中,霍多特提出的"能量假说"因忽略了各参数复杂的测试流程及对突出的作用贡献,从能量的角度将突出简化进行分析,故影响最为广泛。霍多特认为突出发生需要满足三个条件:一是煤的变形潜能和瓦斯内能要大于抛出煤体的移动功和煤体的破碎功;二是煤体的破碎速度要大于瓦斯压力的下降速度;三是破碎完成以前,瓦斯压力要大于已破碎煤的抛出阻力。另外,我国学者于不凡、何学秋、蒋承林、郭品坤分别提出了"发动中心理论""突出流变理论""球壳失稳理论""层裂突出理论",也产生了广泛的影响。

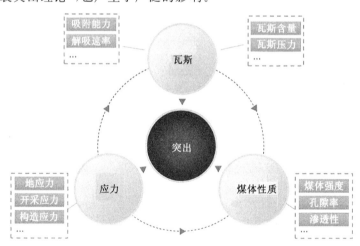

图 7-1　突出发生的条件

7.1.1.2　突出的阶段

突出的阶段常常按照突出能量以及动力变化过程的不同来分类,其可划分为以下四个阶段(图7-2):

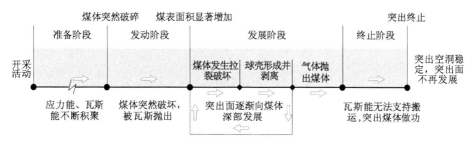

图 7-2　突出阶段划分

① 准备阶段:突出煤体不断积聚突出潜能,与此同时,突出煤体在瓦斯、地应力双重作用下逐步产生破坏,变为能量不稳体。表 7-1 给出了在突出准备阶段常出现的突出预兆。在地应力、瓦斯和煤体结构三个方面都有可以人为察觉的征兆。

表 7-1　突出预兆

预兆类型	预兆详情
地应力	煤炮声、支架声响、掉碴、煤岩开裂、底鼓、岩与煤自行剥落、煤壁外鼓、来压、煤壁颤动、钻孔变形、垮孔顶钻、夹钻杆、钻粉量增大、钻机过负荷等
瓦斯	瓦斯浓度增大,瓦斯涌出量忽大忽小,打钻时顶钻、卡钻和抱钻,钻孔喷瓦斯,煤壁或工作面温度降低,也有少数实例发现煤壁温度升高等
煤体结构	层理紊乱、煤强度松软或软硬不均、煤暗淡无光泽、煤厚变化大、倾角变陡、波状隆起、褶曲、顶(底)板阶状凸起、断层、煤干燥等

② 发动阶段:突出煤体蕴藏的瓦斯能和岩石弹性潜能超过突出发生的能量阈值,突然产生动力失稳。

③ 发展阶段:突出煤体失稳后,突出后方煤体在瓦斯压力和地应力作用下逐渐剥离破碎,突出面从初始点逐渐向煤体深部传播,而突出面前方已破碎煤体会在瓦斯气流的席卷下,相互碰撞,变为更为细小的颗粒,形成“瓦斯-煤”气固两相流体不断向外输运。

④ 终止阶段:在突出能量逐渐释放完毕后,突出面停止向内剥离,煤岩体停止破碎,但异常瓦斯涌出仍会持续一段时间,同时在突出点远端形成煤粉的分选效应。

7.1.2　突出防治的严峻形势

1834 年,法国的鲁阿尔煤田依萨克煤矿发生了世界上有记录的首起煤与瓦斯突出事故。在过去的近 200 年中,世界范围内共发生过 30 000 余起突出事故(表 7-2),其中最大规模的突出事故发生在乌克兰顿涅茨盆地加加林煤矿,该突出事故共抛出 14 500 t 煤岩,涌出 6.0×10^5 m³ 瓦斯[3-5]。国外死亡人数最多的一起突出事故是 1941 年发生在波兰皮亚斯特地区的新鲁达煤矿,共死亡 187 人。在盐矿中也曾发生过二氧化碳突出事故,1953 年德国韦拉盐矿发生一起抛出 100 000 t 盐体、涌出 7.0×10^5 m³ 二氧化碳的突出事故。

表 7-2   世界煤与瓦斯突出事故起数不完全统计[3,5-6]

序号	国家	事故起数/起
1	中国	约 20 000
2	法国	6 245
3	苏联	3 500
4	波兰	2 000
5	比利时	1 190
6	日本	1 000
7	澳大利亚	660
8	匈牙利	565
9	加拿大	400
10	德国	338
11	捷克	279
12	英国	250
13	保加利亚	105
14	土耳其	60
15	新西兰	6
16	哈萨克斯坦	6

目前,我国已成为世界上煤与瓦斯突出灾害最严重的国家。我国是煤炭资源的生产和消费大国,2018 年我国原煤产量保持在 35.5 亿 t,煤炭消费占能源消费结构的 70% 左右,其中埋深 1 000 m 以下的煤炭资源占总量的 65% 以上。在全国统计的 43 个矿区中,采掘深度超过 800 m 的煤矿为 200 余对,超过 1 000 m 的为 47 对。尤其是 2000 年以后,国民经济迅速发展,对煤炭的需求量猛增,我国煤矿深部开采趋势增大,开采深度每年以 10~20 m 的速度向深部延伸,局部地区甚至高达 20~50 m。深部赋存的条件使得煤层地应力、瓦斯压力和含量急剧增加,而渗透率大大降低,形成"三高一低"特性煤层。据统计,在埋深 800~1 000 m 时,地应力可高达 22~27 MPa,瓦斯压力可达 6.0~8.0 MPa,瓦斯含量可达 20~30 m³/t,而煤层渗透率较浅部煤层渗透率低 1~2 个数量级。如此特殊的赋存条件大大增加了煤与瓦斯突出的危险。

从 1950 年吉林省辽源矿务局富国西二坑在垂深 280 m 煤巷掘进时发生第一起有记载的突出事故以来,仅国有重点煤矿中就先后有 150 余个矿井发生了近 2 万起煤与瓦斯突出事故。1969 年 4 月 25 日南桐矿务局鱼田堡煤矿发生了我国突出瓦斯量最大的一起突出事故,突出煤量 5 000 t,突出瓦斯量 3.5×10^6 m³。1975 年 8 月 8 日天府矿务局三汇坝一矿发生了我国强度最大的一起突出事故,突出煤量近 1.3 万 t,突出瓦斯量 1.4×10^6 m³,粉煤喷出最远达 1 100 m。图 7-3 给出了 2004 年 10 月 20 日郑州大平煤矿特大型突出事故照片,该事故最终引发了瓦斯爆炸,死亡 148 人。该起突出事故发生在断层区域,该类区域煤体松软破碎,有高比表面积、高吸附能力、高解吸速度、低力学强度、低渗透性等特征。在良好的瓦

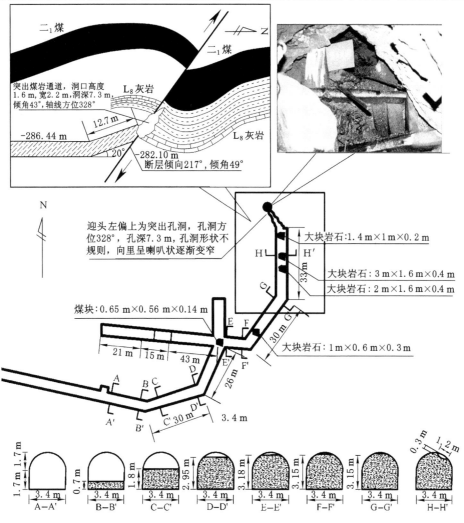

图 7-3　郑州大平煤矿突出事故案例

斯储集条件下,容易发生较大强度的突出事故。另外,其他地址异常区如褶曲、滑移构造等区域也常发生突出事故。

7.2 构造煤的形成及扩散性能

煤体破碎是突出发生及发展的必要条件,而破碎使得煤中瓦斯扩散的特性发生重要改变。针对煤粉的产生机制,主要有原生煤粉和新生煤粉两种解释。原生煤粉主要来源于地质构造,即构造煤。该类区域煤体松软破碎,有高比表面积、高吸附能力、高解吸速度、低力学强度、低渗透性等特征。在良好的瓦斯储集条件下,容易发生较大强度的突出。新生煤粉则主要是在突出过程中,受地应力及瓦斯流的撕裂作用以及颗粒之间的相互碰撞产生。强烈的破坏会造成煤体内部孔隙结构的急剧变化,使得煤体比表面积的大量增加,瓦斯扩散的难度大大下降,解吸速度急剧上升。一般来说,孔隙结构对扩散速度的影响主要体现在两个方面:一方面是扩散的来源,即吸附态瓦斯的影响;另一方面是扩散的路径,即解吸的难易程度的影响。

7.2.1 构造煤的形成

构造煤是煤层在构造应力的作用下,发生成分、结构及构造的变化,引起煤层破坏、粉化、增厚、减薄等变形作用和煤的降解、缩聚等变质作用的产物。构造煤是相较于原生结构煤而言的。顾名思义,原生结构煤则是保留了原生沉积结构和原生构造特征的煤。因此,构造煤的形成与地质构造息息相关,其形成主要有三种方式[7]:① 褶曲的轴部受到压缩或者拉伸形成构造煤,如图7-4(a)所示;

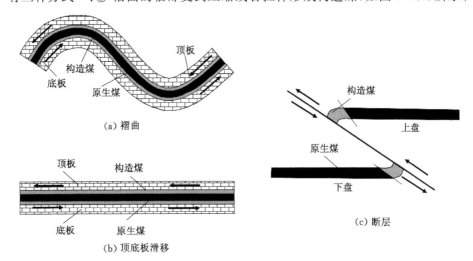

(a) 褶曲

(b) 顶底板滑移

(c) 断层

图7-4 构造煤形成原因示意图

② 煤层顶底板的滑移产生构造煤,如图 7-4(b)所示;③ 断层上下盘的错动形成构造煤,如图 7-4(c)所示。

由于在成煤过程中成煤条件的差异性,使得构造煤自身结构以及外在力学条件存在较大差异,故而破碎的程度不同。在突出鉴定时,常常根据构造煤破坏程度的不同,来评价该区域突出危险性的大小。根据《煤与瓦斯突出矿井鉴定规范》(AQ 1024—2006),煤的类型一般分为五种,即非破坏煤、破坏煤、强烈破坏煤、粉碎煤和全粉煤,分别记为 Ⅰ、Ⅱ、Ⅲ、Ⅳ 和 Ⅴ 类煤(表 7-3)。其中,Ⅲ～Ⅴ 类煤为构造煤。不同类型煤的光泽、构造结构特征、节理(面)性质、端口性质及强度均有很大差异。强烈破坏的构造煤一般硬度较低,用手即可捏碎,其坚固性系数一般在 0.5 以下。

表 7-3　煤层的破坏类型分类表

破坏类型	光泽	构造结构特征	节理性质	节理面性质	端口性质	强度
Ⅰ类煤(非破坏煤)	亮与半亮	层状构造、块状构造,条带清晰明显	一组或二三组节理,节理系统发育,有次序	有充填物(方解石)次生砂、节理劈理面平整	贝状、波浪状	坚硬、用手难以掰开
Ⅱ类煤(破坏煤)	亮与半亮	1. 尚未失去层状、较有次序; 2. 条带明显、有扭曲、错动现象; 3. 不规则块状、有棱角; 4. 有挤压特征	次生节理面多且不规则与原生节理呈网状节理	节理面有擦纹滑皮、节理平整易掰开	参差多角	用手易剥成小块、中等硬度
Ⅲ类煤(强烈破坏煤)	半亮与半暗	1. 弯曲呈透镜体构造; 2. 小片状构造; 3. 细小碎片层理较紊乱、无次序	节理不清、系统不发达,次生节理密度大	有大量擦痕	参差及粒状	用手捻之成粉末、硬度低
Ⅳ类煤(粉碎煤)	暗淡	粒状呈小颗粒、胶结而成、形成无燃煤团	节理失去意义、成黏块状	有大量擦痕	粒状	用手捻之成粉末、偶尔较硬
Ⅴ类煤(全粉煤)	暗淡	1. 土状构造、似土质煤; 2. 如断层泥状	节理失去意义、成黏块状	有大量擦痕	土状	可捻成粉末、疏松

中国的成煤时期主要为石炭纪、二叠纪、三叠纪、侏罗纪、白垩纪和古新近纪。其中,成熟度较高的古生代石炭纪和二叠纪煤主要分布在中国中东部和华南地区。在煤形成之后,煤层经历了连续多期的构造运动,主要包括印支期(晚

二叠纪至三叠纪,257～205 Ma),燕山期(侏罗纪至早白垩纪中生代,205～135 Ma),四川时期(早白垩世至古新世,135～52 Ma),华北(始新世至渐新世52～23.5 Ma)和喜马拉雅山(新近纪至早更新世,23.5～0.78 Ma)等几个时期。这些时期内,板块的构造运动和造山作用导致了地层的碰撞、隆升、凹陷、挤压、张拉、断层和岩浆等地质运动,使得赋存于其中的煤层产生变形、滑移和剪切等现象,最终导致煤的厚度、结构和变质程度等特性产生变化。因此,在煤成熟度较高且构造运动活跃的中国西南大部分地区和东北大部分地区均可大面积找到构造煤,例如河南省西部、安徽淮南和淮北煤田。但是在构造运动缓和的西北和华北地区,煤的成熟度相对偏小,构造煤在这些地区不易寻到。截至2011年底,我国已探明的构造煤储量约为4 570亿吨,占煤炭总储量的23.5%[7]。

7.2.2 构造破碎过程对孔隙微观结构的损伤

破碎过程对孔隙结构的损伤一般包含孔容、孔比表面积、孔形和孔表面形态等方面。在第2章中,我们介绍了各种孔隙测定方法的适用范围和使用流程,在这里便不再赘述。此节,我们依然采用苏联学者霍多特的孔径分类法来对煤孔隙系统进行划分,以孔隙直径小于10 nm的为微孔,10～100 nm的为小孔,100～1 000 nm的为中孔,1 000 nm以上的为大孔。

7.2.2.1 孔容损伤

由于煤是非均质体,不同部位所拥有的力学强度不同。在受到外力的作用时,煤体局部所具有的矿物成分、结晶程度、颗粒大小、颗粒联结及胶结情况、密度、层理和裂隙的特性和方向、风化程度、含水情况等性质都会直接影响到煤体最终的破碎效果[8]。对孔容来说,破碎的影响主要体现在大中孔系统上,而对微孔则影响较小。这种现象主要是因为破碎作用先期破坏开度比较大、尖端效应明显的裂隙及大孔系统。B. B. 霍多特、王佑安等[9-10]指出突出破碎过程中不同孔隙的比重变化是由于原大孔和裂隙的消失,破碎首先对长度较大、裂度较宽的大孔隙产生作用,而对微孔孔隙的破坏则不明显。南迪(S. P. Nandi)和沃克(JR. P. L. Walker)[11]认为随着粒径的减小,煤粒新产生了大量的大孔。这些研究成果都佐证了孔隙系统破坏的递进性。

图7-5和图7-6分别给出了柳塔(长焰煤)、双柳(焦煤)和大宁(无烟煤)三种不同变质煤最大粒径(1～3 mm)与最小粒径(≤0.074 mm)煤样大中孔以及小微孔的孔容分布特性(由于大中孔采用压汞实验获得,小微孔系统采用液氮实验获得,故而分成两种情况进行分析)。对于大中孔系统,破碎煤粒的损伤过程对煤粒的大孔孔容有明显的提升,对中孔的破坏作用却因煤样而各异。柳塔煤样≤0.074 mm的大孔孔容曲线要远高于1～3 mm的曲线,而中孔孔容分布曲线反而要稍低;双柳和大宁煤样≤0.074 mm的大、中孔孔容分布曲线则均比1～3 mm的曲线要高。而对于小微孔系统,除柳塔≤0.074 mm的微孔孔容小于

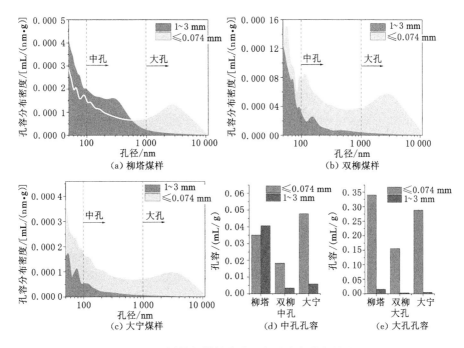

图 7-5　不同粒径煤样大孔和中孔孔容分布特性

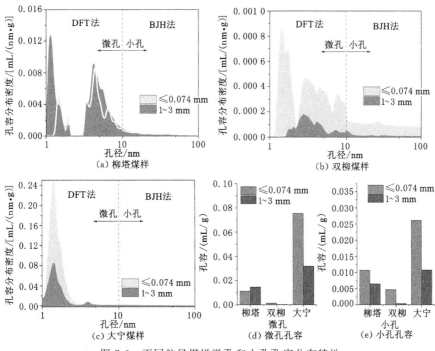

图 7-6　不同粒径煤样微孔和小孔孔容分布特性

1～3 mm煤样外,柳塔小孔、双柳微孔和小孔及大宁微孔和小孔均表现为小粒径孔容要大于大粒径孔容。其中,双柳煤样的增长趋势最明显,大宁煤样次之。图中微孔的孔容变化程度及波动状况要高于小孔孔容的相应变化,由于占主导地位的微孔孔容对粒径的弱依赖性,导致总孔容亦与粒径成波动关系,规律不明显。

7.2.2.2 孔比表面积损伤

由于比表面积是在孔容测试结果基础上经过一定的假设而得到的,所以煤孔比表面积与粒径的变化规律与孔容的变化规律相似,也表现为递进性。图7-7和图7-8分别对比了三种煤样最大粒径(1～3 mm)与最小粒径(≤0.074 mm)煤样中大中孔及小微孔的比表面积分布特性。对于大中孔系统而言,孔比表面积的贡献主要来自小孔径阶段。在中孔阶段,柳塔煤样≤0.074 mm的比表面积曲线略低于1～3 mm的曲线,而双柳煤样和大宁煤样≤0.074 mm的比表面积曲线均高于1～3 mm的曲线。在大孔阶段,三种煤样小粒径曲线均高于大粒径的曲线。对于小微孔系统而言,除柳塔≤0.074 mm的微孔孔比表面积曲线略低于1～3 mm煤样曲线外,包括柳塔小孔、双柳微孔和小孔及大宁微孔和小孔在内的五条比表面积分布曲线均表现出≤0.074 mm煤样曲线高于1～3 mm煤样曲线的特点。三种煤样在小孔阶段均表现出与粒径的负相关性,即随着粒径的增长而逐渐降低。≤0.074 mm煤样的孔比表面

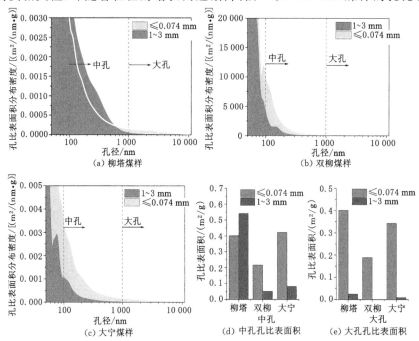

图 7-7　不同粒径煤样大孔和中孔孔比表面积分布特性

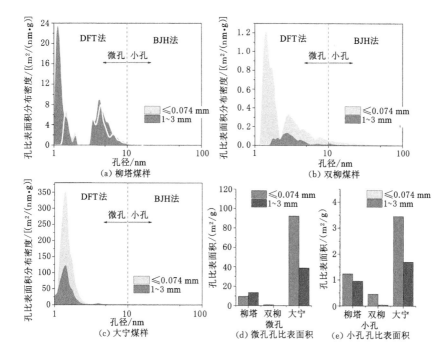

图 7-8　不同粒径煤样微孔和小孔孔比表面积分布特性

积分别是1～3 mm煤样的 1.29 倍、11.5 倍和 2.04 倍。而在微孔阶段,双柳和大宁煤样的比表面积与粒径也表现出了较好的负相关性,但柳塔煤样则与粒径呈波动状。

7.2.2.3　孔形损伤

孔形损伤包含两种损伤:一种为表面孔形态损伤;另一种为内部孔形态损伤。现阶段虽然有诸如中子小角散射等先进技术测试闭孔的损伤过程,但是价格昂贵。所以一般情况下,我们谈到的孔形损伤多是指表面孔或内部的开孔系统。

（1）表面孔形态损伤

表面孔形态损伤一般采用电镜扫描的方法进行测试。图 7-9 对比了大宁无烟煤最大粒径(1～3 mm)与最小粒径(≤0.074 mm)煤样的扫描电镜结果。从中可以发现大宁煤在 1～3 mm 粒径时均出现了明显的裂隙,而在 0.074 mm以下粒径时裂隙并不明显,反而孔隙发育得更好。据此可以得出粉化过程先期作用于开度较大或应力集中区域明显的裂隙系统,后期才对孔径较小的孔隙系统进行改造。

（2）内部孔形态损伤

内部孔形态分析主要依据的是压汞滞后环以及液氮的滞后环曲线。依照第2 章中介绍的分析方法,对比一种煤样不同粒径的压汞曲线可以得出(图 7-10):

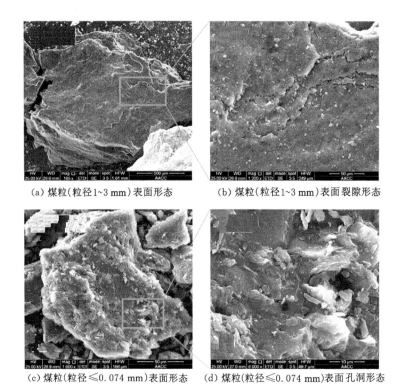

（a）煤粒（粒径1~3 mm）表面形态　　　　（b）煤粒（粒径1~3 mm）表面裂隙形态

（c）煤粒（粒径≤0.074 mm）表面形态　　（d）煤粒（粒径≤0.074 mm）表面孔洞形态

图 7-9　大宁煤样扫描电镜实验结果

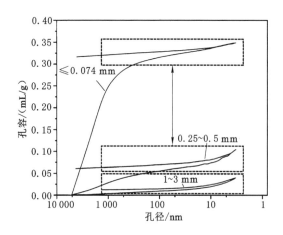

图 7-10　大宁煤样不同粒径滞后环对比

滞后环形状的差异也主要体现在低压段,对于高压部分在统一纵坐标范围的情况下,形状基本一致,这也说明就损伤过程来讲,并未对微孔的形态和结构造成太大的破坏。而对于液氮滞后环(图 7-11),不同粒径的煤样则体现出了很好的相似性,也说明了损伤过程对微孔孔隙形态的影响较小。

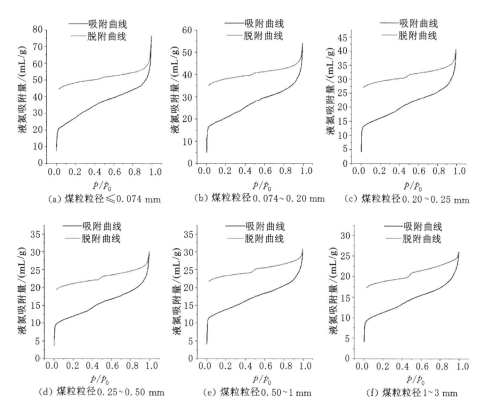

图 7-11　大宁煤样液氮吸脱附曲线

7.2.2.4　煤的阶梯式损伤路径与极限粒径的产生

结合电镜扫描、压汞和液氮实验可以发现,在破碎作用下,煤粒孔隙结构的破坏主要从孔径较大的大中孔开始,进而慢慢影响到孔径较小的小微孔。而破坏微孔往往需要十分巨大的力,所以在常规力学作用下微孔的损伤微不足道,也就造成吸附常数变化不大或呈波动状的规律。如果结合煤体的双重孔隙结构,大孔径的孔隙可以假设为裂隙,而小孔径的孔隙可以看成分布于基质体表面及内部的孔隙。我们可以得到如下的结论:煤的孔隙裂隙可以认为经历了如下三个阶段的变化:① 完整煤粒分裂成多个小粒径的新生煤粒,此时的粒径应大于基质的大小,基质体未被破坏;② 单个煤粒继续破碎,成为具有单个基质大小的煤粒,此时的煤粒基质体刚好未被破坏,是瓦斯解吸速度极速增长的起点;③ 煤粒基质被破坏,孔隙系统遭到严重破坏,瓦斯解吸速度极速增长。前两个阶段可归为裂隙破坏阶段,最后一个阶段为基质破坏阶段,如图 7-12 所示。

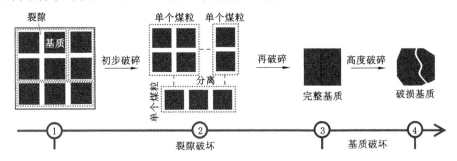

图 7-12　破碎过程中煤双重孔隙系统的损伤

　　煤体的这种阶梯式破碎特征决定了煤体存在一定的解吸极限粒径。即在相同压力下,煤粒在某一极限粒径以上时解吸速度基本一致;当粒径减小到极限粒径以下时,煤粒解吸速度随粒径的减小而急剧升高。煤粒的极限粒径的范围一般为 0.5~10 mm,基本在毫米级别,如表 7-4 所列。此外,极限粒径的大小本质上取决于基质尺度的大小,故而吸附平衡压力对极限粒径的影响不大。图 7-13 给出了柳塔(LT)、双柳(SL)和大宁(DN)三种煤样在不同压力下的极限粒径测试结果。柳塔煤样在三种平衡压力下临界粒径基本维持在 0.75 mm 左右,未产生大的变化;大宁煤样则在 5 MPa 时,临界粒径略有下降,由 0.7 mm 变为了 0.45 mm 左右;而双柳煤样的极限粒径则随平衡压力的升高呈缓慢的递减趋势,分别为 0.6 mm、0.55 mm 和 0.4 mm 左右。

表 7-4　极限粒径大小统计[12-15]

序号	名称	煤种	极限粒径/mm
1	抚顺龙凤矿	—	2.3
2	阳泉一矿	—	5.4
3	北票三宝矿	—	0.8
4	白沙里王庙矿	—	0.9
5	晋城寺河矿	无烟煤	1~10
6	内蒙古柳塔矿	长焰煤	0.75
7	山西双柳矿	焦煤	0.4~0.6
8	晋城大宁矿	无烟煤	0.45~0.75
9	永城车集软煤	贫煤	0.75
10	永城车集硬煤	贫煤	4.5

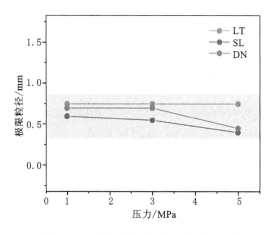

图 7-13　不同平衡压力的极限粒径变化

7.2.3　孔隙微观结构损伤与宏观扩散的数学联系

建立引入孔隙参数的数学解吸模型是定量化描述煤粒破碎过程中瓦斯解吸曲线特性变化的必要条件。根据第 2 章中对自扩散系数和菲克扩散系数的定义可知,依据瓦斯解吸曲线获得的菲克扩散系数,其衰减规律本质上是大量分子自扩散系数衰减的宏观体现。而根据常规的 NMR 实验可知,多孔介质中粒子的自扩散行为常常携带有其孔隙系统的某些特征参数[16-21]。从自扩散系数的变化规律来解释煤粒的解吸曲线变化是一种具有较强可行性的方法。

7.2.3.1　自扩散系数时变规律和菲克扩散系数时变模型构建

扩散粒子的内在扩散特性是随着时间变化逐渐衰减的,但能否用微观粒子的自扩散系数来表征大量粒子的宏观扩散系数呢? 答案是令人遗憾的,两种扩散系数是有一定区别的。自扩散系数(D_s)是从分子的热运动角度进行定义的,其表征了扩散粒子平均平方位移的整体特性。而菲克扩散系数或传递扩散系数(D_F)是通过实验测试的,其表征大量粒子集体流动行为的宏观扩散系数。通常意义上,通过实验解吸数据拟合反推出的表观菲克扩散系数实际上并非自扩散系数。自扩散系数大小随时间增加而衰减的规律可对孔隙几何结构进行定量表征。直接将自扩散系数的衰减规律引入到菲克扩散系数时变模型中的做法是不严谨的,需要一定的论证。

将自扩散系数与实验宏观观察到的菲克扩散系数联系在一起是得到反映煤体孔隙结构的扩散模型的第一步。对于菲克扩散系数和修正扩散系数,存在比较明显的关系,见式(2-32)。该关系说明,菲克扩散系数是由粒子内在的扩散作用和热力学作用相互叠加而成的。而对于自扩散系数和修正扩散系数,也存在一定的转化关系,见式(2-33)。此外,对于朗缪尔型吸附曲线来说,热力学系数与该压力的吸附能力有关[22]，即：

$$\begin{cases} \left.\dfrac{\partial \ln \gamma}{\partial \ln c}\right|_T = \dfrac{\mathrm{d}(\ln p)}{\mathrm{d}(\ln q)} = \dfrac{1}{1-\theta} \\ \theta = \dfrac{q}{a} = \dfrac{bp}{1+bp} \end{cases} \tag{7-1}$$

式中 θ ——单层吸附时的表面覆盖度，对于多孔介质，其可理解为特定平衡压力下吸附剂对吸附质的吸附程度。

对于修正因子 $D_{11}(\theta)$，有：

$$\frac{D_{11}(\theta)}{D_c(\theta)} = \alpha' \exp(-\beta'\theta) \tag{7-2}$$

式中 α'，β' ——拟合参数。

将上述方程联立，便可得出自扩散系数和菲克时变扩散系数的关系式：

$$D_t = D_c \cdot \frac{1}{1-\theta} = D_s \cdot \frac{1}{1-\theta}\left[1 + \frac{\theta}{\alpha'\exp(-\beta'\theta)}\right] \tag{7-3}$$

式中 D_t ——菲克时变扩散系数，m^2/s。

将自扩散系数随时间衰减的变化规律式(2-26)代入，则有：

$$\begin{aligned} D_t &= D_s \cdot \frac{1}{1-\theta}\left[1 + \frac{\theta}{\alpha'\exp(-\beta'\theta)}\right] \\ &= D_{s0} \cdot \frac{1}{1-\theta}\left[1 + \frac{\theta}{\alpha'\exp(-\beta'\theta)}\right] \cdot \left[\left(1 - \frac{4}{9\sqrt{\pi}}\frac{S_{\text{pore}}}{V_{\text{pore}}}\sqrt{D_{s0}t}\right) + O(D_{s0}t)\right] \end{aligned} \tag{7-4}$$

上式便为菲克扩散系数随时间衰减的扩散规律的精确数学模型。可以发现，包括自扩散系数、修正扩散系数和菲克扩散系数在内的三种扩散系数均是表面覆盖度 θ 的函数（也就是与浓度 c 有关），其随时间衰变关系的准确解是很复杂的。所以多数学者在应用该公式时，常常采用一些假设条件来简化其复杂程度，从而适应实验的实际条件。经典的达肯(Darken)模型认为修正扩散系数和浓度无关[20]。卡尔格(J. Kärger)等[22]认为在亨利(Henry)压力区域内，即平衡压力与吸附量成正比关系的区域，自扩散系数、修正扩散系数和菲克扩散系数可以假设为相等。而张有学[23]通过数值模拟方法研究三者关系时得出，对于理想或近理想体系，此三种扩散系数可近似为等价。所以，本书近似将自扩散系数与菲克时变扩散系数看作是变化规律一致的量（即忽略浓度分布的影响，单孔模型在简化时也采用了如此的假设）。此时，便有如下方程成立，即：

$$D_t \approx D_{s0} \cdot \left(1 - \frac{4}{9\sqrt{\pi}}\frac{S_{\text{pore}}}{V_{\text{pore}}}\sqrt{D_{s0}t}\right) + O(D_{s0}t) \tag{7-5}$$

7.2.3.2 基于时变扩散模型的单孔优化模型建立

（1）模型假设

在确立了式(7-5)的关系后,便得到了反映孔隙结构特征的扩散系数衰变的数学模型。将此规律利用数学方法带入常规的菲克扩散模型中,是建立引入煤体孔隙结构参数扩散模型的最后一步。通过此模型的建立能够有效地阐述在损伤过程中,孔径、孔容及孔比表面积的变化对解吸曲线形态的影响。结合单孔扩散模型的具体假设,可将假设设立为:

① 煤粒的形状为球形;

② 煤粒为均质且各向同性介质;

③ 甲烷的解吸过程遵循质量守恒和连续性定理;

④ 扩散系数与浓度和坐标无关;

⑤ 解吸过程在恒温条件下进行;

⑥ 在球心内部和表面处的浓度(或压力)在整个解吸过程中均保持恒定(与原单孔模型假设相同)。

从上述简化条件可以看出,在经典的单孔模型以及基于单孔模型而推导出的双孔模型中,都是排除了浓度的影响的。从这一方面来说,从式(7-4)到式(7-5)的简化关系,即将影响菲克扩散系数与自扩散系数转化关系的浓度因素忽略,这种假设是合理可行的。

(2) 引入参数 D_t 的单孔优化模型解析解

如果菲克时变扩散系数只与时间有关(与浓度 c 及坐标 x、y 和 z 无关),则在球坐标下式(4-9)可写为:

$$\frac{\partial c}{\partial t} = \frac{D_t}{r^2} \cdot \frac{\partial}{\partial r}\left(r^2 \cdot \frac{\partial c}{\partial r}\right) = D_t\left(\frac{\partial^2 c}{\partial r^2} + \frac{2}{r}\frac{\partial c}{\partial r}\right) \tag{7-6}$$

式中　r——极坐标,mm。

其边界条件为:

$$\begin{cases} c(r,0) = c_0 \\ c(r_0,t) = c_1 \\ \dfrac{\partial c}{\partial r}\Big|_{r=0} = 0 \end{cases} \tag{7-7}$$

将式(7-6)中的 D_t 移到方程左边,可化为:

$$\frac{\partial c}{D_t \partial t} = \frac{\partial^2 c}{\partial r^2} + \frac{2}{r}\frac{\partial c}{\partial r} \tag{7-8}$$

在此处定义:

$$\beta = \int_0^t D_t \mathrm{d}t \tag{7-9}$$

因此,存在关系式:

$$\begin{cases} \beta|_{t=0} = 0 \\ \mathrm{d}\beta = D_t \mathrm{d}t \end{cases} \tag{7-10}$$

利用变量变换法,将式(7-8)左边写成关于 β 的偏导数,有:

$$\frac{\partial c}{\partial \beta} = \frac{\partial^2 c}{\partial r^2} + \frac{2}{r} \frac{\partial c}{\partial r} \tag{7-11}$$

对比式(7-8)和式(7-11)可以发现,上述方程相当于原扩散系数 D_t 等于 1 且 t 等于 β 的转化式。故对于扩散系数随时间变化的偏微分方程在求解方法上与一般的单孔球体均质模型一致。故而,扩散进入或者离开该球体的总的体积分数为:

$$\frac{M_t}{M_\infty} = 1 - \frac{6}{\pi^2} \sum_{n=1}^{\infty} \frac{1}{n^2} \exp\left(-\frac{n^2 \pi^2}{r_0^2} \beta\right) \tag{7-12}$$

联立式(7-9)和式(7-5),可知:

$$\beta = \int_0^t D_t \mathrm{d}t = \int_0^t \left[D_{s0} \cdot \left(1 - \frac{4}{9\sqrt{\pi}} \frac{S_{\text{pore}}}{V_{\text{pore}}} \sqrt{D_{s0}t}\right) + O(D_{s0}t) \right] \mathrm{d}t \tag{7-13}$$

将式(7-13)代入式(7-12)便可以得出引入菲克时变扩散系数衰减效应的单孔优化模型,即:

$$\frac{M_t}{M_\infty} = 1 - \frac{6}{\pi^2} \sum_{n=1}^{\infty} \frac{1}{n^2} \exp\left\{-\frac{n^2 \pi^2}{r_0^2} \int_0^t \left[D_{s0} \cdot \left(1 - \frac{4}{9\sqrt{\pi}} \frac{S_{\text{pore}}}{V_{\text{pore}}} \sqrt{D_{s0}t}\right) + O(D_{s0}t) \right] \mathrm{d}t\right\}$$

$$\tag{7-14}$$

从上式可以发现,孔隙的比表面积和孔容之比($S_{\text{pore}}/V_{\text{pore}}$)影响着菲克扩散系数的衰减规律,进而对解吸分数曲线产生了影响。从这方面看,孔形(如圆柱形、球形、板型)及孔隙几何特征(孔径及孔长)对解吸曲线都有着很大的影响。但是在对 β 进行积分的过程中,由于其公式的复杂性,很难求得精确的积分式。在应用时,需要进行一定的变换。洛斯库托夫(V. Loskutov)等[16]在对流体自扩散系数随时间衰减的规律进行研究时,将式(7-2)与 NMR 测试信号数学模型作对比,简化出了适用于全局的自扩散系数衰减公式,即:

$$\frac{D_t(t) - D_\infty}{D_{s0} - D_\infty} \approx \frac{D_s(t) - D_\infty}{D_{s0} - D_\infty} = \exp\left(-F \frac{S_{\text{pore}}}{V_{\text{pore}}} \sqrt{D_{s0}t}\right) \tag{7-15}$$

对上式进行变换,可得:

$$D_t(t) = (D_{s0} - D_\infty) \exp\left(-F \frac{S_{\text{pore}}}{V_{\text{pore}}} \sqrt{D_{s0}t}\right) + D_\infty \tag{7-16}$$

令 $M = D_{s0} - D_\infty, N = -F \cdot S_{\text{pore}}/V_{\text{pore}} \sqrt{D_{s0}}$,有:

$$D_t(t) = M \exp(N\sqrt{t}) + D_\infty \tag{7-17}$$

对上式进行积分,可得:

$$\beta = \int_0^t D_t \mathrm{d}t = D_\infty t + \frac{2M}{N} \mathrm{e}^{N\sqrt{t}} \cdot \sqrt{t} - \frac{2M}{N^2} \mathrm{e}^{N\sqrt{t}} + C \tag{7-18}$$

式中 C——积分得出的常数。

此时,式(7-12)可变为:

$$\begin{cases} \dfrac{Q_t}{Q_\infty} = 1 - \dfrac{6}{\pi^2} \sum_{n=1}^{\infty} \dfrac{1}{n^2} \exp\left[-\dfrac{n^2 \pi^2}{r_0^2} \left(D_\infty t + \dfrac{2M}{N} e^{N\sqrt{t}} \cdot \sqrt{t} - \dfrac{2M}{N^2} e^{N\sqrt{t}} + C \right) \right] \\ M = D_{s0} - D_\infty \\ N = -F \cdot S_{pore}/V_{pore} \sqrt{D_{s0}} \end{cases}$$

$$(7\text{-}19)$$

7.2.3.3　孔隙结构几何参数对解吸扩散曲线形态的影响

（1）孔径因素

孔壁产生的吸附势是多孔介质吸附现象的根本原因。在富微孔介质中，孔隙系统内巨大的孔壁表面上存在着大量酸性位和官能团等具有电子转移型相互作用的强吸附位，吸附势比平坦表面大得多，使其能在很小的压力下完成大质量的吸附效果。埃弗里特（D. H. Everett）和波威尔（J. C. Powl）曾给出了在平板型孔中，吸附质分子受到微孔两壁面的吸附势（Φ）的表达式，即[24-25]：

$$\Phi(z, w) = \frac{5}{3} \Phi_0 \left\{ \frac{2}{5} \left[\frac{\sigma_{sk}^{10}}{(w+z)^{10}} + \frac{\sigma_{sk}^{10}}{(w-z)^{10}} \right] - \left[\frac{\sigma_{sk}^4}{(w+z)^4} + \frac{\sigma_{sk}^4}{(w-z)^4} \right] \right.$$
$$\left. - \left[\frac{\sigma_{sk}^4}{3\Delta(0.61\Delta + w + z)^3} + \frac{\sigma_{sk}^4}{3\Delta(0.61\Delta + w - z)^3} \right] \right\}$$

$$(7\text{-}20)$$

式中　w——平板型孔的孔半径，nm；

　　　z——坐标值，指距离孔中心的距离，nm；

　　　Φ_0——单个表面对单个分子的最小吸附势能，J；

　　　Δ——晶格间距，0.335 nm；

　　　σ_{sk}——已吸附的分子对未吸附的气态分子的有效直径，此处近似简化
　　　　　　为吸附质分子的动力直径，0.38 nm。

根据此方程，便可绘制出甲烷分子所受的吸附势能分布曲线，见图 2-1。从图中可以发现，在大孔径阶段，吸附势主要存在于靠近壁面的区域内。而随着孔径的逐渐减小，孔壁产生的吸附势逐渐重叠加强（白色框内区域），中心与壁面的吸附势差异逐渐减小且势能显著增大。但当孔径减小至接近甲烷分子动力直径的孔径范围内（0.38 nm 左右），孔对甲烷分子产生了排斥作用。壁面的吸附势一方面对甲烷的运移产生拉扯牵制作用，使分子向孔隙内部的驱动合力减弱；另一方面又会改变甲烷气体的性质，使其密度逐渐变大，扩散阻力逐渐加强，扩散消耗时间也显著增加。

观察式（7-19），发现等式右端是关于 $\sqrt{t}$ 的系数项，即 N 值，其是由孔隙的几何参数决定的。而对于常见的具有球形孔的多孔介质来说，表面积与体积有如下关系式：

$$\frac{S_{pore}}{V_{pore}} = \frac{4\pi r_{pore}^2}{4/3\pi r_{pore}^3} = \frac{3}{r_{pore}} \tag{7-21}$$

将上式代入式(7-19)可得：

$$\frac{D_t(t) - D_\infty}{D_{s0} - D_\infty} = \exp\left(-F\frac{3}{r_{pore}}\sqrt{D_{s0}t}\right) \tag{7-22}$$

对于自扩散行为,其有效扩散参数(D_{a0})和理论扩散系数(D_{s0})的关系式有：

$$D_{s0} = r_0^2 \cdot D_{a0} \tag{7-23}$$

对于球形孔则有：

$$\frac{D_t(t) - D_\infty}{D_{s0} - D_\infty} = \exp\left(-F\frac{3r_0}{r_{pore}}\sqrt{D_{a0}t}\right) \tag{7-24}$$

式中　r_{pore}——孔半径,nm。

对于同一种物质,F 的取值是固定的[16],所以式(7-24)就反映了球形孔不同孔半径下表观菲克扩散系数的时变规律。在式(7-24)中代入不同的 r_0 值,再通过式(7-19)就可以计算出不同孔径条件下 N 值的取值范围。而由解吸实验可知,有效扩散参数 D_{a0} 处在 $10^{-7} \sim 10^{-3}$ s^{-1} 的范围内,此时选取 10^{-5} s^{-1} 作为参照值;F 值可近似取经验值 0.87[16]。另外需要明确的是,扩散长度 r_0 并不是孔的长度,B. Yang 等[26]在计算页岩气菲克扩散系数时,提出过一种计算其大小的模型,即：

$$r_0 = 3(m_{Org}/\rho_k)/S_0 \tag{7-25}$$

式中　m_{Org}——单位质量页岩的有机质含量,g/g;

　　　ρ_k——基质密度,g/m^3;

　　　S_0——低温液氮试验测出的 BET 比表面积,m^2/g。

对于煤来说,假设煤中全部是有机质,即 $m_{Org} = 1$;而根据 7.2.2.2 小节中液氮实验,统计实验煤样的 BET 比表面积;同时,假设 ρ_k 为 1.6 t/m^3,便可以得到 r_0 大致的范围,为 $10^{-8} \sim 10^{-6}$ m,如表 7-5 所列。因此,在计算菲克扩散系数时变规律时,采用了 1×10^{-7} m(100 nm)的中间值。

表 7-5　扩散长度 r_0 的计算结果

煤样	柳塔		双柳		大宁	
粒径/mm	S_0/(m^2/g)	r_0/nm	S_0/(m^2/g)	r_0/nm	S_0/(m^2/g)	r_0/nm
≤0.074	14.82	126.54	1.49	1 258.39	98.33	19.07
0.074~0.20	18.10	103.57	0.91	2 058.18	73.47	25.52
0.20~0.25	18.48	101.48	0.34	5 450.58	58.72	31.93
0.25~0.50	16.25	115.41	0.36	5 193.91	43.30	43.30
0.5~1.0	17.10	109.65	0.24	7 716.05	49.86	37.60
1.0~3.0	18.34	102.22	0.25	7 470.12	41.10	45.62

将上述参数代入式(7-25),计算出球形孔孔径为 1 nm、10 nm、20 nm 及 50 nm 的 N 值,分别为 −0.83、−0.083、−0.04 及 −0.017,绘制出如图 7-14 所示的衰减曲线和解吸曲线。从图中可以知晓,随着孔径的逐渐增大,菲克扩散系数衰减至最终值时所耗时间逐渐加大,因此会长时间地保持较大的菲克扩散系数,使得甲烷分子很容易从孔隙中运移出来,宏观上表现为解吸速度保持在一个较高的水平上。

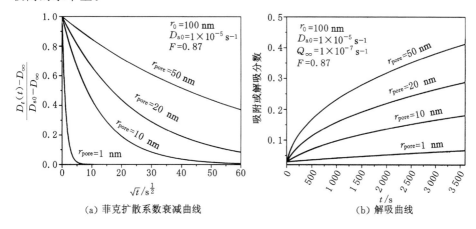

(a) 菲克扩散系数衰减曲线　　　　　(b) 解吸曲线

图 7-14　理想球形孔不同孔径条件下的解吸扩散特性

(2) 孔长因素

从上一小节可知,孔径的大小决定了孔壁对甲烷分子的吸附势,也决定了其对甲烷分子限制力量的大小,因此从根本上说,吸附势才是改变甲烷分子扩散系数的本质因素。而仅考虑孔长不改变孔径的话,由于其并未改变孔壁对甲烷分子的吸附势,故在一定时间内不管孔长有多长,甲烷分子受到孔壁的限制作用也是相等的,扩散系数的衰减规律不会发生改变。而由扩散长度与扩散时间的关系可知,扩散长度虽然决定不了分子的动力行为,但可以反映其时间状态。孔长决定了甲烷分子受到作用力的时间,孔长越长,受力作用越持久,衰减程度越明显。

取球体扩散模型某一截面的四分之一,将解吸过程看作是呈扇形逸散的过程,如图 7-15 所示。由于在吸附平衡过程中,不同吸附时间下甲烷分子进入到孔内部的深度不同,因此可以认为在解吸初始时刻,各甲烷分子所处的起始解吸位置不同。对于先解吸出的甲烷分子,所经历的孔长是较小的,所受的孔壁作用也是较小的,因此扩散系数较大。而在解吸末期,越靠近球粒中心位置的甲烷分子所经历的扩散过程越曲折,受力越长久,最终的扩散系数也会越小。

扩散路径长度与扩散时间的关系式为:

$$l_{\mathrm{j}} = \sqrt{\eta_{\mathrm{d}} r_0^2 D_{\mathrm{a}0} t} \tag{7-26}$$

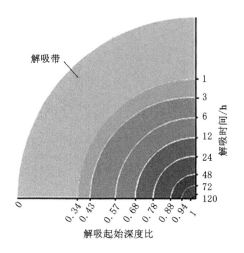

图 7-15　解吸带模型

式中　　η_d——比例因子,与扩散维度有关。

则式(7-24)变为:

$$\frac{D_t(t)-D_\infty}{D_{s0}-D_\infty} = \exp\left(-F\frac{3}{\sqrt{\eta_d}\,r_{pore}}l_j\right) \tag{7-27}$$

上式便针对孔长参数对于扩散系数的衰减影响作出了模型表征。为了表示方便,本文将一秒时间内所走过的扩散长度作为扩散的单位度量 l_0,即:

$$l_0 = \sqrt{\eta_d r_0^2 D_{a0}} \tag{7-28}$$

则孔长和扩散时间的关系式可以表达为:

$$l_j = l_0\sqrt{t} \tag{7-29}$$

参照上一小节的计算参数,计算不同孔长($10l_0$、$20l_0$、$30l_0$、$40l_0$)条件下的 N 值,并通过扩散时间的长短来厘定孔长对菲克扩散系数时变规律及瓦斯解吸规律的影响,如图 7-16 所示。从图中可以发现,由于 N 值并没有发生变化,各孔长所计算出的衰减曲线是重合的。孔壁的作用时间最终改变的是甲烷分子溢出孔隙外口时的扩散系数 D'_∞。所选四个不同孔长对应的阶段 D'_∞ 分别为 $4.94\times10^{-6}\ \text{s}^{-1}$、$2.73\times10^{-6}\ \text{s}^{-1}$、$1.76\times10^{-6}\ \text{s}^{-1}$ 及 $1.33\times10^{-6}\ \text{s}^{-1}$。

在损伤过程中,在孔径和孔隙形状不改变的情形下,反映孔隙损伤的参数,如孔隙开口方式和串并联方式的改变,均可以用孔长的变化来理想化地解释。以平板形孔等分损伤为例(图 7-17),一端开口的孔变为两端开口,此时等效孔长便变为了原来的 1/2;对一端开口孔而言,孔道被等分成二、三或四份时,最小孔长便变为了原来的 1/4、1/6 和 1/8,而控制解吸终止时间的最大孔长变为了原孔长的 1/2、1/3 和 1/4;对两端开口孔而言,最短孔长和最长孔长一致,分别

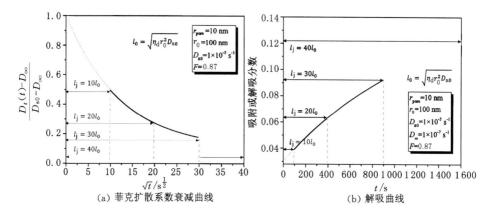

（a）菲克扩散系数衰减曲线　　　　（b）解吸曲线

图 7-16　理想球形孔不同孔长条件下的解吸扩散特性

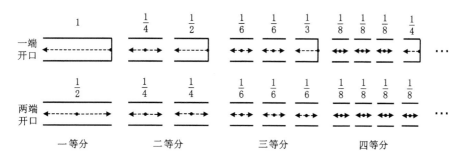

图 7-17　孔等分损伤过程中开口方式与孔长的变化

为原孔长的 1/4、1/6 和 1/8。孔损伤后处于孔隙内部的甲烷分子运移到孔隙外端的距离被大大缩短，甲烷分子扩散系数残留的最大值是由孔长最短的孔所决定的。另外，孔长的变化又可以从孔长的串并联方式上进行解释，即损伤的过程使得原本串联的各孔，变为了并联形式，所以甲烷所走的路径变短，单位时间内涌出的甲烷更多。

（3）孔形因素

不同孔形决定了其孔的比表面积与体积的比不同，进而影响甲烷分子对孔壁的边界感受不同。类比球形孔的计算方法，可以得到圆柱形孔比表面积与体积之比：

$$\frac{S_{pore}}{V_{pore}} = \frac{2\pi r_{pore} h}{\pi r_{pore}^2 h} = \frac{2}{r_{pore}} \tag{7-30}$$

式中　h——圆柱形孔的孔长，m。

同样地，对于平板状孔来说，有：

$$\frac{S_{\text{pore}}}{V_{\text{pore}}} = \frac{2a_s b_s}{a_s b_s \cdot 2r_{\text{pore}}} = \frac{1}{r_{\text{pore}}} \tag{7-31}$$

式中　a_s, b_s——平板状孔的长度和宽度，m。

综上所述，对于具有特定形状（如球形孔、圆柱孔、平板状孔）的孔来说，有：

$$\frac{S_{\text{pore}}}{V_{\text{pore}}} = f\left(\frac{1}{r_{\text{pore}}}\right) = \frac{\bar{\vartheta}}{r_{\text{pore}}} \tag{7-32}$$

式中　$\bar{\vartheta}$——孔的形状因子，对于球形孔、圆柱形孔和平板形孔分别取 1、2、3。

所以，孔形便可以在衰变模型中反映出来，有：

$$\frac{D_t(t) - D_\infty}{D_{s0} - D_\infty} = \exp\left(-\bar{\vartheta} \cdot F \frac{r_0}{r_{\text{pore}}} \sqrt{D_{a0} t}\right) \tag{7-33}$$

参照上一小节的计算参数，计算不同孔形（球形孔、圆柱形孔和平板形孔）条件下的 N 值，因为理想球形孔、圆柱形孔比表面积与体积之比分别是平板形的 3 倍和 2 倍，所以三者的 N 值也呈 3∶2∶1 的比例关系，分别为 -0.83、-0.55 及 -0.28。然后据此得出不同孔形对菲克扩散系数时变规律的影响规律和瓦斯解吸规律，如图 7-18 所示。从图中可以知晓，同等条件下，球形孔扩散系数衰减至最终值时所耗时间最长，圆柱形孔次之，平板形孔最小。所以球形孔更利于菲克扩散系数的保持，宏观上表现为初期有更大的解吸速度，解吸曲线斜率变化较大。对于圆柱形孔和平板形孔来说，由于其本身就具有孔长这个参数（圆柱形孔为高度，平板形孔为长度），所以在煤中很容易找到类似的孔。而对于球形孔来说，并不具有孔长的特性，而只能由半径去代替孔长参数。在想象其存在时，应将整个煤粒考虑成一个大的球形孔。这一愿景常常在孔隙非常发育时才能存在（例如无烟煤），因为发达的孔道四通八达，使得甲烷分子能够在各个方向进行运移，宏观上形成具有六个运动维度的球形运动。所以，煤中的球形孔扩散也可能是一个等效的宏观现象，并非实际需要球形孔的存在和参与。

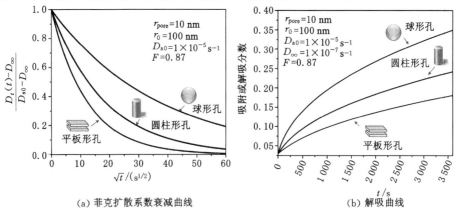

(a) 菲克扩散系数衰减曲线　　　　　(b) 解吸曲线

图 7-18　不同孔形状条件下的解吸扩散特性

7.2.4　构造煤与原生煤的扩散性能差异

7.2.4.1　吸附能力

评价煤的吸附能力的指标主要是朗缪尔曲线中的 a 值和 b 值,其均是基于等温吸附曲线测定实验而拟合得出的。图 7-19 给出了 30 ℃ 条件下构造煤和原生煤 a 值及 b 值随变质程度的变化情况。从图中可以看出,构造煤和原生煤的 a 值及 b 值的倒数相对于变质程度来说均呈"U"形的变化趋势,即从低阶煤到中阶煤的下降趋势,然后从中阶煤到高阶煤的增长趋势。但在拐点处略有差异, a 值的拐点为 $R_{o,max}=1.0\%$ 左右,b 值的拐点为 $R_{o,max}=2.4\%$ 左右。构造煤的 a 值通常比原生煤的 a 值大,这可能是由于 a 值与微孔孔容正相关。而构造煤的孔隙结构更加发达,导致了更大的气体吸附能力。而对于 b 值,其表征了煤体吸附势的大小,即吸附的快慢。构造煤的 b 值通常大于原生煤的 b 值,这表明瓦斯分子与构造煤表面的相互作用力要比原生煤强,更容易被孔隙表面的吸附势捕获。综合考虑 a 值及 b 值的测试结果,可以发现构造煤要比原生煤具有更强的吸附性[7]。

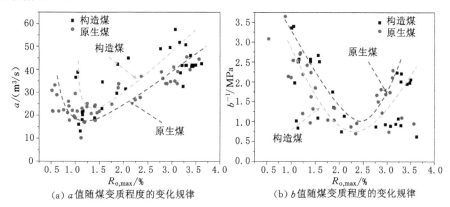

（a）a 值随煤变质程度的变化规律　　（b）b 值随煤变质程度的变化规律

图 7-19　构造煤和原生煤 a 值及 b 值随变质程度的变化规律

7.2.4.2　扩散性能

按照第 3 章给出的方法,可以对构造煤和原生煤的扩散系数进行测定。图 7-20 统计了文献中构造煤和原生煤扩散系数的测试结果。从图中可以看出,原生煤和构造煤的扩散系数都在 $10^{-15}\sim10^{-7}$ m²/s 之间,其跨越的数量级较多,这表明不同煤样品的高分散性。由于在各个实验压力下,煤样变质程度不同,且主控的扩散机制不明确,因此实验得出的表观扩散系数随压力的变化规律也是杂乱无章的。如果比较同一个取样地点的构造煤和原生煤的瓦斯扩散系数（图 7-21）,便可大幅度地减小诸如变质程度等因素的干扰。从图 7-21 可以发现,构造煤的瓦斯扩散系数是原生煤瓦斯扩散系数的 1.26～94.05 倍,平均倍数为 12.2，这表明构造煤的瓦斯扩散系数要大于原生煤的瓦斯扩散系数。但关于压力，两者比值变化规律不甚明显[7]。

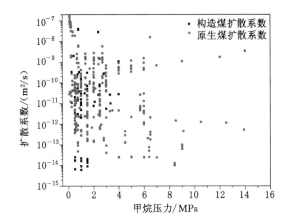

图 7-20　构造煤和原生煤瓦斯扩散系数对比

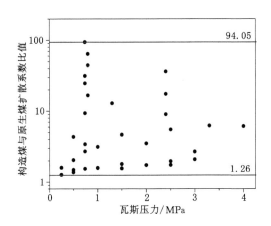

图 7-21　构造煤和原生煤瓦斯扩散系数比值随压力的变化规律

7.3　扩散在煤与瓦斯突出中的作用

瓦斯对突出的孕育和发展均起着关键作用（图 7-22），在工程实践中，突出的防治方法也多是与瓦斯抽采有关的区域及局部防突措施，包括保护层开采、底板巷、穿层钻孔、顺层钻孔、千米长钻孔、高位钻场、地面钻井等方式。首先，在突出孕育阶段，瓦斯主要起降低煤体强度，形成高压力梯度的作用。瓦斯对煤体既存在着游离瓦斯产生的力学作用，即改变施加于煤体骨架上的有效应力状态，从而参与破坏煤体;又存在着吸附瓦斯产生的非力学作用,即对煤体的抗压强度、弹性模量、峰值应变、残余强度等力学参数均产生影响。另外,地下复杂的渗透环境使得瓦斯赋存呈现"瓦斯包"的特征,低速逸散的瓦斯势能使得"瓦斯包"区域的高应力梯度能长时间保存,形成重大突出危险源。而在突出发展过程中,瓦斯起着提供输运煤体所需的能量,并与地应力配合连续地剥离破碎煤体使突出向煤体的深部传播的作用。一般认为突出是煤体在静、动载荷作用下发生破碎,瓦斯自破碎煤体中解吸,瓦斯膨胀抛出煤粉的过程。短时间内形成大量瓦斯从而抛出大质量的煤体是突出发生及发展的必要条件。国内外学者通常将突出描述成后方瓦斯气垫抛出前方煤体的平抛或斜抛运动,逐步形成了突出球壳、突出层裂、突出启动能量等代表性的突出理论。然而关于参与做功的瓦斯量,学者们看法不一,存在"游离瓦斯完全贡献"以及"吸附瓦斯参与贡献"两种理论。但现阶段的实验以及理论研究发现:"吸附瓦斯参与贡献"这一理论更加符合实际。

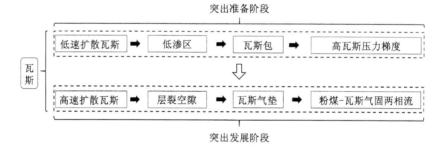

图 7-22 不同扩散速度瓦斯在突出各阶段的作用

7.3.1 低速扩散瓦斯对突出孕育的影响

在突出孕育阶段,由于低渗区的存在,会导致该区域内高压力梯度的产生。由于突出周围煤体对力学的响应特征不同,造成了孔隙结构、裂隙开度、扩散和渗流的难易程度以及涉及突出的各种能量分布都不相同。因而瓦斯在某一地点会积聚,形成类似"瓦斯包"的形态,大大增加了煤与瓦斯突出的危险性。从裂隙对基质所起的"阀门"作用角度讲,低渗区裂隙的低渗透性像阀门一样控制了基质扩散的快慢程度,使得基质向裂隙传质的速度极小;而从"表观扩散"的角度来说,根据表观扩散和表观渗透的转换关系,低渗区亦可以看作瓦斯表观扩散系数极低的区域。故而低速扩散是低渗区产生的结果,也是瓦斯包能有效形成的重要原因。

7.3.1.1 突出能量的孕育

鉴于瓦斯突出的复杂与多变性,从能量角度对突出进行描述更为可行。B. B. 霍多特[9]、格雷(I. Gray)[27]、瓦利亚潘(S. Valliappan)等[28]以及国内的郑哲敏[29]、蒋承林和俞启香[30]、文光才[31]等都曾对瓦斯能量进行了细致的分析。一般认为,在突出过程中,能量的转化形式主要为瓦斯膨胀能及煤体的弹性潜能转化为煤体的破碎功、输运功以及瓦斯的剩余动能,如下式所列:

$$W_1 + W_2 = W_3 + W_4 + W_5 \tag{7-34}$$

式中　W_1——瓦斯膨胀能,MJ;

　　　W_2——煤体弹性潜能,MJ;

　　　W_3——破碎功,MJ;

　　　W_4——输运功,MJ;

　　　W_5——瓦斯剩余动能,MJ。

(1) 瓦斯膨胀能

瓦斯膨胀做功的过程可以看作是在瞬间发生的绝热膨胀过程,其满足关系式:

$$p_1 V_1^{\gamma_g} = p_0 V_0^{\gamma_g} \tag{7-35}$$

式中　p_1, V_1——未突出时煤体中瓦斯的压力(MPa)和在此压力下的体积(m^3);

　　　p_0, V_0——大气压力(MPa)和突出后瓦斯在大气压力下的体积(m^3);

　　　γ_g——绝热系数,通常取1.3。

瓦斯膨胀功则为:

$$W_1 = \frac{p_0 V_0}{\gamma_g - 1} \left[\left(\frac{p_1}{p_0} \right)^{\frac{\gamma_g - 1}{\gamma_g}} - 1 \right] \tag{7-36}$$

参与突出做功的瓦斯又可以分为游离瓦斯和吸附瓦斯,因此式(7-36)又可以变为:

$$W_1 = \frac{p_0}{\gamma_g - 1} (V_0^a + V_0^f) \left[\left(\frac{p_1}{p_0} \right)^{\frac{\gamma_g - 1}{\gamma_g}} - 1 \right] = W_a + W_f \tag{7-37}$$

式中　W_a, W_f——解吸瓦斯和游离瓦斯贡献的能量,MJ。

在计算时我们通常可以得到瓦斯的原始压力 p_1 和原始游离体积 V_1^f,而无法测定最终有多少体积瓦斯参与了做功,即无法测定 V_0 的大小。将式(7-37)再次变换,我们可以得出:

$$\begin{aligned} W_1 &= \frac{p_0 V_0}{\gamma_g - 1} \left[\left(\frac{p_1}{p_0} \right)^{\frac{\gamma_g - 1}{\gamma_g}} - 1 \right] \\ &= \frac{p_0}{\gamma_g - 1} (V_1^a + V_1^f) \left(\frac{p_1}{p_0} \right)^{\frac{1}{n}} \left[\left(\frac{p_1}{p_0} \right)^{\frac{n-1}{n}} - 1 \right] = W_a + W_f \end{aligned} \tag{7-38}$$

式中　V_1^a, V_1^f——突出前吸附态瓦斯和游离态瓦斯的体积,m^3。

(2) 煤体弹性潜能

煤体的弹性潜能主要是由地应力作用产生的,根据应力状态不同,可以得到两种计算结果：

① 单向应力状态：

$$W_2 = \frac{\sigma^2}{2E} \cdot \frac{m_c}{\rho_c} \tag{7-39}$$

② 三向应力状态：

$$W_2 = \frac{m_c}{2\rho_c E}[\sigma_1^2 + \sigma_2^2 + \sigma_3^2 - 2\mu(\sigma_1\sigma_2 + \sigma_2\sigma_3 + \sigma_1\sigma_3)] \tag{7-40}$$

式中　σ——煤的平均应力，MPa；

σ_1，σ_2，σ_3——三个方向的主应力，MPa；

m_c——突出煤体质量，kg；

ρ_c——突出煤体密度，kg/m³；

μ——煤的泊松比；

E——煤的弹性模量，MPa。

从上式可知，煤的弹性模量较小的分层，在同样地应力的条件下其存储的弹性潜能较大。一般煤分层越松软，其 E 值越小，储存的煤体弹性潜能较高，所以松软分层危险性较大。

（3）破碎功

破碎的主要效果是实现了煤粒总表面积的增加，即在破碎过程中，破碎功转换为了表面能。一般可以写成：

$$W_3 = \frac{3VU_{max}}{r_{min}}\gamma_0 \tag{7-41}$$

式中　$\dfrac{3V}{r_{min}}$——半径为 r_{min} 的颗粒的总表面积，m²；

γ_0——整块煤容重和粉碎后煤样容重的比值；

U_{max}——粉碎成半径为 r_{min} 的颗粒所需的最大比功，MJ/m²。

文光才等[31]通过统计拟合得出，破碎功与破碎新增的表面积、煤的坚固性系数之间存在以下经验关系式：

$$W_3 = 84.57 \times 10^{-6} f^{0.86} S_n^{1.22} m_c \tag{7-42}$$

式中　f——煤的坚固性系数；

S_n——破碎新增的表面积，m²/kg。

（4）输运功

煤体输运由于最后形成的堆积形状不同，因此计算的公式也不尽相同。假设突出煤体只产生水平位移，则输运功可用下式估算[9]：

$$W_4 = S_L m_c [g(f'\cos\bar{\alpha} \mp \sin\bar{\alpha})] \tag{7-43}$$

式中　S_L——煤抛出或移动的距离，m；

f'——摩擦系数；

g——重力加速度，9.8 m/s^2；

$\bar{\alpha}$——煤层倾角，(°)。

当 $\bar{\alpha} = 0°$，即在水平巷道中时，有：

$$W_4 = f' S_\text{L} m_\text{c} g \tag{7-44}$$

上述计算忽略了煤体碰撞等过程损耗的能量，因此计算结果偏小。但如果游离瓦斯单纯做功也不足以提供如此多的能量，那么吸附瓦斯参与将成为必然。

（5）瓦斯剩余动能

瓦斯在输运完煤体后，速度会降低至不足以输运突出煤体的水平，此时的瓦斯流速度并未减为零。事实上，在以往事故调查中出现的大体积瓦斯也是未对突出煤体起输运效果的低速瓦斯流，这也是突出瓦斯量往往统计值过大的缘故。根据经典力学中动能的表达式可知：

$$W_5 = \frac{1}{2} m_\text{g} v_\text{r}^2 \tag{7-45}$$

式中　m_g——参与突出的瓦斯质量，kg；

v_r——瓦斯的剩余速度，m/s。

7.3.1.2　低渗区的产生与突出的关系

（1）地质构造带与低渗区的产生

煤与瓦斯突出事故多发生在构造地带，大型突出的发生更是往往处于构造地带。这是由于构造区煤层受构造应力作用发生破坏，煤体强度降低，降低了突出发生的条件。同时，构造也改变了煤系地层中煤层瓦斯的生成、储存及运移条件，使得煤层瓦斯即使在同埋深条件下也有不同。特别是构造对煤体应力环境、煤层裂隙系统的改变，是瓦斯运移条件的控制要素之一，进而控制了煤层瓦斯的赋存，为突出特别是大型突出提供了高能量瓦斯的形成条件。

在多年的煤矿瓦斯治理实践中发现，同水平煤层区域也会由于受到构造的影响而瓦斯分布不均，一些构造环境有利于瓦斯的富存。煤系地层存在背斜、向斜褶曲构造时，在煤层顶底板完整条件下，其轴部瓦斯含量会相对较高，如图 7-23(a)、(b)所示。封闭性断层不利于瓦斯运移而有利于煤层瓦斯的保存，在断层附近区域也常存在瓦斯异常富集现象，如图 7-23(c)所示。煤层受构造影

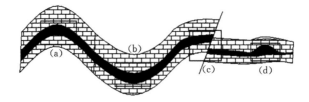

图 7-23　构造附近瓦斯富集区域

响,厚度发生变化,在局部区域变厚形成大煤包,而周边区域则受压缩变薄,渗透性降低,形成对大煤包的封闭,瓦斯得以富集,如图 7-23(d)所示。

　　大型突出的巨大突出瓦斯量间接说明了突出区域附近存在瓦斯富集现象,提供了发生大规模突出的条件。煤层瓦斯富集不仅需要煤层顶底板为封闭性岩层,同时还需要周边煤层区域渗透性低,能够形成环状低渗带包围瓦斯富存区域,阻止此区域高瓦斯通过煤层运移出去,形成局部瓦斯异常。为此,提出了煤层环状低渗带瓦斯富存模型,如图 7-24 所示。煤层中环状低渗带的存在为瓦斯富集区域提供了保存条件,在漫长地质史中保存瓦斯,瓦斯压力高于同区域煤层,形成高突出能量区域。

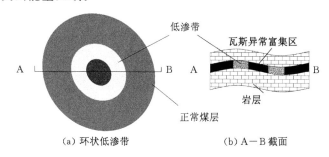

（a）环状低渗带　　　　　　（b）A－B 截面

图 7-24　煤层环状低渗带

（2）低渗带的瓦斯富集作用

　　在构造区域附近,煤层具有形成低渗区域的条件。构造对煤层裂隙系统的破坏使煤体渗透性大大降低,煤体在受高构造应力后渗透性也会大大降低,这些因素对煤层渗透性的影响有利于形成低渗煤层区域。因此,在顶底板为封闭性条件时,一些构造影响区就具备了瓦斯异常富集条件,进而为大型突出的形成提供了能量条件。在不考虑地层抬升、下降、构造变化及煤体继续生烃等过程对瓦斯运移的影响的条件下,若煤层顶底板渗透性远小于煤层,将其视为不流动边界后,环状低渗带瓦斯富存模型便可简化为一维流动模型,如图 7-25 所示。

图 7-25　含低渗带煤层一维流动模型

　　图 7-26 给出了低渗区煤层渗透性与正常区域渗透性比值为 0.1、0.01、0.001、0.000 1 的不同压力分布模拟图。从图中可以看到,煤层瓦斯在存在低渗带条件下,其顺煤层逸散能力大大降低,低渗带包围的煤层可以在漫长的逸散

时间中保持较高的瓦斯压力,形成瓦斯富集区。低渗带外煤层瓦斯在初期由于瓦斯补充慢,瓦斯压力低于无低渗带的正常煤层,但是在数万年至百万年的长时间逸散后,由于低渗带保存瓦斯提供了更充分的瓦斯源,低渗带外煤层瓦斯甚至会高于正常煤层条件。低渗带渗透性越低,富瓦斯区煤层瓦斯越多,低渗带外煤层瓦斯越少,在低渗带形成的压力梯度越大,并随着瓦斯运移时间的增加越发显著。在低渗带渗透性小于正常煤层两三个数量级以上时,沿着煤层逸散一万年后,低渗带内外瓦斯压力即可有极其显著差别。在渗透性很小的低渗带,瓦斯压力从正常煤层的低压力迅速增加至富集瓦斯带的压力,压力梯度大。而在低渗带渗透性对比正常煤层相差数倍或无低渗带存在情况下,即使在顶底板完全密封的煤层中,瓦斯也会在漫长地质时期向煤层边界不断逸散,不存在局部富存瓦斯的条件[32]。

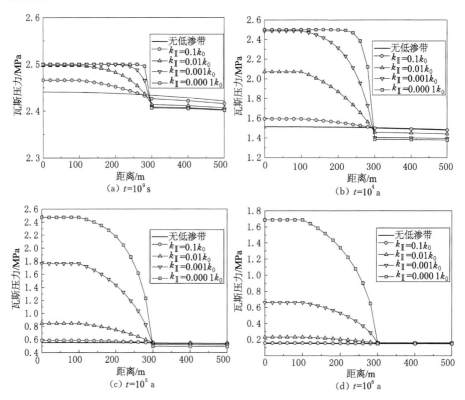

图 7-26　低渗带煤层在不同低渗条件下的瓦斯分布

低渗带宽度对煤层瓦斯逸散亦有重要的影响。图 7-27 给出了 Ⅱ 区长度分别为 2 m、20 m、200 m、2 000 m 时,低渗区煤层渗透性为正常区域渗透性的 0.001 倍、瓦斯运移时间为一万年的条件下,瓦斯压力的分布情况。从中可以看出,在长时间运移过程中,2 m、20 m 低渗带没有产生明显效果,200 m、2 000 m 低渗带则会形成显著的压力梯度以保存瓦斯;低渗区域大,有利于煤层内部瓦斯的保存,低渗区内外的压差随时间的加剧更显著;低渗区域狭窄会有更大瓦斯压力梯度。

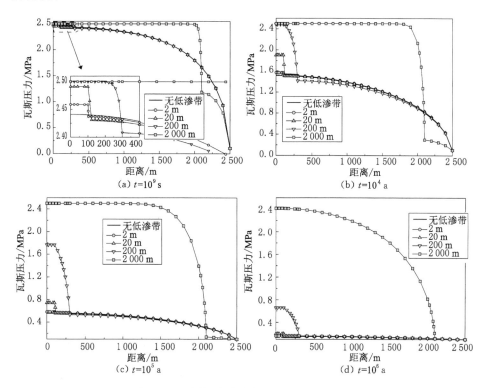

图 7-27　不同低渗带宽度对瓦斯分布的影响

7.3.2　高速扩散瓦斯对突出发展的影响

上一小节介绍了在突出孕育过程中,扩散有关的特性在突出能量贮存中的作用。而对于突出发生后的发展阶段,扩散速度往往决定着能量释放快慢的程度,进而决定着突出形成的煤-瓦斯气固两相流的流态,决定着突出前方气流的稳定程度,最终决定着突出的破坏程度。在突出孕育阶段低速扩散有益于瓦斯能量积聚,但在发展阶段,高速解吸瓦斯却对突出的破坏性有增益作用。在突出发展阶段,一方面,煤体破碎剥离,在瓦斯压力和地应力作用下从激发点继续向内部进行;另一方面,破碎煤体与瓦斯气流形成的两相流体不断向外运送。短时间内形成大量瓦斯从而抛出大质量的煤体是突出发展的一个必要条件。在突出事故统计调查过程中,常常发现短时间内冲破浓度表量程的高浓度瓦斯流。图 7-28 给出了 2013—2014 年间发生在贵州马场煤矿、云南白龙山煤矿和山西阳煤五矿的三起突出事故的瓦斯浓度监测情况,事故中的瓦斯浓度均大大超过了规定中可以进行安全生产的控制浓度。下面我们着重探讨这种高速瓦斯流对突出的作用以及其来源。

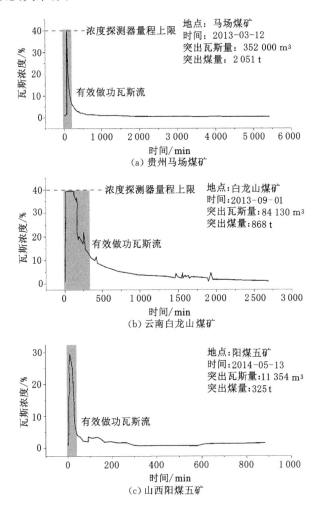

图 7-28　突出事故中瓦斯浓度变化图[33-35]

7.3.2.1　高速解吸瓦斯的必要性

在分析高速解吸瓦斯的必要性前,我们需要弄清楚地应力和瓦斯在突出中的作用孰重孰轻,也就是要分析出在突出中两者谁是主控作用。

首先,从定义上讲,煤与瓦斯突出与单纯以地应力为主控的抛出或岩爆是有本质区别的。前者有大量瓦斯参与,破坏强度大;后者抛出的距离有限,并不会产生明显的气固两相流和粉尘的自然安息角。在破碎煤体阶段,虽然地应力与瓦斯压力均有参与，但通常情况下地应力都是瓦斯压力的数倍大小，所以地应力是煤体破碎的主要贡献者（瓦斯压力梯度约为静水压力梯度，即 0.01 MPa/m，而煤岩体的地应力梯度约为 0.025 MPa/m[1]）。在煤体输运阶段，突出煤体与壁面失去接触，高速的瓦斯流是输运煤体的主要动力，这点可以从与典型的压出和倾出对比中得出，在这两种由地应力控制发生的灾害中，煤岩体并不会产生大距离的移动。所以单纯的地应力并不能对煤岩体进行大质量的输运做功，而短时间大质量的瓦斯涌出才是突出得以连续发展的必要条件。

苏联的 A. M. 克利沃鲁奇科[36]认为瓦斯是引发突出的主要因素，而煤体粉碎、瓦斯解吸和气固混合物喷出所需的能量，是由煤层的围岩通过振动来传递的。我国著名科学家、国家最高科学技术奖获得者郑哲敏[29]认为突出煤层中瓦斯内能要比煤体的弹性势能大 1～3 个数量级，瓦斯对突出起主要作用。佩特森（L. Paterson）[37]认为突出是瓦斯在压力梯度作用下发生的结构失稳，并建立了突出的数学模型进行讨论分析。苏联学者霍多特[9]认为突出煤体在静、动载荷作用下破碎，瓦斯自破碎煤体中解吸，瓦斯膨胀抛出煤粉。英国学者鲍来[36]的解释为突出破碎煤体的抛出是由于吸附瓦斯自破碎煤体中迅速解吸释放出巨大能量的缘故。苏联的彼图霍夫等[36]认为突出时颗粒的分离过程是一层一层进行的，形成了分层分离说。当突出危险带表面急剧暴露时，由于瓦斯压力梯度作用使分层承受拉伸力，当拉伸力大于分层强度时，即发生突出分层从煤体上分离的现象。蒋承林[38]认为地应力在突出煤体中形成"I"形裂隙，瓦斯涌入其中并抛出前方球壳状的突出煤体。郭品坤[39]认为突出煤体成层状破裂，解吸后的层状煤体硬度提高，形成层裂现象。P. Guan 等[40]及 S. Wang 等[41]采用阿利迪比罗夫（M. Alidibirov）和丁韦尔（D. B. Dingwell）[42]设计的岩体快速破坏观测装置模拟瓦斯突出实验，用高速摄像机观察了含瓦斯煤体的破坏和传播规律，结果显示有明显的分层传播特征。此外，部分理论从突出煤体流变的角度探讨了瓦斯在突出中的作用。日本的矶部俊郎等[36]认为吸着瓦斯由于煤破坏时释放的弹性能供给热量而解吸，煤粒子间的瓦斯使煤的内摩擦力下降，而变成易流动状态。何学秋、梁冰等[43-44]认为瓦斯能够促进煤体的软化，使裂纹和裂缝发育。李萍丰[45]认为突出中心的煤体破碎，释放出的大量瓦斯使得煤粒间失去机械联系，形成分散相，在瓦斯介质中产生流变性，形成两相流体。徐涛、孙东玲等[46-47]运用 Fluent 软件对突出过程中喷出的煤与瓦斯两相流进行了模拟，认为在不同强度的煤与瓦斯突出过程中，两相流的运动状态不同。

上述学者们的分析十分清晰地确定了一个结论：瓦斯是突出发展过程中较地应力更为重要的因素。另外，在英文文献中，煤与瓦斯突出可以常写作"coal and gas outburst"，也可写作"gas outburst"，但"coal outburst"却很罕见。从这点也可以看出，瓦斯是突出中最为明显的特征。

　　在得到上述结论之后,一个新的问题又会出现:既然瓦斯对突出发展至关重要,那么参与瓦斯做功的量又有多少呢?目前学者们关于参与做功的瓦斯量的看法不尽相同。法国的耿尔等[36]认为煤体内部游离瓦斯压力是发动突出的主要力量,解吸的吸附瓦斯仅参与突出煤的输运过程。尼科林[31]认为,只有游离瓦斯参与突出,但在突出的各个过程,参与的瓦斯数量是不相同的。参与破坏过程的瓦斯,只是从空隙空间涌向裂隙的游离瓦斯,约占游离瓦斯量的 8%。文光才等[31]指出前人的研究只考虑了参与突出过程做功的瓦斯量随瓦斯含量变化而变化这一方面,将参与突出过程做功的瓦斯量与游离瓦斯含量的比值看作一固定常量,而未考虑突出过程做功的瓦斯量还要随煤的破碎程度增加而增加这一特性。李萍丰[45]认为瓦斯压力的升高是由于突出时局部渗透性降低,煤体中大量瓦斯解吸的结果。胡千庭和文光才[48]认为解吸瓦斯是煤体持续抛掷和输运突出煤体的主要动力,突出时巷道空间内的阻力大小影响到煤体解吸时的边界压力,从而影响解吸速度的大小。S. Wang[4]认为瓦斯解吸速度是影响突出岩体破碎的重要因素,不同的煤岩性质导致不同的突出阈值,从而需要不同大小的瓦斯压力和解吸速度。姜海纳[49]认为突出过程中会对煤体孔隙造成损伤,使得解吸速度增大,提供突出发展的能量。

　　虽然上述研究复杂深奥,但从能量的角度可以简单粗略给出一个是否有吸附瓦斯参与做功的判据。根据本节前面的分析,突出可以看作一个先破碎、后抛出的过程(忽略气固两相流运移过程中的破碎),如此便可以假设破碎和输运是在时间轴上两个互不交叉、依次发生的独立过程。突出煤体自身产生的游离瓦斯和新解吸瓦斯的膨胀能全部用来且仅用来对煤体输运做功,根据式(7-34),可得:

$$W_1 = W_4 + W_5 \qquad (7\text{-}46)$$

　　将参与做功的瓦斯区分为吸附瓦斯和游离瓦斯膨胀功,则有:

$$W_1 = W_a + W_f = W_4 + W_5 \qquad (7\text{-}47)$$

　　若仅靠游离态瓦斯做功便可完成输运煤体效果,则可以认为

$$W_f \geqslant W_4 + W_5 \qquad (7\text{-}48)$$

　　此时,突出并没有消耗完游离瓦斯的能量。若煤体游离态瓦斯不足以输运突出煤体,则可以认为:

$$W_f < W_4 + W_5 \qquad (7\text{-}49)$$

　　此时,游离瓦斯需要解吸瓦斯来补充提供输运煤体的能量,其为:

$$W_a = W_4 + W_5 - W_f \qquad (7\text{-}50)$$

　　依据式(7-47),便可计算出参与做功的瓦斯量。而依据式(7-48)和式(7-49)便可判断是否有解吸瓦斯参与做功,这对于厘清高速解吸瓦斯的形成过程,也就是下一小节的内容大有帮助。

7.3.2.2　高速解吸瓦斯的来源

参与突出的瓦斯主要由两部分组成:一是突出煤体所含瓦斯;二是突出孔洞周围裂隙中涌出的瓦斯。鉴于块煤初期瓦斯解吸速度较低,多数学者认为参与突出做功的瓦斯只是游离瓦斯,并没有考虑到非常规粒径级瓦斯极速解吸的贡献,而把输运煤体做功所需补充的能量归功于孔洞周围裂隙的游离瓦斯,如图 7-29 所示。

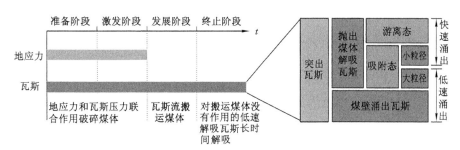

图 7-29　参与突出瓦斯的分类及作用示意图

然而根据最近的理论成果可知,煤体的抛出过程是层状的剥离过程[38-39,50](图 7-30)。在剥离过程中,地应力集中带逐步向孔洞内部移动,因此会造成突出面后方煤体渗透率极低。故在每次抛出的过程中,突出面后方未突出煤体的瓦斯流很难运移并参与输运突出煤体。此外,由前文中的研究可知,完整未破碎孔洞壁上的煤体相对于突出气固两相流中的高度破碎煤粒,其瓦斯涌出速度较低,所以参与突出的瓦斯主要是突出煤体本身所含的瓦斯。这种现象在突出事故调查中多有印证,短时间内冲破浓度表量程的高浓度瓦斯流以及大比例存在的小于 $100~\mu m$ 粒径的煤粉(或狂粉)是存在的,从侧面说明了本源瓦斯流对输运煤体的重要性。

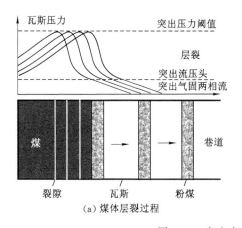

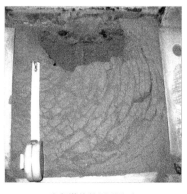

(a) 煤体层裂过程　　　　　　　　　(b) 残留煤体的层裂纹路

图 7-30　突出中的层裂现象

为了验证上述结论的正确性,我们还从能量分析本源解吸瓦斯参与突出输运煤体做功的可能性。此时,计算的难点主要是剩余气体流速的确定。要确定该流速,则需确定气固两相流的流态。

(1) 气固两相流的流态

瓦斯在巷道中的输运过程可以看作是粉煤在管道中的输运过程。气力输送是利用气流的能量,在密闭管道内沿气流方向输送颗粒状物料的过程。关于气力输送方式的分类,一般可认为有稀相输送和密相输送两种方式。目前常用的特征参数主要有固气比(单位体积气体所运载的粉体质量)、气速、气体或固体弗雷德数等。这些参数虽然有一定的定量化价值,但其仅仅是给出了系统某个侧面的特性,并不能真正反映出流体的基本流态。因此,对流态的定量化划分就显得略为困难,稀相和密相输送的界限也较为模糊[51-55]。

在定性描述方面,比较典型的是康拉德(K. Konrad)[56]的定义,其认为管道中一个截面或多个截面被输送物料填满即为密相输送,反之为稀相输送。而管道截面被物料填满的过程通常是一个连续变化的过程。对于同一煤气系统,一般随着气速的降低,可分为悬浮流、分层流、沙丘流、栓流、堵塞的流态变化[57],如图 7-31 所示。当流速很高时,煤粉悬浮在管道中,均匀地分布在气流中,此时固气比较低;之后气速降低,当气速不足以提供煤粉升力的时候,煤粉开始在管道内聚集,依次形成分层流和沉积流;此时再降低气速,当煤粉开始堵塞管道界面时,形成料栓,被压力差推动运移,此时的流动即为栓流;最后速度减小至堵塞速度以下,发生堵塞现象。气速降低的过程是稀相至密相输运转变的过程,也是输送能力逐渐加大的过程。相似地,瓦斯在对煤体进行输运做功时速度会逐渐降低,当降低至不足以提供煤粒升力的临界值,即堵塞速度时,煤体在巷道中将产生堵塞现象。此时低速的瓦斯不再对煤体做功,剩余的动能也可由此速度计算出。

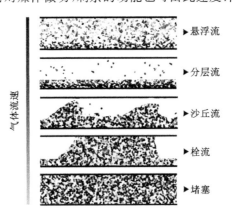

图 7-31　随流速降低气固两相流的流态变化

（2）瓦斯剩余动能的计算

关于粉煤在管道输运中的堵塞速度，熊炎军等[58]推导了实验室小尺度下的计算公式。丛星亮等[59-60]指出，此公式对于大尺度工业应用存在相当大的误差，并在其博士论文中推导出了适用于大尺度粉煤管道输运的方程，对大规模煤粉输运有着良好的拟合度，即：

$$v_r = \frac{G}{S_c \rho_b} \tag{7-51}$$

式中　G——煤体的质量流量，kg/s；

　　　S_c——巷道横截面积，m^2；

　　　ρ_b——煤粒的自然堆积密度，kg/m^3。

由此，瓦斯的剩余动能便可以由下式求出：

$$W_5 = \frac{1}{2} m_g v_r^2 = \frac{1}{2} m_g \left(\frac{G}{S_c \rho_b}\right)^2 = \frac{1}{2} V_0 \rho_0 \left(\frac{G}{S_c \rho_b}\right)^2 \tag{7-52}$$

式中　ρ_0——突出完成后瓦斯的密度，kg/m^3。

综上所述，在输运过程中能量的转换为：

$$\frac{p_0 V_0}{n-1}\left[\left(\frac{p_1}{p_0}\right)^{\frac{n-1}{n}} - 1\right] = f' S_c m_c g + \frac{1}{2} V_0 \rho_0 \left(\frac{G}{S_c \rho_b}\right)^2 \tag{7-53}$$

（3）快速解吸瓦斯的最小需求量

突出煤体中的游离态瓦斯量可由下式得到：

$$V_1^f = \varepsilon V_c = \varepsilon m_c / \rho_c^a \tag{7-54}$$

式中　V_c——突出煤体的体积，m^3；

　　　ε——煤体孔隙率，$\%$；

　　　ρ_c^a——煤体的假密度，kg/m^3。

将煤体孔隙内游离瓦斯转化为一个大气压力时的气体体积 V_0^f，即：

$$V_0^f = V_1^f \left(\frac{p_1}{p_0}\right)^{\frac{1}{\gamma_g}} = \frac{\varepsilon m_c}{\rho_c^a} \left(\frac{p_1}{p_0}\right)^{\frac{1}{\gamma_g}} \tag{7-55}$$

故所需补充的极速解吸瓦斯量 V_0^a 为：

$$V_0^a = V_0 - V_0^f \tag{7-56}$$

如果 $V_0^a < 0$，则不需要补充解吸瓦斯，游离态瓦斯是输运突出煤样的唯一能量来源；而如果 $V_0^a > 0$，则需要补充（$V_0 - V_0^f$）大小的瓦斯量，此时在突出时间 t_0 内的所需的平均解吸速度为：

$$\overline{v_a} = \frac{V_0^a}{m_c t_0} = \frac{V_0}{m_c t_0} - \frac{\varepsilon}{\rho_c^a t_0} \left(\frac{p_1}{p_0}\right)^{\frac{1}{\gamma_g}} \tag{7-57}$$

式中　$\overline{v_a}$——输运突出煤粉所需的最小解吸速度，$mL/(g \cdot s)$。

（4）输运突出煤粉的临界突出粒径

突出过程中完成煤体抛出并终止的时间因突出规模大小而异,在几秒到几分钟之间变化[3]。在事故调查过程中,往往认为突出的时间为浓度降为突出前安全浓度时所持续的时间,由此定义的时间并不是真正意义上突出有效做功的时间。因此,突出中解吸扩散的有效时间也在几秒到几分钟之间。根据第 4 章中短时间内解吸扩散分数与时间的关系可知:

$$M_t = \frac{6M_\infty}{\sqrt{\pi}} \sqrt{\frac{D_\infty t + \frac{2M}{N} e^{N\sqrt{t}} \cdot \sqrt{t} - \frac{2M}{N^2} e^{N\sqrt{t}} + C}{r_0^2}} \tag{7-58}$$

而经历过 t 时间后,瓦斯解吸的平均速度为:

$$\overline{v_t} = \frac{M_t}{t} = \frac{6M_\infty}{r_0\sqrt{\pi}} \sqrt{\frac{D_\infty t + \frac{2M}{N} e^{N\sqrt{t}} \cdot \sqrt{t} - \frac{2M}{N^2} e^{N\sqrt{t}} + C}{t^2}} \tag{7-59}$$

在均质球体的假设前提下,极限解吸量与扩散系数可假设为不随粒径变化的常数。则在极限粒径范围以下,解吸的平均速度与粒径大小成反比例关系:

$$\frac{\overline{v_1}}{\overline{v_2}} = \frac{r_{02}}{r_{01}} = \frac{r_{p2}}{r_{p1}} \tag{7-60}$$

式中 r_{01}, r_{02} ——破碎前和破碎后的扩散距离,mm;

r_{p1}, r_{p2} ——破碎前和破碎后的粒径(这里将扩散距离假设为粒径),mm;

$\overline{v_1}, \overline{v_2}$ ——相应的破碎前和破碎后的平均解吸速度,mL/(g·s)。

式(7-60)中的半径之比又可以看作是球状煤粒体积与表面积的比值,即:

$$S' = n_p \cdot S_2 = \frac{V_{total}}{V_2} \cdot S_2 = \frac{V_{total}}{4/3\pi r_{p2}^3} \cdot 4\pi r_{p2}^2 = \frac{3V_{total}}{r_{p2}} = \frac{6V_{total}}{d_2} \tag{7-61}$$

式中 S' ——破碎后煤粒的总表面积,m²;

n_p ——破碎后煤粒的个数;

S_2, V_2, d_2 ——破碎后单个煤粒的表面积(m²)、体积(m³)和直径(m);

V_{total} ——煤粒的总体积,m³。

从这个角度讲,破碎增大了煤体的外表面积,而没有破坏煤体的体积,这使得瓦斯由煤粒内部到表面的路径缩短了,同时又增大了瓦斯涌出的总断面积,瓦斯涌出的速度极速增长。

事实上,煤粒的不均匀性影响了式(7-61)的准确性。渡边伊温[61]、杨其銮[12]等在测试煤粒粒径与初始解吸速度关系时,认为在极限粒度范围内满足:

$$\frac{\overline{v_1}}{\overline{v_2}} = \left(\frac{d_2}{d_1}\right)^{\overline{\delta}} \tag{7-62}$$

式中 $\overline{\delta}$ ——粒度特征系数,与扩散系数衰减特性及极限吸附量有关。

对上式进行求导可得:

$$\ln \overline{v_1} - \ln \overline{v_2} = \overline{\delta}(\ln d_2 - \ln d_1) \tag{7-63}$$

所以，$\overline{\delta}$ 是以 $\ln \overline{v}$ 和 $\ln d$ 为坐标所作二维直线的斜率。

7.3.2.3　突出实例对高速解吸瓦斯来源的验证

（1）中梁山突出实验概况

中梁山突出实验[48]于 1977 年 11 月 4 日在中梁山煤矿进行，是中国仅存的包含相对完整数据的现场突出实验，之后由于防突的政策性要求，井下突出实验已不能进行，其记录的突出数据有很大的科研价值。此次突出强度为 817 t，瓦斯异常涌出量为 38 540 m³（使巷道浓度高于突出前正常范围的瓦斯涌出量，包括突出结束后涌出的大量瓦斯），全过程持续了 39 s。这次突出共设立 2 个压力监测孔（1#、2#）、1 个流量监测孔（3#）和 1 个温度检测孔（4#），其变化情况如图 7-32 所示。在突出发生 1.5～2 s 后 2# 孔（距突出自由面 5 m）开始出现压降，6 s 时 1# 孔（距突出自由面 14 m）开始出现压降。从 p_1、p_2 的变化可知，突出时瓦斯潜能的释放是先从距自由面最近点开始，然后向煤体深部扩展，且落后于煤（岩）破裂数秒，最终形成静压头为 0.3～0.6 MPa 的粉煤流。煤中瓦斯能量释放的传播速度很快，跟随并支持着地应力激发突出的速度，此次突出中地应力传播的速度约为 3～4 m/s，证实了地应力先于瓦斯激发突出和瓦斯以承压状态将破碎煤体逐步抛出的事实。

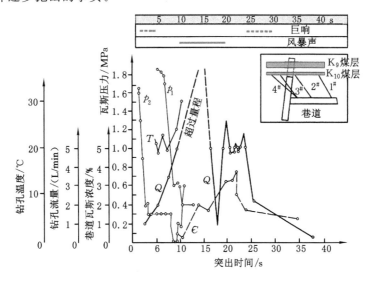

图 7-32　中梁山突出实验各参数变化情况

（2）中梁山突出输运煤粉所需解吸速度

根据中梁山突出试验的实际情况，对计算参数进行收集拟定[31,62-64]，如表 7-6 所列。中梁山矿区煤层属晚二叠世龙潭组[62]，其煤质种类主要为焦煤，在堆积密度取值时可参照一般焦煤的堆积密度取值。

表 7-6　模型计算参数拟定

突出煤体质量/t	817	突出煤体种类	焦煤
突出瓦斯含量/m³	38 540	孔隙率/%	6
突出持续时间/s	39	巷道截面积/m³	7
突出压力/MPa	1.75	甲烷密度(30 ℃,0.1 MPa)/(kg/m³)	0.637 5
煤粉堆积密度/(kg/m³)	800	煤的假密度/(kg/m³)	1 300
摩擦系数	0.5	绝热系数	1.3

注:瓦斯压力取 1# 孔和 2# 孔的平均值。

　　按照上述参数设定,对中梁山突出案例的游离瓦斯膨胀功、煤体输运功、瓦斯残余动能进行计算。在相关参数已经确定的情况下,有:

$$W_1 = \frac{p_0 V_0}{\gamma_g - 1}\left[\left(\frac{p_1}{p_0}\right)^{\frac{\gamma_g-1}{\gamma_g}} - 1\right] = \bar{\lambda}_1 V_0 \tag{7-64}$$

$$W_5 = \frac{1}{2}V_0\rho_0\left(\frac{G}{A\rho_b}\right)^2 = \bar{\lambda}_2 V_0 \tag{7-65}$$

式中　$\bar{\lambda}_1, \bar{\lambda}_2$ ——瓦斯膨胀做功系数和残余动能系数。

　　最终可以得到各种形式能量的大小,如表 7-7 所列。

表 7-7　突出各项形式能量的计算结果

煤体输运功/J	游离瓦斯膨胀功		瓦斯残余动能			输运煤体需补充的解吸能/J
	膨胀功/J	膨胀功系数 $\bar{\lambda}_1$	堵塞速度/(m/s)	残余动能/J	残余动能系数 $\bar{\lambda}_2$	
5.84×10^8	1.06×10^8	3.12×10^5	3.74	1521	4.46	4.78×10^8

　　从上表可以发现,瓦斯膨胀做功系数 $\bar{\lambda}_1$ 远远大于残余动能系数 $\bar{\lambda}_2$,所以瓦斯的残余动能在实际估算时可以省去,在输运过程中可看作瓦斯膨胀能完全转换成了输运功。而要完成中梁山突出煤体的输运效果,单纯靠游离瓦斯不足以完成,需要补充 4.78×10^8 J 能量的瓦斯膨胀能。此膨胀能约是游离瓦斯膨胀能的 4.51 倍,由新解吸的瓦斯提供(图 7-33)。中梁山突出所需补充的解吸瓦斯含量为 1 532 m³(0.1 MPa,30 ℃),39 s 内所需的平均解吸速度为 0.048 07 mL/(g·s)。上述结果虽能说明一定的问题,但也存在着一定的误差,因为年代久远,实验不可重复,某些数据只能取经验值。但对于说明游离瓦斯需要解吸瓦斯协助做功这一点上,应得到认可。

　　(3)中梁山突出输运突出煤粉的临界突出粒径估算

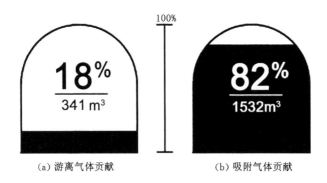

(a) 游离气体贡献　　　　　　　　(b) 吸附气体贡献

图 7-33　中梁山突出吸附瓦斯及游离瓦斯对煤体输运的贡献

　　常规粒径瓦斯解吸速度大小的厘定有助于判断极细煤粉(或狂粉)存在的必要性。常规粒径指煤粒解吸实验常用的粒径范围,即 1~3 mm。由第 6.2.4.2 节分析可知,极限粒径可以认为是与煤体基质尺度大小相近的量。而据杨其銮等人的研究结果可知:极限粒径以下,粒径与第一分钟瓦斯解吸速度的比例关系成立;极限粒径以上,则煤样进入裂隙控制阶段,该比例关系不明确。假设3 mm作为极限粒径的一般取值,则常规粒径的煤粒基本处于粒径与第一分钟瓦斯解吸速度比例关系明确的区域内。国内外大多数学者通常采用常规粒径煤粒进行不同压力下的瓦斯解吸特性测定,从而获得适用于不同矿区的突出敏感指标体系。实验时常常测得不同解吸平衡压力下的解吸曲线,而解吸压力与第一分钟的解吸量有着如下的拟合关系式[65-66]:

$$Q_1 = \overline{M} \cdot p^{\overline{N}} \tag{7-66}$$

式中　　$\overline{M}, \overline{N}$ ——拟合参数。

　　表 7-8 列出了在瓦斯治理研究中心测得的我国 8 个不同矿区 1~3 mm 煤粒第一分钟解吸速度与平衡压力的关系(实验装置及条件均相同),据此可推算出1.75 MPa 压力下常规煤粒的解吸速度。从表中可以发现,1~3 mm 煤粒的初期瓦斯解吸速度总体在 10^{-3}~10^{-2} mL/(g·s)范围内,约是中梁山突出中输运煤体所需解吸速度的十分之一。所以,如果要完成中梁山突出过程中的煤体输运效果,无论此煤样是何种变质程度,煤粒的平均粒径都应破碎到常规粒径范围以下。

表 7-8　1~3 mm 常规粒径煤粒在 1.75 MPa 下初期瓦斯解吸速度及临界突出粒径估算

煤样	煤种	$R_{o,max}$ /%	第一分钟解吸量与压力的关系	1.75 MPa 下第一分钟平均解吸速度/[mL·(g·s)]	临界突出粒径估算/μm
大隆	长焰煤	0.57	$Q_1 = 0.171\,9\,p^{0.840\,3}$	0.004 584	0.45
任楼	气肥煤	0.92	$Q_1 = 0.136\,0\,p^{0.690\,0}$	0.003 333	0.15

表 7-8(续)

煤样	煤种	$R_{o,max}$ /%	第一分钟解吸量与压力的关系	1.75 MPa 下第一分钟平均解吸速度/[mL/(g·s)]	临界突出粒径估算/μm
双柳*	焦煤	1.20	$Q_1 = 0.161\,08p^{0.373\,43}$	0.003 309	74
屯兰	焦煤	1.87	$Q_1 = 0.147\,39p^{0.690\,98}$	0.003 616	83
金黄庄	1/3 焦煤	—	$Q_1 = 0.215\,7p^{0.543\,6}$	0.004 873	120
白龙山	无烟煤	2.60	$Q_1 = 1.093\,5p^{0.515\,1}$	0.024 31	131
大宁*	无烟煤	2.77	$Q_1 = 1.049\,1p^{0.829\,4}$	0.027 81	224
卧龙湖	无烟煤	2.75	$Q_1 = 0.673\,4p^{0.517\,3}$	0.014 99	19

注:粒度特征系数长焰煤、气肥煤参考柳塔煤样,取 0.27;焦煤及 1/3 焦煤煤样参考双柳煤样,取 0.81;无烟煤参考大宁煤样,取 0.25;"*"指不同于本节中的实验煤样。

而根据式(7-66),依据 1.75 MPa 下常规粒径第一分钟解吸速度,便可推算出突出输运临界粒径的平均值,如图 7-34 所示。从上表中可以发现,对于同等变质程度的焦煤煤粒需破碎至 100 μm 级别。由于所得粒径为平均值,不可避免会有一定比例的粒径小于 100 μm,使突出蕴含的能量更大,更易失稳。由于客观条件的限制(年代久远致使原始煤样不可收集,突出实验不可重复等因素),以上计算有诸多假设与简化,如未考虑碰撞、热耗散等能量的损耗,假设输运前已完成完全破碎,未考虑气固两相流运移时的二次破碎,将煤粒考虑成均质各向同性的物质,未考虑煤体最终堆积形状等因素。但从大致的粒径范围分析上有一定的指导意义。

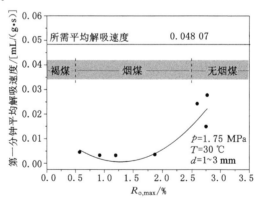

图 7-34　常规粒径煤粒在 1.75 MPa 下解吸速度随变质程度变化图

(4) 突出现场的粒径分布资料验证

中梁山突出实验本身并没有对突出后煤粉的粒径分布进行过测定,因此仅能通过其他类似实验或事故案例来佐证 100 μm 左右粉煤存在的可能性。胡千庭[67]曾对二十世纪七八十年代中梁山四起突出事故进行过粒径组成分析,如图 7-35所示。从图中可以发现,中梁山四起突出事故煤粉粒径统计结果与本章推算的临界粒径范围大体一致。中梁山突出事故中大部分粒径分布都在 1 mm 以下,四起突出中 0.1 mm 以下粒径分别占 25.4%、4.3%、3.5%和 6.6%,1 mm 以下粒径分别占 51.4%、34.2%、33.9%和 34.1%。胡千庭曾对这四起突出粒径分布进行研究,发现其粉煤粒度变化范围相差 10 个数量级,并不符合理想的正态分布。而用罗辛-拉姆勒(Rosin-Rammler)分布进行拟合,发现其均匀系数远远小于 1,也正说明了煤粒分布的不均匀性。不可否认,理想化的计算存在一定的误差,但上述珍贵的文献资料从侧面验证了毫米级甚至微米级粉煤存在的必然性。

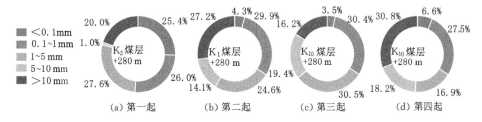

图 7-35　二十世纪七八十年代中梁山四起突出事故煤粉粒径分布统计

与中梁山矿区煤层同属龙潭组的贵州马场矿也发生过煤与瓦斯突出事故,且在突出事故调查中发现有大量煤粉存在。图 7-36 为 2013 年 3 月 12 日马场矿突出事故后粉煤堆积照片,从图中可以发现,在输送带及巷道中有大量极细的突出粉煤堆积,且煤堆倾角小于自然安息角,煤粉手捻无粒度感,在轻微的扰动下就可扬起。

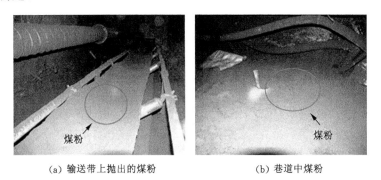

(a) 输送带上抛出的煤粉　　　　　　(b) 巷道中煤粉

图 7-36　马场矿突出煤粉堆积照片

7.3.3　解吸瓦斯在突出中的作用

在上一小节我们提到,瓦斯解吸速度与煤体的损伤程度有关。通俗地讲,即瓦斯解吸速度与煤粒的粒径有关。解吸速度在极限粒径以上是大致不变的,而在极限粒径以下会发生突变。如果以极限粒径为分界点,则解吸瓦斯在突出中的作用可总结如下(图 7-37):在突出准备及激发阶段,高地应力对煤体完成破碎,煤粒表面积增大,此时解吸速度还保持在原始解吸速度相近的水平上,瓦斯包还未破裂,未能起到输运大质量煤块的作用,故而巷道中流体是以瓦斯流为主的稀相流;待粒径减小到极限粒径时,解吸速度开始快速增长,瓦斯膨胀能迅速增大,当达到突出煤体输运的能量阈值时,瓦斯流开始逐步有能力输运大质量流体,突出流态向密相流转变;在突出发展阶段,高速瓦斯流携带破碎煤体完成抛出做功,形成连续的气固两相流,此时的突出流具有高能量以及高输运能力的特点。待能量逐渐耗散后,沉积形成倾角小于自然安息角的煤堆。

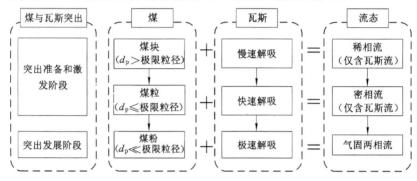

图 7-37　瓦斯解吸对突出的作用示意图

7.4　扩散与突出敏感指标的关系

7.4.1　常见的突出敏感指标

7.4.1.1　突出敏感指标的种类

突出敏感指标是指可以表征突出危险程度的物理参数及其安全阈值。在绝大多数煤炭开采国家,如中国、德国、苏联、美国、日本和西班牙等国都建立了非常完善的突出危险指标评价系统[5,6,61,65,68-70],如表 7-9 所列。由于各个国家地质赋存条件及管理水平差异,采用的敏感指标也不尽相同。苏联主要采用 K_1、Δh_2、R_1 和 R_2 值;德国主要采用 K_1、K_t、Δh_2、S、q、V_1 和 V_{30} 等值;西班牙和德国类似,主要采用 K_1、Δh_2、S、q、V_1 和 V_{30} 等值;美国和日本主要采用 K_t 值等指标。而中国敏感指标的使用则更为多样化,将多种敏感指标按照应用地点划分为区域指标和局部指标。区域指标是应用于面积较大区域的突出危险性评价的,如某个标高以上的煤层,主要包括瓦斯压力和瓦斯含量这两个指标;而局部指标主要应用于一些特定的地点,如掘进工作面和回采工作面等,指标则主要包括 K_1、Δh_2、S 等。在《防治煤与瓦斯突出细则》中明确要求各矿井可以根据自身特殊情况综合建立合适的局部敏感指标评价系统,局部指标是对区域指标的有力补充。虽然上述指标种类繁多,但多是煤层瓦斯、地应力及自身结构等性质的外在表征。

表 7-9　常用突出敏感指标及其临界值

名称	测量参数	临界值	采用国家
区域指标法	瓦斯压力 p	$p \geqslant 0.74$ MPa;	中国
	瓦斯含量 X	$X \geqslant 8$ m³/t	
综合指标法	瓦斯放散初速度 $\triangle P$	$D \geqslant 0.25$;	中国
	埋深 H	$K \geqslant 20$(无烟煤)	
	瓦斯压力 p	或 15 (其他)	
	软分层坚固性系数 f		
钻屑解吸指标法	Δh_2	$\Delta h_2 \geqslant 200$ Pa(干), 或 160 Pa(湿);	苏联 中国
	K_1	$K_1 \geqslant 0.5$ mL/(g·min$^{1/2}$)(干) 或 0.4 mL/(g·min$^{1/2}$)(湿)	
钻屑指标法	Δh_2	$S \geqslant 6$ kg/m or 5.4 L/m; $\Delta h_2 \geqslant 200$ Pa (干), 或 160 Pa(湿);	中国 德国 西班牙
	K_1	$K_1 \geqslant 0.5$ mL/(g·min$^{1/2}$)(干) 或 0.4 mL/(g·min$^{1/2}$)(湿)	
	钻屑量 S		
复合指标法	钻孔涌出初速度 q	$S \geqslant 6$ kg/m 或 5.4 L/m; $q \geqslant 5$ L/min	中国 德国 西班牙
	钻屑量 S		
R 值指标法	最大钻屑量 S_{max}	$R_1 > 6$ 或 $R_2 > 30$	苏联 中国
	最大钻孔涌出初速度 q_{max}		
K_t 法	t_1 和 t_2 时刻的解吸速度 q_1 和 q_2	$K_t \geqslant 0.75$	德国 日本 中国 美国
V_1 指标法	35～70 s 的解吸量	$V_1 > 2$ (cm³/10 g/35 s)	德国 西班牙
V_{30} 指标法	30 min 的解吸量 Q_{30}	$V_{30} > 40\% Q_\infty$	德国 西班牙 中国
	崩落煤量 m		
	最大解吸量 Q_∞		

对于突出敏感指标的设定,中国煤矿科研工作者从未停止过探索和研究,其

主要经过了以下四个阶段：

① 探索阶段。20世纪50—80年代，主要摸清煤与瓦斯突出规律，引进消化和吸收国外煤与瓦斯突出防治技术和经验，研究适合中国特点的煤与瓦斯突出预测方法和突出防治工程方法。

② 局部措施为主阶段。20世纪80—90年代末，主要贯彻落实"四位一体"综合防突措施，以1988年《防治煤与瓦斯突出细则》出版和1995年的修订为代表，研究重点是煤与瓦斯突出危险性预测方法与预测指标，同时兼顾突出防治工程方法的深化研究。

③ 区域性治理与局部治理并重阶段。自21世纪初开始，淮南矿业集团在长期瓦斯治理经验总结的基础上，提出了"可保尽保，应抽尽抽"的瓦斯治理战略，并得到全国突出危险严重矿区的积极响应。2005年3月国家发展和改革委员会、国家安全生产监督管理总局、国家煤矿安全监察局在总结淮南、阳泉、平顶山、松藻等煤矿瓦斯治理经验的基础上，编写了《煤矿瓦斯治理经验五十条》，在瓦斯治理的基本思想中明确提出区域性治理与局部治理并重，实施"可保尽保，应抽尽抽"的瓦斯治理战略。同时，在第三十三条中明确提出："强制开采保护层，做到可保尽保，并抽采瓦斯，降低瓦斯含量"；第三十五条中提出："顶、底板穿层钻孔掩护强突出煤层掘进"。

④ 区域防突措施先行，局部防突措施补充。2009年，国家安全生产监督管理总局发布了《防治煤与瓦斯突出规定》，并于2019年7月修订形成了《防治煤与瓦斯突出细则》，提出了"区域防突措施先行，局部防突措施补充"的突出危险煤层瓦斯治理原则，明确了区域防突措施和局部防突措施的地位，即突出危险煤层首先必须采取区域防突措施，并经区域效果检验有效后才可进行采掘工作，在采掘过程中再执行局部防突措施。

经过近70年的摸索，我国的瓦斯突出敏感指标体系愈发完善合理，突出事故起数和死亡人数均得到了大幅度的下降。

7.4.1.2　常见突出敏感指标介绍

下面对一些常见的敏感指标进行介绍：

(1) 区域指标

区域指标主要包含瓦斯压力和瓦斯含量两种。在中国，瓦斯压力临界值取0.74 MPa，瓦斯含量临界值取 8 m³/t。这两种临界值可以根据矿井实际条件进行修订。

(2) 局部指标

① 综合指标法

综合指标法包含 D 和 K 两种指标，是通过测量煤层瓦斯压力 p、瓦斯放散初速度 ΔP、埋深 H 和坚固性系数 f 后计算得出的，然后与临界值相比较就可以直接判断煤层是否有突出危险。其计算方法为：

$$D = (\frac{0.007\,5H}{f} - 3) \times (p - 0.74) \tag{7-67}$$

$$K = \frac{\Delta P}{f} \tag{7-68}$$

式中　D —— 工作面突出危险性的 D 综合指标；

　　　K —— 工作面突出危险性的 K 综合指标；

　　　H —— 煤层埋藏深度，m；

　　　p —— 煤层瓦斯压力，取各个测压钻孔实测瓦斯压力的最大值，MPa；

　　　ΔP —— 软分层煤的瓦斯放散初速度，mmHg；

　　　f —— 软分层煤的坚固性系数。

D、K 两种指标的临界值可按表 7-10 所列的临界值进行设定。当测定的综合指标 D、K 都小于临界值，或者指标 K 小于临界值且式（7-67）中两括号内的计算值都为负值时，若未发现其他异常情况，该工作面即为无突出危险工作面；否则，判定为突出危险工作面。

表 7-10　工作面突出危险性预测综合指标 **D、K** 参考临界值

综合指标 D	综合指标 K	
	无烟煤	其他煤种
0.25	20	15

② 钻屑解吸指标

钻屑解吸指标主要包括 K_1 值和 Δh_2 值两种，多用来预测采掘、石门及其他岩石巷道揭煤工作面突出危险性。预测时需要由工作面向煤层的适当位置打钻，采集孔内排出的粒径为 $1\sim3$ mm 的煤钻屑，然后通过特定的仪器进行测量[1]。K_1 值常用 WTC 型突出预测仪进行测定，Δh_2 值常用 MD-2 型煤钻屑瓦斯解吸仪进行测定，如图 7-38 所示。之后，对比临界值大小，判定该工作面的突出危险性，其临界值可参考表 7-11 的数值设定。

表 7-11　钻屑解吸指标法预测煤巷掘进工作面突出危险性的参考临界值

应用地点	钻屑解吸指标	
	Δh_2/Pa	K_1/[mL/(g·min$^{1/2}$)]
石门及立、斜井揭煤工作面	200（干煤样）	0.5（干煤样）
	160（湿煤样）	0.4（湿煤样）
煤巷掘进及采煤工作面	200	0.5

（a）WTC型突出预测仪　　　　（b）MD-2型煤钻屑瓦斯解吸仪

图 7-38　钻屑解吸指标测量采用的仪器

K_1 值指煤样自煤体脱落暴露于大气之中解吸第一分钟内，每克煤样的瓦斯解吸总量，单位为 $mL/(g \cdot min^{1/2})$。其基于短时间均质球体扩散的简化解，即：

$$\frac{M_t}{M_\infty} = \frac{6}{\sqrt{\pi}} \sqrt{\frac{Dt}{r_p^2}} = K_1 \sqrt{t} \tag{7-69}$$

如果将扩散距离假设为煤粒粒径，那么 K_1 值与扩散系数以及扩散粒子的半径密切相关。扩散系数越大，K_1 值越大；半径越小，K_1 值越大。

而 Δh_2 值则是指煤样（10 g）自煤体脱落暴露于大气之中第四分钟和第五分钟的瓦斯解吸所产生的压差，单位为 Pa。其主要依据的公式为：

$$Q = 0.008\ 3\Delta h_2/10 \tag{7-70}$$

式中，Q 是指每克煤样瓦斯解吸体积，单位是 cm^3/g；10 是玻璃瓶内煤样质量，单位是 g；0.008 3 是 MD-2 型瓦斯解吸仪的结构常数。

从上式可以看出，Δh_2 也是一种与解吸扩散特性密切相关的物理参数。研究表明，其大小与测定前煤样暴露时间、煤样粒度大小、煤的破坏类型、煤层原始瓦斯压力等有很大的关系。如果假设 C 为 MD-2 型瓦斯解吸仪水柱和毫升之间的转换系数，则 Δh_2 可表示为：

$$\Delta h_2 = \frac{K_1\sqrt{5} - K_1\sqrt{3}}{C} = \frac{(\sqrt{5} - \sqrt{3})}{C}K_1 = nK_1 \tag{7-71}$$

由式（7-71）可以看出，钻屑瓦斯解吸指标 Δh_2 值和 K_1 值之间存在着正比例的关系，比例常数 n 是由煤质特性和瓦斯放散性质决定的。

除此之外，K_1 值和 Δh_2 值两种指标还与瓦斯压力成幂指数关系（$Q = ap^i$）[71]。在进行突出敏感指标标定时，常基于此关系将某一临界突出压力带入，从而获得某一特定突出压力下的敏感指标，以期获得更准确的预测效果。

③ 钻屑指标法

钻屑指标法是在钻屑解吸指标基础上另外添加钻屑量这一指标而形成的。钻屑量可以反映钻孔周围的应力状态和煤岩的力学性质，较钻屑解吸指标法仅考虑瓦斯相关参数而言，该方法考虑的因素更加全面。这种方法是由德国科学家诺克(Noack)首次提出的,后被广泛应用于中国的煤矿中。此方法多用来预测煤巷掘进工作面的突出危险性。

钻屑量可用重量法或容量法测定。采用重量法时,需每钻进 1 m 钻孔,收集全部钻屑,然后用弹簧秤称重。而采用容量法时,需每钻进 1 m 钻孔,收集全部钻屑,再用量袋或量杯计量钻屑容积。两种方法的临界值常被设定为 6 kg/m(质量法)或者 5.4 L/m(体积法)[1,69]。

④ 复合指标法

复合指标法包含两种指标[1]:钻屑量 S 和钻孔瓦斯涌出初速度 q。钻孔瓦斯涌出量反映了煤层的扩散和渗透性能,其临界值为 5 L/min。如果实测得到的指标 q、S 的所有测定值均小于临界值,并且未发现其他异常情况,则该工作面预测为无突出危险工作面;否则,为突出危险工作面。该方法常用来预测工作面突出危险性。

⑤ R 值指标法

R 值指标法是在 1969 年由一个苏联实验室提出的,后被应用于库兹巴兹(Kuzbass)煤田的突出危险性预测中[36]。与前文中介绍的复合指标法相似,将其中的钻孔瓦斯涌出初速度 q 和钻屑量 S 值分别换为最大钻孔瓦斯涌出初速度 q_{max} 和每个钻孔的最大钻屑量 S_{max},然后通过下式计算所得的 R 值:

$$R_1 = (S_{max} - 1.8)(q_{max} - 4) \tag{7-72}$$

或

$$R_2 = S_{max} + 0.45 q_{max} \tag{7-73}$$

两个公式的临界值分别为 6 和 30。该方法适用于预测工作面突出危险性。

⑥ K_t 法

K_t 是解吸速度与解吸时间指数关系的比例系数。即:

$$\frac{\overline{V}_2}{\overline{V}_1} = \left(\frac{t_2}{t_1}\right)^{-K_t} \tag{7-74}$$

式中　$\overline{V}_2$ ——解吸开始至 t_2 时瓦斯解吸速度,$cm^3/(min \cdot kg)$;

　　　$\overline{V}_1$ ——解吸开始至 t_1 时瓦斯解吸速度,$cm^3/(min \cdot kg)$;

　　　K_t ——解吸指数。

该方法由德国科学家提出,后被日本和中国的煤矿加以引进使用[61]。对于非突出煤层来说,K_t 值分布范围在 0.035~0.74 之间;对于突出煤层来说,其值会超过 0.75。

⑦ V_1 指标法

V_1 值指 10 g 粒径为 0.5~0.8 mm 的煤样在 35~70 s 之间解吸出来的气体质量。此方法广泛应用于德国和西班牙的煤矿[69]。临界值的大小因各地区的条件不同而异。托拉诺(J. Toraño)等[69]曾提到西班牙采用 2 ($cm^3/10$ g/35 s)

的临界值,并且在 Hullera Vasco Leonesa SA 煤矿得到了很好的应用效果。

⑧ V_{30} 指标法

V_{30} 指爆破后前 30 min 内的瓦斯涌出量与崩落煤量的比值,单位为 m^3/t。该指标法中的瓦斯涌出量主要由煤壁新增瓦斯涌出量、顶底板中未暴露煤层新增的瓦斯涌出量、爆破落煤中游离瓦斯涌出量以及爆破落煤中解吸瓦斯涌出量四部分组成。其主要应用于西班牙和德国的煤矿[69]。对不同煤层 V_{30} 值的统计分析表明,在无瓦斯突出危险的煤层,这些值的分布接近于正态分布,中值位于可解吸瓦斯含量的 $10\%\sim17\%$ 附近。一旦 V_{30} 值达到可解吸瓦斯含量的 40%,就有瓦斯突出的嫌疑;达到可解吸瓦斯含量的 60%,就存在瓦斯突出危险。

此外,对于工作面危险性预测还有温度法、声发射法、电磁辐射法、氡浓度法等。这些方法的应用可以为突出带来更立体的信息。

7.4.2 敏感指标优化制定流程

突出敏感指标的临界值标定一直是国内外突出危害防治研究的重点。然而,对不同地质条件而言,不同区域所引发突出的可能性不同,这就造成突出敏感指标在实施过程中需要因地制宜的优化。另外,对于不同矿区而言,相对严格的指标临界值对煤矿企业的经济收入有很大影响,在保证安全的条件下,怎样缩小因突出防治或者瓦斯抽采工程带来的经济压力也至关重要。在中国,国家鼓励各煤矿企业建立符合自己的一套突出临界指标体系,以确保安全高效地进行突出防治工作。表 7-12 给出了九个矿区的临界指标情况,对不同矿区,其区域指标和所选用的局部指标各异。例如,大隆煤矿选用的瓦斯压力高达 1.5 MPa,高于 0.74 MPa 的标准,而局部指标值也较高,为 249 Pa,高于 200 Pa 的标准,故而瓦斯抽采工作简化了许多;但对于任楼矿区来说,其选定的瓦斯含量区域指标及局部指标则均要比常用标准低许多,使得矿区需要加大突出防治工作的力度。

表 7-12　国内矿井敏感指标选择及临界值设定情况

煤矿名称	煤层	区域指标		局部指标		
		指标	临界值	指标	与压力关系	临界值
大隆煤矿	12	瓦斯压力	1.50 MPa	Δh_2	$\Delta h_2 = 194 p^{0.61}$	249 Pa
许疃煤矿	3_2	瓦斯压力	0.74 MPa	Δh_2	—	160 Pa
杨柳煤矿	10	瓦斯压力	0.74 MPa	Δh_2		180 Pa
金黄庄煤矿	B_2	瓦斯压力	0.74 MPa	Δh_2	$\Delta h_2 = 153 p^{0.53}$	130 Pa
屯兰煤矿	2	瓦斯含量	8 m^3/t	K_1	$K_1 = 0.147 p^{0.69}$	0.18 mL/(g·min$^{1/2}$)
大宁煤矿	3	瓦斯含量	8 m^3/t	K_1	$K_1 = 1.05 p^{0.83}$	0.55 mL/(g·min$^{1/2}$)

表 7-12(续)

煤矿名称	煤层	区域指标		局部指标		
		指标	临界值	指标	与压力关系	临界值
卧龙湖煤矿	10	瓦斯含量	9.5 m³/t	Δh_2	—	165 Pa
任楼煤矿	7,8	瓦斯含量	6 m³/t	Δh_2	$\Delta h_2 = 126p^{0.62}$	154 Pa
双柳煤矿	3	瓦斯含量	8 m³/t	K_1	$K_1 = 0.051p^{0.85}$	0.26 mL/(g·min$^{1/2}$)

制定敏感指标临界值需要一整套科学、完整的计算过程,不能随意标定。图 7-39 给出了突出敏感指标制定的流程。一般而言,其主要包含矿井瓦斯赋存条件分析、最小突出压力确定、区域敏感指标确定、局部敏感指标确定和现场验证五个步骤。

7.4.2.1　矿井瓦斯赋存条件分析

首先对不同地区的地质条件及煤体瓦斯赋存环境进行分析。对于特殊地质条件的煤层,如有火成岩侵入或红层侵入或水害频发的煤层,综合分析影响瓦斯赋存及解吸特性的因素,并开展该影响因素下的瓦斯解吸实验。

7.4.2.2　最小突出压力确定

最小突出瓦斯压力多是在现场实际数据的基础上利用统计学手段获得的。可根据下面列举的四个公式进行计算[72]。计算后,选取这四个公式中突出压力最小值作为最终的最小突出压力。

(1) 北票矿务局式

20 世纪 70 年代,北票矿务局在煤科总院的帮助下对北票矿务局发生瓦斯突出的煤层及其相关参数进行统计,得出煤与瓦斯突出最小瓦斯压力与煤的坚固性系数之间存在一定的相关性,具体关系式如下[73]:

$$p_{\min} = 2.79 f_{\min} + 0.39 \tag{7-75}$$

式中　$p_{\min}$ ——煤层发生突出最小瓦斯压力值,MPa;

　　　$f_{\min}$ ——软分层最小坚固性系数。

(2) 俞启香式

20 世纪 80 年代,俞启香通过对我国 26 个矿井瓦斯突出资料进行统计分析,发现煤层瓦斯压力越大,煤层越软(坚固性系数越小),煤的变质程度越高(挥发分越小),煤层的最小突出瓦斯压力越小,具体关系式如下[74]:

$$p_{\min} = \dot{A}(0.1 + \dot{B}V f_{\min}) \tag{7-76}$$

式中　V ——软煤分层的挥发分,%;

　　　$\dot{A},\dot{B}$ ——常数,由统计拟合得出。

(3) 邵军式

20 世纪 90 年代,邵军通过对南桐、松藻、焦作、六枝等矿务局收集的 40 个

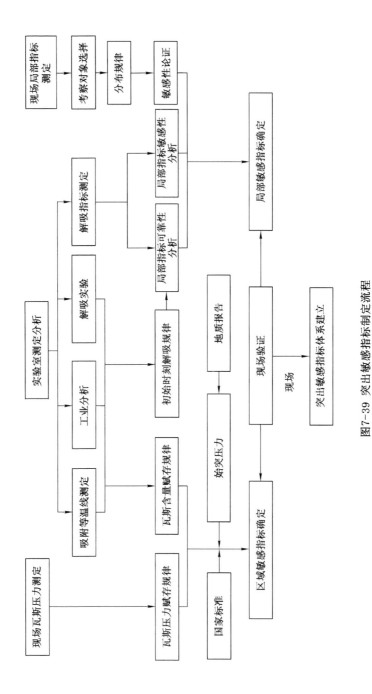

图7-39 突出敏感指标制定流程

突出煤样和 6 个非突出煤样进行研究,得出了最小瓦斯突出压力与煤的最小坚固性系数的公式[75]:

$$p_{min} = 2.2 f_{min} \tag{7-77}$$

(4) 华福明式

21 世纪初期,华福明等[76]整理了胡千庭、文光才等人的研究成果,发现煤层发生突出的最小瓦斯压力与煤的坚固性系数有关,并用以下形式的经验公式来推测突出最小瓦斯压力:

$$p_{min} = 3.994 (f_{min} - 0.1)^{0.6} \tag{7-78}$$

7.4.2.3　区域敏感指标确定

进行区域突出危险性预测时,通过实测矿井瓦斯压力及含量,利用安全线法或线性回归法获得了矿井不同地质单元不同煤层的瓦斯赋存状况(图 7-40),并对比了瓦斯压力和瓦斯含量对于突出的敏感性,进而确立了突出预测的区域性瓦斯压力或瓦斯含量敏感性及临界值(图 7-41)。

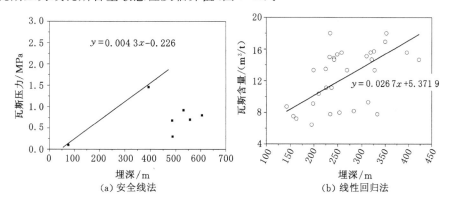

图 7-40　瓦斯赋存规律确定

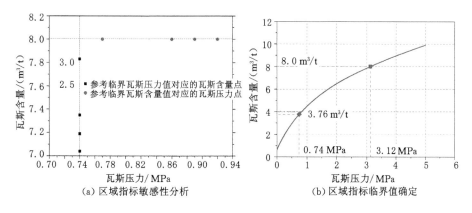

图 7-41　区域指标临界值确定

7.4.2.4 局部敏感指标确定

在进行局部突出指标预测时,首先在实验室条件下,针对不同煤种对于瓦斯在不同阶段的解吸特性和瓦斯钻屑解吸指标测定,获得不同时间瓦斯解吸量与瓦斯压力的关系、瓦斯钻屑解吸指标与瓦斯压力的关系。在描述解吸规律时,应选用相关系数最高的解吸模型,对比常用的几个解吸公式,如巴雷尔式($Q_t = k\sqrt{t}$)、孙重旭式($Q_t = at^i$)和对数式($Q_t = \mathrm{A}\ln t - B$)等模型的拟合度,择优选取。

在此基础上,将实验室测定钻屑解吸指标 Δh_2 与 K_1 值与前文获得的解吸量 $Q = ap^i$ 进行误差对比,完成可靠性分析(图7-42)。之后,将瓦斯压力区域预测指标临界值代入 $K_1(\Delta h_2) = ap^i$ 关系式中,获得对应的钻屑瓦斯解吸指标理论临界值。

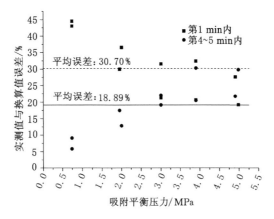

图 7-42 可靠性分析

7.4.2.5 现场验证

现场验证是敏感指标设立是否合理的最终评判。其通过在各矿井现场煤巷掘进工作面进行突出危险性预测指标的现场测试,并结合各矿井瓦斯动力现象以及地质构造等因素,统计分析敏感指标的可靠性和合理性。

图7-43统计了火成岩环状分布的卧龙湖矿[77-78]、火成岩盖状分布的杨柳矿[79]和红层盖状分布的许疃矿[80]、高水分含量的大隆矿[81]、低含量高压力的屯兰矿[82]以及构造煤与原生煤伴生的大宁矿[83]六个矿区的突出敏感指标验证情况。从发生突出现象或征兆的角度看,在整个掘进过程中,当接近设定的敏感临界值时各矿井瓦斯涌出量明显增大,瓦斯突出危险性急剧增大,甚至会伴有明显的突出动力现象;而对于较为不敏感的指标则表现较差,波动较为平缓,失去了预警性。而不同地质条件下的敏感指标也有较大的差异,从而验证了理论的正确性。

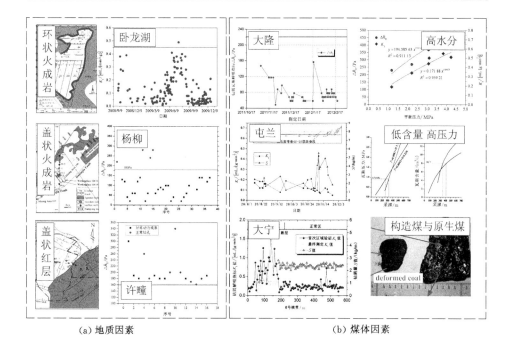

（a）地质因素　　　　　　　　　　　（b）煤体因素

图 7-43　突出指标的现场验证

参 考 文 献

[1] 程远平,等.煤矿瓦斯防治理论与工程应用[M].徐州:中国矿业大学出版社,2010.

[2] 俞启香,程远平.矿井瓦斯防治[M].徐州:中国矿业大学出版社,2012.

[3] LAMA R D,BODZIONY J. Management of outburst in underground coal mines[J]. International journal of coal geology,1998,35(1-4):83-115.

[4] WANG S. Gas transport, sorption, and mechanical response of fractured coal[D]. Pennsylvania:The Pennsylvania State University,2012.

[5] BANERJEE B D. Spacing of fissuring network and rate of desorption of methane from coals[J]. Fuel,1988,67(11):1584-1586.

[6] ZHAO W,CHENG Y,JIANG H,et al. Role of the rapid gas desorption of coal powders in the development stage of outbursts[J]. Journal of natural gas science & engineering,2015,28:491-501.

[7] CHENG Y,PAN Z. Reservoir properties of Chinese tectonic coal:a review [J]. Fuel,2020,260:116350.

［8］丰建荣.煤和矸石井下破碎分选理论及实验研究［D］.太原:太原理工大学,2006.

［9］霍多特 B B.煤与瓦斯突出［M］.宋世钊,王佑安,译.北京:中国工业出版社,1966.

［10］王佑安,杨思敬.煤和瓦斯突出危险煤层的某些特征［J］.煤矿安全,1980(1):3-9.

［11］NANDI S P,WALKER JR P L. Activated diffusion of methane from coals at elevated pressures［J］. Fuel,1975,54(2):81-86.

［12］杨其銮.关于煤屑瓦斯放散规律的试验研究［J］.煤矿安全,1987,18(2):9-16.

［13］GUO J,KANG T,KANG J,et al. Effect of the lump size on methane desorption from anthracite［J］. Journal of natural gas science and engineering,2014,20:337-346.

［14］刘彦伟.煤粒瓦斯放散规律、机理与动力学模型研究［D］.焦作:河南理工大学,2011.

［15］赵伟.粉化煤体瓦斯快速扩散动力学机制及对突出煤岩的输运作用［D］.徐州:中国矿业大学,2018.

［16］LOSKUTOV V V,SEVRIUGIN V A. A novel approach to interpretation of the time-dependent self-diffusion coefficient as a probe of porous media geometry［J］. Journal of magnetic resonance,2013,230:1-9.

［17］MITRA P P,SEN P N,SCHWARTZ L M,et al. Diffusion propagator as a probe of the structure of porous media［J］. Physical review letters,1992,68(24):3555-3558.

［18］MITRA P P,SEN P N,SCHWARTZ L M. Short-time behavior of the diffusion coefficient as a geometrical probe of porous media［J］. Physical review B condensed matter,1993,47(14):8565-8574.

［19］SKOULIDAS A I,SHOLL D S. Direct tests of the darken approximation for molecular diffusion in zeolites using equilibrium molecular dynamics ［J］. Journal of physical chemistry B,2001,105(16):3151-3154.

［20］SKOULIDAS A I,SHOLL D S. Molecular dynamics simulations of self-diffusivities,corrected diffusivities,and transport diffusivities of light gases in four silica zeolites to assess influences of pore shape and connectivity［J］. The journal of physical chemistry A,2003,107(47):10132-10141.

［21］VALIULLIN R,SKIRDA V. Time dependent self-diffusion coefficient of molecules in porous media［J］. Journal of chemical physics,2001,114(1):

452-458.

[22] KÄRGER J,RUTHVEN D M,THEODOROU. D N. Diffusion in nanoporous materials[M]. Hoboken:John Wiley & Sons,2012.

[23] ZHANG Y. Geochemical kinetics[M]. Princeton:Princeton University Press,2008.

[24] CUI X,BUSTIN R M,DIPPLE G. Selective transport of CO_2,CH_4,and N_2 in coals:insights from modeling of experimental gas adsorption data [J]. Fuel,2004,83(3):293-303.

[25] EVERETT D H,POWL J C. Adsorption in slit-like and cylindrical micropores in the henry's law region. A model for the microporosity of carbons [J]. Journal of the chemical society,faraday transactions 1:physical chemistry in condensed phases,1976,72:619-636.

[26] YANG B,KANG Y,YOU L,et al. Measurement of the surface diffusion coefficient for adsorbed gas in the fine mesopores and micropores of shale organic matter[J]. Fuel,2016,181:793-804.

[27] GRAY I. Mechanism of, and energy release associated with outbursts [C]//The occurrence,prediction and control of outbursts in coal mines. Melbourne:The Aust. Inst. Min. Metall. ,1980:111-125.

[28] VALLIAPPAN S,ZHANG W. Role of gas energy during coal outbursts [J]. International journal for numerical methods in engineering,1999,44 (7):875-895.

[29] 郑哲敏. 从数量级和量纲分析看煤与瓦斯突出的机理[C]//郑哲敏文集. 北京:科学出版社,2004.

[30] 蒋承林,俞启香. 煤与瓦斯突出过程中能量耗散规律的研究[J]. 煤炭学报,1996(2):173-178.

[31] 文光才,周俊,刘胜. 对突出做功的瓦斯内能的研究[J]. 矿业安全与环保,2002,29(1):1-3.

[32] 安丰华. 煤与瓦斯突出失稳蕴育过程及数值模拟研究[D]. 徐州:中国矿业大学,2014.

[33] 国家安全生产监督管理总局事故调查专家组. 贵州玉马能源开发有限公司马场煤矿"3·12"重大煤与瓦斯突出事故直接原因分析报告[R]. 北京:国家安全生产监督管理总局,2013.

[34] 国家安全生产监督管理总局事故调查专家组. 白龙山煤矿"9·1"煤与瓦斯突出事故直接原因分析报告[R]. 北京:国家安全生产监督管理总局,2013.

［35］国家安全生产监督管理总局事故调查专家组.阳煤集团五矿"5·13"煤与瓦斯突出事故直接原因分析报告［R］.北京:国家安全生产监督管理总局,2014.

［36］于不凡.煤和瓦斯突出机理［M］.北京:煤炭工业出版社,1985.

［37］PATERSON L. A model for outbursts in coal［J］. International journal of rock mechanics and mining sciences & geomechanics abstracts,1986,23(4):327-332.

［38］蒋承林.煤与瓦斯突出阵面的推进过程及力学条件分析［J］.中国矿业大学学报,1994,23(4):1-9.

［39］郭品坤.煤与瓦斯突出层裂发展机制研究［D］.徐州:中国矿业大学,2014.

［40］GUAN P,WANG H,ZHANG Y. Mechanism of instantaneous coal outbursts［J］. Geology,2009,37(10):915-918.

［41］WANG S,ELSWORTH D,LIU J. Rapid decompression and desorption induced energetic failure in coal［J］. Journal of rock mechanics and geotechnical engineering,2015,7(3):345-350.

［42］ALIDIBIROV M,DINGWELL D B. Magma fragmentation by rapid decompression［J］. Nature,1996,380(6570):146-148.

［43］何学秋,周世宁.煤和瓦斯突出机理的流变假说［J］.煤矿安全,1991(10):1-7.

［44］梁冰,章梦涛,潘一山,等.煤和瓦斯突出的固流耦合失稳理论［J］.煤炭学报,1995,20(5):492-496.

［45］李萍丰.浅谈煤与瓦斯突出机理的假说:二相流体假说［J］.煤矿安全,1989(11):29-35,19.

［46］徐涛,杨天鸿,唐春安,等.含瓦斯煤岩破裂过程固气耦合数值模拟［J］.东北大学学报(自然科学版),2005,26(3):293-296.

［47］孙东玲,胡千庭,苗法田.煤与瓦斯突出过程中煤-瓦斯两相流的运动状态［J］.煤炭学报,2012,37(3):452-458.

［48］胡千庭,文光才.煤与瓦斯突出的力学作用机理［M］.北京:科学出版社,2013.

［49］姜海纳.突出煤粉孔隙损伤演化机制及其对瓦斯吸附解吸动力学特性的影响［D］.徐州:中国矿业大学,2015.

［50］TU Q,CHENG Y,GUO P,et al. Experimental study of coal and gas outbursts related to gas-enriched areas［J］. Rock mechanics and rock engineering,2016,49(9):3769-3781.

［51］梁财,陈晓平,蒲文灏,等.高压浓相粉煤气力输送特性研究［J］.中国电机

工程学报,2007,27(14):31-35.

[52] 林江.气力输送系统流动特性的研究[D].杭州:浙江大学,2004.

[53] 谢灼利.密相悬浮气力输送过程及其数值模拟研究[D].北京:北京化工大学,2001.

[54] 赵艳艳,陈峰,龚欣,等.粉煤浓相气力输送中的固气比[J].华东理工大学学报(自然科学版),2002,28(3):235-237.

[55] JIN K,CHENG Y,REN T,et al. Experimental investigation on the formation and transport mechanism of outburst coal-gas flow:implications for the role of gas desorption in the development stage of outburst[J]. International journal of coal geology,2018,194:45-58.

[56] KONRAD K. Dense-phase pneumatic conveying:a review[J]. Powder technology,1986,49(1):1-35.

[57] MOLERUS O. Overview:pneumatic transport of solids[J]. Powder technology,1996,88(3):309-321.

[58] 熊焱军,郭晓镭,龚欣,等.水平管煤粉密相气力输送堵塞临界状态[J].化工学报,2009,60(6):1421-1426.

[59] 丛星亮.粉煤密相气力输送的流型与管线内压力信号关系的研究[D].上海:华东理工大学,2013.

[60] CONG X,GUO X,GONG X,et al. Investigations of pulverized coal pneumatic conveying using CO_2 and air[J]. Powder technology,2012,219:135-142.

[61] 渡边伊温,辛文.作为煤层瓦斯突出指标的初期瓦斯解吸速度:关于 K_t 值法的考察[J].煤矿安全,1985(5):56-63.

[62] 苏现波.四川中梁山和南桐矿区晚二叠世龙潭组主要煤层的煤相分析[J].焦作矿业学院学报,1990(3):49-57.

[63] 孙维周,胡德生.炼焦煤堆密度的影响因素分析[J].宝钢技术,2012(2):10-14.

[64] 李成武,解北京,曹家琳,等.煤与瓦斯突出强度能量评价模型[J].煤炭学报,2012,37(9):1547-1552.

[65] CHENG L B,WANG L,CHENG Y P,et al. Gas desorption index of drill cuttings affected by magmatic sills for predicting outbursts in coal seams [J]. Arabian journal of geosciences,2016,9(1):1-15.

[66] 孔胜利,程龙彪,王海锋,等.钻屑瓦斯解吸指标临界值的确定及应用[J].煤炭科学技术,2014,42(8):56-59.

[67] 胡千庭.煤与瓦斯突出的力学作用机理及应用研究[D].北京:中国矿业大

学(北京),2007.

[68] WINTER K,JANAS H. Gas emission characteristics of coal and methods of determining the desorbable gas content by means of desorbometers [C]//XIV International conference of coal mine safety research.[S. l. :s. n.],1996.

[69] TORAÑO J,TORNO S,ALVAREZ E,et al. Application of outburst risk indices in the underground coal mines by sublevel caving[J]. International journal of rock mechanics and mining sciences,2012,50:94-101.

[70] ZHAI C,XU J,LIU S,et al. Investigation of the discharge law for drill cuttings used for coal outburst prediction based on different borehole diameters under various side stresses[J]. Powder technology,2018,325: 396-404.

[71] ZHAO W,CHENG Y,JIANG H,et al. Role of the rapid gas desorption of coal powders in the development stage of outbursts[J]. Journal of natural gas science & engineering,2016,28:491-501.

[72] ZHAO W,CHENG Y,GUO P,et al. An analysis of the gas-solid plug flow formation:new insights into the coal failure process during coal and gas outbursts[J]. Powder technology,2017,305:39-47.

[73] 北票矿务局瓦斯组,辽宁省煤炭研究所一室.北票煤田煤层煤与瓦斯突出危险性若干问题的探讨[J].煤矿安全,1975(1):10-15.

[74] 俞启香.煤层发生煤与瓦斯突出瓦斯压力最小值的研究[C]//现代采矿技术国际学术讨论会论文集.泰安:[出版者不详],1988.

[75] 邵军.K_1指标的实验室研究[J].煤矿安全,1994(12):1-5.

[76] 华福明,王树玉.防治煤与瓦斯突出培训教材[M].徐州:中国矿业大学出版社,2005.

[77] JIANG J,CHENG Y,WANG L,et al. Petrographic and geochemical effects of sill intrusions on coal and their implications for gas outbursts in the Wolonghu mine,Huaibei coalfield,China[J]. International journal of coal geology,2011,88(1):55-66.

[78] 蒋静宇.岩浆岩侵入对瓦斯赋存的控制作用及突出灾害防治技术:以淮北矿区为例[D].徐州:中国矿业大学,2012.

[79] 舒龙勇.杨柳煤矿10煤层突出预测敏感指标及临界值的研究[D].徐州:中国矿业大学,2012.

[80] JIN K,CHENG Y,WANG L,et al. The effect of sedimentary redbeds on coalbed methane occurrence in the Xutuan and Zhaoji coal mines,Huaibei

coalfield, China [J]. International journal of coal geology, 2015, 137:
111-123.

［81］牟俊惠.大隆煤矿长焰煤瓦斯动力学特性的研究[D].徐州:中国矿业大
学,2013.

［82］孔胜利.屯兰煤矿煤与瓦斯突出危险性预测敏感指标研究[D].徐州:中国
矿业大学,2012.

［83］卢守青.大宁煤矿高阶原生煤与构造煤吸附解吸特性与敏感指标研究[D].
徐州:中国矿业大学,2013.